激波反射现象
（第2版）

Shock Wave Reflection Phenomena（Second Edition）

[以]本多尔（Gabi Ben－Dor）　著

白菡尘　杨　波　译

国防工业出版社

·北京·

内 容 简 介

　　本书从现象学角度出发,系统总结了 2007 年之前作者掌握和发现的激波反射现象的知识,介绍了激波反射现象研究的历史脉络,阐述了稳态流动、准稳态流动和非稳态流动中所有的激波反射类型的结构特点、生成条件、演化与转变条件,给出若干基本分析方法。研究了黏性、几何构型、热传导、反射面性质等多种因素对激波反射现象及其演化过程的影响,分析了各种物理理解和判别准则的适用性,指出各种判别准则尚存的问题。书中内容包括了作者尚未在学术刊物发表过的一些研究成果,给出了大量参考文献索引。

　　本书系统性强,信息量大,是研究复杂激波干扰现象的入门参考书。

著作权合同登记　图字:军 - 2020 - 046 号

图书在版编目(CIP)数据

　　激波反射现象:第 2 版/(以)本多尔著;白菡尘,
杨波译. —北京:国防工业出版社,2021.9
　　ISBN 978 - 7 - 118 - 12363 - 0

　　Ⅰ.①激…　Ⅱ.①本…　②白…　③杨…　Ⅲ.①激波反
射　Ⅳ.①O354.5

　　中国版本图书馆 CIP 数据核字(2021)第 132888 号

First published in English under the title

Shock Wave Reflection Phenomena(2nd Ed.)

by Gabi Ben - Dor

Copyright © Springer - Verlag Berlin Heidelberg,2007.

This edition has been translated and published under licence from Springer - Verlag GmbH,part of Springer Nature.

本书简体中文版由 Springer 授权国防工业出版社独家出版。

※

国防工业出版社出版发行

(北京市海淀区紫竹院南路 23 号　邮政编码 100048)
三河市众誉天成印务有限公司印刷
新华书店经售

*

开本 710 × 1000　1/16　印张 19½　字数 338 千字
2021 年 9 月第 1 版第 1 次印刷　印数 1—3000 册　定价 152.00 元

(本书如有印装错误,我社负责调换)

国防书店:(010)88540777　　书店传真:(010)88540776
发行业务:(010)88540717　　发行传真:(010)88540762

译者序

激波是超声速气流中的一个基本空气动力学现象,随着环境条件的改变而变化多端,一方面引人入胜,另一方面带来很多麻烦和困惑。从事相关技术研发工作,需要首先从现象学角度认识激波特性及其演化,包括与其他基本流动现象(如边界层)的干扰,才能逐步掌握激波及其干扰的特性和规律,进而利用其有益特性,回避其负面效应,取得相关技术研发的进步。

激波反射现象广泛存在于超声速/高超声速飞行器的翼、舵等部件上,存在于吸气式发动机的进气道、燃烧室、尾喷管流路中,存在于超声速/高超声速实验设备的驻室、喷管和扩压器中,存在于各种爆炸波所波及的建筑、山峦、平原,存在于超声速飞机的机场附近。在一些条件下,激波反射的波系结构是激波/边界层干扰结构的组成部分,2015 年本人翻译出版的《激波边界层干扰》一书涉及了激波与边界层干扰产生的激波反射或激波干扰结构,但没有介绍各类激波反射结构的存在条件与分析预测方法,本书内容刚好弥补这一缺陷。

至该书第 2 版出版时,其作者已经从事激波反射现象及其预测分析研究 30 余年,作者从现象学的角度,总结了 2007 年以前关于激波反射现象的最新研究成果。在该书出版后的十年里,关于激波反射现象的研究又有进一步的进展,例如,《力学进展》2012 年发表的杨旸等的综述文章"激波反射现象的研究进展"、《中国科学》2018 年发表的杨基明等的综述文章"非定常汇聚激波反射与折射研究进展"。但该书的基础性和系统性特点,使之适合作为研究生和行业新人的参考书或教科书。

读者在阅读这本著作时,除了可以系统地获得激波反射现象的相关知识,更有益的是可以从这本著作中领悟如何提出问题、解决问题,逐步学会从历史的角度、科学认知的角度、逻辑的角度认识问题,学会理性质疑、认准问题、小心求证、锲而不舍。

感谢国防工业出版社提供的大力支持和帮助。

尽管译稿经过数次校对,但仍不免有粗陋之处,恳请同行阅读后给予指正。

感谢国防工业出版社出版团队的大力支持和辛勤工作,感谢中国空气动力研究与发展中心学科建设项目给予的经费资助。

白菡尘

中国空气动力研究与发展中心

高超声速冲压发动机技术重点实验室

2020 年 6 月

第 2 版前言

对于一个科学家来说,没有什么比认识到自己所专长的领域正在发展、昨天的知识在今天已经过时更令人兴奋。

著名哲学家恩斯特·马赫(Ernst Mach)在125年前的1878年首次报告了激波反射现象,对这一迷人现象的研究随后被搁置了大约60年,直到20世纪40年代初,约翰·冯·诺依曼(John von Neumann)和布利克尼(Bleakney)教授才开始了对它的研究。在他们的指导下,对准稳态流动激波反射的各个方面进行了15年的深入研究。在此期间,发现了四种基本的激波反射结构,即规则反射结构、单马赫反射结构、过渡马赫反射结构和双马赫反射结构。然后,从20世纪50年代中期到60年代中期的大约10年间,对激波反射现象的研究在世界各地(如澳大利亚、日本、加拿大、美国、苏联等)保持着低热度的状态,直到苏联的塔蒂亚娜·巴珍诺娃(Tatyana Bazhenova)教授、加拿大的欧文·伊斯雷尔·格拉斯(Irvine Israel Glass)教授和澳大利亚的罗伊·亨德森(Roy Henderson)教授重新点燃了该领域相关现象研究的热度,在他们的科学领导下,发表了数量众多的关于激波反射现象的发现。在20世纪70年代中期,最有成效的或许是多伦多大学航空航天研究所的欧文·伊斯雷尔·格拉斯教授领导的研究团队。1978年,正好在恩斯特·马赫首次报道激波反射现象后100年,我发表了博士论文,在我的博士论文中,首次用分析的方法在各种激波反射结构之间建立了转换准则。

由于一些我还不清楚的原因,我的博士研究成果的发表引发了用实验和分析方法对激波反射现象的深入研究,包括采用不同的几何结构、反射表面特性和各种不同的气体。总的来看,实验研究的中心从加拿大转移到了日本,特别是高山和喜(Kazuyoshi Takayama)教授领导的激波研究中心,在他的指导下,流动可视化技术达到了这样一个阶段,在科学词典中几乎不再出现"无法通过实验解决"这种词语,特别是在 Harald Kleine 博士加入他的研究小组几年之后。

在我发表博士论文的同一年,期刊上发表了我的第一篇关于激波反射现象的研究论文,题为"非稳态斜激波反射:实际等密度线和数值实验",是与我的博士生导师欧文·伊斯雷尔·格拉斯教授共同撰写的。在结论中,我们坚定地写道,"数值程序是未来发展的必然趋势,不仅能够可靠预测真实气体的规则反射和单马赫反射,还可以预测真实气体的复杂马赫反射和双马赫反射"。我希望我对彩票的预测能像这一预测一样成功,因为在接下来的十年(即20世纪80年代)中,关于激波反射现象研究的最显著进展,是由美国的计算流体力学专家们做出的,他们证明,几乎没有什么是他们不能模拟计算的。有一段时间人们担心,计算流体力学专家会让实验专家失业。幸运的是,这并没有发生,相反,在约翰·杜威(John Dewey)教授的协调下,实验专家、计算流体力学专家和理论分析专家们合作融洽。杜威教授在1981年认识到,对激波反射现象感兴趣的科学家们如果每隔一两年见面一次,交换意见和想法,他们将受益颇大。于是在1981年,他发起了马赫反射国际研讨会(International Mach Reflection Symposium),该研讨会成为世界各地科学家发展合作的平台,这些科学家们希望更好地理解激波反射现象。

十年后的1991年,我完成了题为"激波反射现象"的专著,总结了当时研究获得的知识状态。

从那时起,在之后的15年里产生了三大进展,打破了这些知识。

第一大进展,在20世纪90年代早期,发现了稳定流动中激波反射的迟滞现象。

第二大进展,在20世纪90年代中期,重新启用了一种曾被抛弃的方法,将整个激波衍射过程看作是由两个子过程相互作用的结果,这两个子过程是激波反射过程和激波诱导的流动偏折过程。由这种方法发展了描述过渡马赫数反射和双马赫反射结构的新的分析模型。

第三大进展,在20世纪90年代末至21世纪头十年的中期,解决了著名的冯·诺依曼悖论。

因此,在本专著第1版的四个主要章节中,只有一章的内容可以认为是可用的,是提供了最新知识信息的,而其他几章的知识已经过时了,因此重写这部著作,更新关于激波反射现象的知识状态,而这时的我,已经研究这种迷人现象30来年了。

最后,我想指出的是,这本书尽可能地从现象学的角度总结了我所知道的关于激波反射现象的几乎所有知识。在31年前,当我第一次见到欧文·伊斯雷尔·格拉斯教授时,我对激波反射几乎一无所知。当他让我研究这一现象时,我想这需要一生的时间去理解和解释。现在我可以诚恳地说,我很幸运被派去研究这一迷人的现象,遇到了欧文·伊斯雷尔·格拉斯教授,并在他的指导下工作。更幸运的是,我成为了一个来自世界各地的优秀科学家团队的一员,在过去的30年里,我一直与他们合作,我希望在未来继续与他们合作。

致谢

我要感谢目前在帕萨迪纳加州理工学院喷气推进实验室工作的李怀东博士,他在 1992—1997 年期间是我的博士研究生和博士后,在我的许多激波反射研究成果中,他做出了宝贵的贡献,本专著的第 2 版就是这些新成果的汇集。

符号表

拉丁字母

a_i	状态(i)的当地声速
$\bar{a}$	弯曲马赫杆后的平均声速
A_{ij}	$=a_i/a_j$
C	常数
c_p	比定压热容
c_V	比定容热容
d	相对于三波点,马赫杆根部的最大水平位移
H	从前缘到对称线(底面)的距离
H_m	从第一个三波点到反射壁面的距离(对于直马赫杆,等于马赫杆高度)
$\bar{H}_m$	无量纲马赫杆高度
H_s	喉道高度(图 2.12)
H_t	从反射楔尾缘到对称线或底面的距离(图 2.12)
$H_{t,max}(\text{MR})$	为获得马赫反射,从反射楔尾缘到对称线或底面的最大距离(图 2.14)
$H_{t,max}(\text{RR})$	为获得规则反射,从反射楔尾缘到对称线或底面的最大距离(图 2.14)
$H_{t,min}(\text{MR})$	为获得马赫反射,从反射楔尾缘到对称线或底面的最小距离(图 2.14)
$H_{t,min}(\text{RR})$	为获得规则反射,从反射楔尾缘到对称线或底面的最小距离(图 2.14)
h_i	状态(i)的焓值
$J_{TG}(x,y)$	从三波点 T 到马赫杆根部 G 的马赫杆形状
k	热传导系数
l	粒子路径

s	沿柱楔表面的坐标
S	拐角信号的传播距离
t	时间
T_i	状态(i)的气流温度
T_{1f}	激波波阵面之后的冻结温度
T_W	反射壁面的温度
$\bar{u}$	弯曲马赫杆后气流的平均速度
u_i	状态(i)的气流速度,在 RR 中是相对于反射点 R 的流动速度,在 MR 中是相对于三波点 T 的流动速度
u_i^j	状态(i)相对于状态(j)的气流速度
u_i^J	状态(i)相对于点 J 的气流速度
u_n	TRR 结构中,正激波根部(点 Q)相对于反射点 R 的速度
u_S	激波速度
V_A^B	点 A 相对于点 B 的速度
V_i	在实验室参考系中状态(i)的气流速度
V_{ij}	$= V_i/a_j$
V_n	TRR 条件下,正激波相对于反射点 R 的速度
V_S	在实验室参考系中入射激波的速度
w	反射楔长度
W	爆炸当量(等价 TNT)
x	坐标
x_{char}	特征长度
x_T	MR 结构三波点的 x 坐标
x^{tr}	转换点的 x 坐标
X	无量纲水平距离($=S/L$)
y	坐标
y_T	MR 的三波点的 y 坐标
Z_i	状态(i)的声阻

希腊字母

α	(1)相对于水平方向的流动方向
	(2)在固定于三波点的坐标系上,入射激波后的气流的方向(相对于水平线,图 3.22)
	(3)TRR 条件下,入射激波与反射楔面之间的夹角(图 4.9)

β	TRR 条件下,滑移线与反射楔面之间的夹角(图4.9)
β_i	入射激波角
β_r	反射激波角
β_i^{D}	脱体条件的入射激波角
β_i^{N}	冯·诺依曼条件的入射激波角
β_i^{S}	稳定规则反射的极限入射激波角
χ	在马赫反射中(包括 SMR、TMR、PTMR、DMR),第一三波点的轨迹角
χ'	在双马赫反射 DMR 中,第二三波点的轨迹角
χ_{g}	激波扫掠入射时三波点的轨迹角,$\chi_{\mathrm{g}} = \lim\limits_{\theta_{\mathrm{w}} \to 0} \chi$ (4.1.1 节,式(4.57))
χ_K	拐点 K 的轨迹角
χ_{tr}	发生转换时的三波点轨迹角
Δt	时间间隔
$\Delta\theta_{\mathrm{W}}$	双楔反射面斜率的变化
δ	边界层运动学厚度
δ_{T}	热边界层厚度
δ^*	边界层位移厚度
$\delta_{\max}(Ma_i)$	速度 Ma_i 的气流经一道斜激波的最大偏折角
ε	粗糙度
ϕ	入射角
ϕ_i	入射角(气流与斜激波之间的夹角,流经斜激波后气流进入状态(i))
ϕ^*	极限入射角(式(2.1))
γ	比热比,$= c_p/c_V$
η	$= \theta_{\mathrm{w}}^{\mathrm{tr}}(\varepsilon)/\theta_{\mathrm{w}}^{\mathrm{tr}}(0)$
λ	名义自由程
μ	(1)动力学黏度
	(2)马赫角
μ_i	速度 Ma_i 气流的马赫角
$\nu(Ma)$	普朗特函数
θ	气流粒子在曲面楔上的角位置
θ_i	气流经过斜激波、进入状态(i)的偏折角

θ_T	三波点的角位置
θ_W	反射楔的楔角
$\theta_W(A \leftrightarrows B)$	从 A 类反射到 B 类反射的转换楔角
θ_W^C	补偿楔角($= 90° - \phi_1$)
θ_W^D	脱体条件的反射楔角
θ_W^E	非对称激波反射在可比拟脱体条件的反射楔角
θ_W^N	冯·诺依曼条件的反射楔角
$\theta_W^{initial}$	凹柱楔或凸柱楔的初始楔角
θ_W^{tr}	转换反射楔角
$\theta_W^{tr}\mid_{Ma}$	某激波马赫数条件下的转换反射楔角
θ_W^T	非对称激波反射在可比拟冯·诺依曼条件的反射楔角
$\theta_W^{tr}(0)$	在光滑壁面上发生 RR $\leftrightarrows$ IR 转换的楔角($\varepsilon = 0$)
$\theta_W^{tr}(\varepsilon)$	粗糙度为 ε 的壁面上发生 RR $\leftrightarrows$ IR 转换的楔角
θ_W^1	双楔的第一级楔面的楔角
θ_W^2	双楔的第二级楔面的楔角
ρ_i	状态(i)的气流密度
$\bar{\rho}$	弯曲马赫杆后气流的平均密度
τ	无量纲时间
ω_i	入射激波与反射面之间的夹角
ω_{ij}	间断结构 i 与 j 之间的夹角
ω_r	反射激波与反射面之间的夹角
ξ	过入射激波的压比的倒数, $= P_{01} = p_0/p_1$
ξ'	匹配系数
ψ	气流通过多孔区时的流量系数
ζ	(1)边界层排挤角度(Boundary layer displaced angle) (2)斜接触区的扩张角(图 3.59(b))
ζ'	开缝的反射壁面与其下方接触间断之间的角度

上标与下标

下标

G	马赫杆根部
m	激波极曲线上最大偏折点(也称脱体点)
r	参考

s	激波极曲线上的声速点
T	三波点
0	(1)入射激波 i 或马赫杆 m 之前(上游)的流动状态
1	入射激波 i 之后(下游)的流动状态
2	反射激波 r 之后(下游)的流动状态
3	马赫杆 m 之后(下游)的流动状态
4	第二马赫杆 m' 之后的流动状态
5	第二反射激波 r' 之后的流动状态

上标

D	在脱体准则条件下
N	在冯·诺依曼准则条件下
R	相对于反射点 R
T	相对于三波点 T
$'$	相对于第二三波点
s	强解
w	弱解

缩　　写

波与点

B	弓形激波
D	DMR 的第二反射激波到达反射面的点(图 3.23)
i	入射激波
m	马赫杆
m'	第二马赫杆
n	TRR 的额外(正)激波
r	反射激波
r'	第二反射激波
s	滑移线
s_1	TRR 的滑移线
s'	第二滑移线
HOB	爆炸高度
K	拐点
K'	第二拐点
L	实验室
O	反射楔前缘
P	TRR 的滑移线在反射面的反射点
Q	TRR 正激波 n 的根部与反射面的接触点
R	反射点
T	三波点
T'	第二三波点
T''	第三三波点
T^*	TRR 的三波点

波型

DMR	双马赫反射
DMR$^+$	正双马赫反射
DMR$^-$	负双马赫反射
DiMR	直接马赫反射
GR	Guderley 反射
InMR	反向马赫反射
IR	不规则反射
MR	马赫反射
NR	无反射
PTMR	准过渡马赫反射
RR	规则反射
sRR	强规则反射(一种具有强反射激波的规则反射)
SMR	单马赫反射
StMR	固定马赫反射
TDMR	过渡双马赫反射
TerDMR	终结双马赫反射
TMR	过渡马赫反射
TrMR	三马赫反射
TRR	过渡规则反射
vNR	冯·诺依曼反射
VR	Vasilev 反射
wRR	弱规则反射(一种具有弱反射激波的规则反射)
wMR	弱马赫反射

总体波型

oMR	整体马赫反射
oMR[DiMR + DiMR]	由两个直接马赫反射组成的 oMR
oMR[DiMR + StMR]	一个直接马赫反射和一个固定马赫反射组成的 oMR
oMR[DiMR + InMR]	一个直接马赫反射和一个反向马赫反射组成的 oMR
oRR	整体规则反射
oRR[wRR + sRR]	一个弱规则反射和一个强规则反射组成的 oRR
oRR[wRR + wRR]	两个强规则反射组成的 oRR

目　　录

第1章 概　　述

当一道激波在具有一定声阻抗的某种介质中传播时,斜着与另一种具有不同声阻抗的介质相遇,该激波就会发生反射,文献中称为斜激波反射。

1.1　历史背景与简介

恩斯特·马赫早在1878年就报告了关于激波反射的发现,他可能是第一个注意到并记录了激波反射现象的科学家。他设计了巧妙的试验,记录了两种不同的激波反射结构,第一种是双激波结构,现在称为规则反射(RR)结构;第二种是三激波结构,以他的名字命名,现在称为马赫反射(MR)结构。后来的Reichenbach(1983)、Krehl 与 van der Geest(1991)重复了这个实验。

20世纪40年代初,冯·诺依曼重新深入研究了激波反射现象。从那时起人们认识到,马赫反射的波系结构可以进一步划分为更细的子类型,并发现了3种新的反射类型:

第一种,冯·诺依曼反射(vNR),20世纪90年代初提出。

第二种,Guderley反射(GR),以 Guderley 的名字命名,是他首先(1947)提出这种反射结构的假设。

第三种,当条件介于冯·诺依曼反射和 Guderley 反射之间时产生的一种结构。由于是 Vasilev 首次提到这种结构(例如,Vasilev 和 Kraiko(1999)),因此,本书称为 Vasilev 反射(VR)。

总体上,激波反射可以分为规则反射和不规则反射(IR)。

规则反射结构由两道激波组成,即入射激波 i 和反射激波 r,两者相遇于反射点 R,而反射点位于反射面上,图1.1是规则反射的波系结构示意图。所有其他形式的波系结构都称为不规则反射。

不规则反射按照条件域分为4个子域:

(1)在马赫反射的子域内,冯·诺依曼的三激波理论(见1.3.2节)有一个"标准"解。

(2)在冯·诺依曼反射的子域内,三激波理论有一个"非标准"解。

(3)在 Guderley 反射的子域内,三激波理论没有任何解,但实验结果表明,

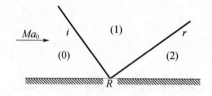

图 1.1　规则反射波系结构示意图

该子域内的波系结构与马赫反射的波系结构相似(该现象称为冯·诺依曼悖论,或冯·诺依曼疑题)。

(4)Vasilev 反射子域是介于冯·诺依曼子域和 Guderley 子域之间的一个子域。

冯·诺依曼反射、Vasilev 反射和 Guderley 反射条件域的特点是弱激波和小反射楔角,许多研究者称之为弱激波反射域。

马赫反射结构由 3 道激波(入射激波 i、反射激波 r、马赫杆 m)和一条滑移线(s)组成。这 4 个间断结构相遇在一个点上,这个点称为三波点 T,三波点位于反射面的上方。在三波点处,入射激波与马赫杆之间的斜率存在明显的不连续性。图 1.2 是马赫反射波系结构示意图,反射点 R 位于马赫杆的根部,在反射点 R 处马赫杆垂直于反射面。

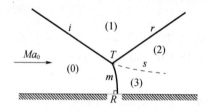

图 1.2　马赫反射波系结构示意图

在试图解决上述冯·诺依曼悖论时,Colella 和 Henderson(1990)对弱激波反射的条件域进行了数值研究,发现在某些情况下,入射激波和马赫数杆之间的斜率没有明显的不连续性,滑移线也不清晰,在三波点附近反射激波退化为一束压缩波。他们认为,这种情况不是马赫反射,而是另一种反射,他们称之为冯·诺依曼反射。请注意,一些研究人员(如 Olim 和 Dewey(1992))将这种反射称为弱马赫反射(wMR)。

Vasilev 和 Kraiko(1999)也研究了弱激波反射的条件域,通过高分辨率的数值研究发现,在弱激波反射的条件域内,存在另一种波系结构。他们观察到的反射结构是一个四波结构,位于三激波理论无解的子域内,这种四波结构最早是由

Guderely(1947)提出的。根据他们的数值研究结果,在紧靠反射激波的下游有一束膨胀波,他们的研究所揭示的四波结构包括 3 道激波和一束极窄的有中心的膨胀扇。由于是一种四波结构,三激波理论不能预测也就不足为奇,也就是说,冯·诺依曼的三激波理论不存在悖论。最近,Skews 和 Ashworth(2005)也研究了弱激波反射域,他们发现,无黏跨声速方程组的一个解表明,在紧接三激波交汇处之后,可能存在一个非常小的多波系结构。获得的实验纹影照片显示,在交汇点后,是一束膨胀波,之后还跟随着一个小激波结构;一些实验照片的某些迹象表明,可能存在一些更小尺度的结构。Skews 和 Ashworth(2005)建议将四波反射结构命名为 Guderley 反射,因为这种结构是由 Guderley(1947)首次推测提出的。在结论中他们提到,与文献确定的属于弱激波域的参数空间相比,他们的实验只覆盖了很小的一部分,因此,为了更好地理解弱激波反射现象,需要开展进一步的研究。

Vasilev 和 Kraiko(1999)对弱激波反射域进行了数值研究,发现在介于冯·诺依曼反射域和 Guderley 反射域之间的一个条件域中,产生的反射结构尚未得到完全的理解。以下将该反射称为 Vasilev 反射。

由于尚未完全理解弱激波反射条件域内的激波反射结构图像,目前将不规则反射分为两种类型,即马赫反射或弱马赫反射,弱马赫反射又包括冯·诺依曼反射、Vasilev 反射和 Guderley 反射。

20 世纪 40 年代初再次启动了对激波反射现象的研究之后,Courant 和 Freidrichs(1948)指出,理论上可以有三种不同类型的马赫反射波系结构,取决于三波点相对于反射面的传播方向:

(1)若三波点远离反射面移动,则定义为直接马赫反射(DiMR);

(2)若三波点平行于反射面移动,则定义为固定马赫反射(StMR);

(3)若三波点向着反射面移动,则定义为反向马赫反射(InMR)。

后来,Ben - Dor 和 Takayama(1986—1987)用实验证明了这三种马赫反射结构的存在,图 1.3(a)~(c)分别是直接马赫反射、固定马赫反射和反向马赫反射的波系结构示意图。直接马赫反射在准稳态和非稳态条件下都可以存在,而固定马赫反射和反向马赫反射只在非稳态情况下存在。

由于反向马赫反射的三波点向着反射面移动,所以,当三波点与反射面碰撞时,反向马赫反射即终止。反向马赫反射的终止导致一个新的波系结构形成,这种新的波系结构是 Ben - Dor 和 Takayama(1986—1987)首先提出的,由一个规则反射和随其后的一个马赫反射组成,图 1.4 是这种波系的结构示意图。由于这种波系结构由反向马赫反射过渡而来,而且其主要的结构是规则反射,所以称之为过渡规则反射(TRR)。

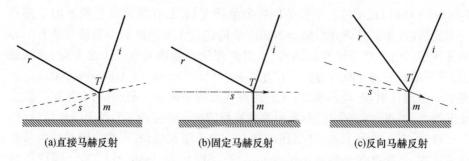

(a)直接马赫反射   (b)固定马赫反射   (c)反向马赫反射

图1.3   三种马赫反射波系结构示意图

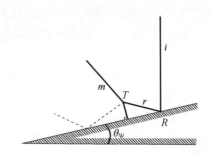

图1.4   过渡规则反射波系结构示意图

在准稳态流动中,反射面上的激波反射过程与绕反射楔前缘流动的偏转过程相互作用,这种相互作用产生了三种不同的马赫反射波系结构,这三种马赫反射结构都是在"曼哈顿计划"中发现的。直到20世纪40年代初,在准稳态流动中,仅知有两种波系结构存在,即规则反射和马赫反射,而且是由马赫很早之前(1878)首次观测到的。Smith(1945)研究了激波反射现象后注意到,某些情况下,在马赫反射结构中的反射激波上有一个拐点(在该点处出现曲率反转)。然而,直到White(1951)命名了一种完全不同的反射类型——双马赫反射(DMR)之后,人们才认识到,这正是Smith(1945)观察到的波系结构,即在反射激波上存在拐点或曲率反转的马赫反射,被认为是一种独特的反射类型。在White(1951)的发现之后,人们将Mach(1878)首次观察到的激波反射结构命名为简单马赫反射(Simple - Mach Reflection, SMR),将Smith(1945)发现的反射结构类型命名为复杂马赫反射(Complex - Mach Reflection, CMR)。White(1951)发现的反射结构,因其中有两个三波点(参考图3.9),故称为双马赫反射。20世纪70年代,人们又认识到,所谓的简单马赫反射一点儿也不简单,就将其改名为单马赫反射(Single - Mach Reflection, SMR);类似地,所谓的复杂马赫反射比某些其他反射结构(如双马赫反射)要简单,而且,可以视作是介于单马赫反射和双马赫反射之间的波系结构,因此也被重新命名,如今称之为过渡马赫反射(TMR,该术语是 I. I. Glass 提出的)。Li 和 Ben – Dor(1995)发现,存在另一种波系结构,命名为准过渡马赫反射(PT-MR)。事实上,准过渡马赫反射是一种过渡马赫反射,只不过在其反射激波上没有出现曲率反转,其外观与单马赫反射结构相同。图 3.7 ~ 图 3.9 分别是单马赫反射、过渡马赫反射和双马赫反射的波系结构。

总之,在准稳态流动中,马赫反射的波系结构包括单马赫反射、准过渡马赫反射、过渡马赫数反射和双马赫反射四种类型。

Ben – Dor(1981)的研究表明,根据初始条件,第二三波点的轨迹角(χ')可能比第一三波点的轨迹角(χ)大(即 $\chi' > \chi$),也可能比第一三波点的轨迹角小(即 $\chi' < \chi$)。Lee 和 Glass(1984)将 $\chi' > \chi$ 的 DMR 称为正双马赫反射(DMR$^+$),将 $\chi' < \chi$ 的双马赫反射称为负双马赫反射(DMR$^-$)。图 3.11(a)和图 3.11(b)分别是正、负双马赫反射的波系结构照片。图 3.11(c)则是 $\chi' = \chi$ 的中间状态的双马赫反射结构。Lee 和 Glass(1984)认为,存在一些条件,可使第二三波点 T' 位于反射面上,即 $\chi' = 0$,这种波系结构被称为终结双马赫反射(TerDMR),终结双马赫反射的结构如图 3.12 所示。

综上所述,根据激波在斜面上的反射情况,存在 13 种可能的波系结构,即规则反射、弱马赫反射(包括冯·诺依曼反射、Vasilev 反射和 Guderley 反射)、固定马赫反射、反向马赫反射、过渡规则反射、单马赫反射、准过渡马赫反射、过渡马赫反射、正双马赫反射、负双马赫反射以及终结双马赫反射。在稳态流动中,只可能出现规则反射和单马赫反射(通常称为马赫反射)。在准稳态流动中,存在两个过程之间的相互作用,这两个过程是反射楔上的激波反射过程和在反射楔前缘激波诱导的气流偏转过程,其结果是,除了会产生规则反射和单马赫反射以外,还会产生弱马赫反射(包括冯·诺依曼反射、Vasilev 反射和 Guderley 反射)、准过渡马赫反射、过渡马赫反射、正双马赫反射、负双马赫反射和终结双马赫反射。在非稳态流动中,还有另外三种可能的波系结构,即固定马赫反射、反向马赫反射和过渡规则反射。图 1.5 以进化树的形式描绘了上面提到的 13 种波系结构。

由于不同类型的流动会产生不同类型的反射,本书将分 3 个部分介绍激波反射现象,第 2 章介绍稳态流动中的激波反射,第 3 章介绍准稳态流动中的激波反射,第 4 章介绍非稳态流动中的激波反射。

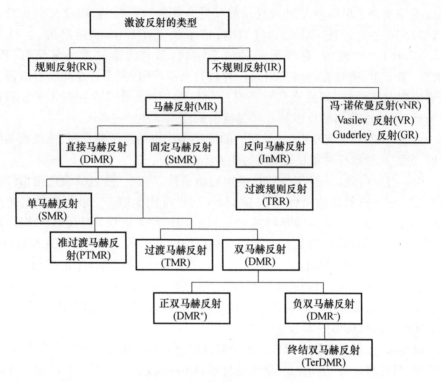

图 1.5 13 种可能的激波反射结构

1.2 反射的成因

前面简要介绍了激波反射现象,本节简要介绍这种现象产生的物理原因。

反射现象产生的主要原因来自于一种非常基本的气体动力学现象。参考图 1.6,气流以马赫数 Ma_0 流向一个楔(楔角为 θ_w),会产生 3 种不同的流动情况。第一种情况见图 1.6(a),气流是亚声速流动($Ma_0 < 1$),气流提前就"知道"前方有障碍物,因此气流在远未到达楔之前就"调整"自己,以连续平滑的亚声速状态偏转而流经障碍物。如果流动是超声速的($Ma_0 > 1$),气流"不知道"前方存在障碍物,只有借助激波的方式(图 1.6(b)、图 1.6(c)),才能满足突然阻断其传播路径的障碍物对它的要求。在超声速流动条件下,一般有两种情况,一种是产生直的附体激波,如图 1.6(b)所示,激波使气流瞬间完成偏转、形成平行于反射楔表面的流动;另一种是脱体的弯曲激波,将固壁表面(附近)的超声速气流变为亚声速气流,如图 1.6(c)所示。众所周知(参考 Liepmann 和 Roshko(1957)的工作),对于给定的 Ma_0 和 θ_W 组合,当 $\theta_W < \delta_{max}(Ma_0)$ 时,有两个可能的附体直激波,气流通过这些激波可以获得所需的方向偏转(其中 $\delta_{max}(Ma_0)$ 是马赫数为 Ma_0 的气流通过斜激波可能产生的最大偏折角)。这两个激波的情况参考图 1.6(b),图中的实线表示其中的一个斜激波,称为弱激波(对应于弱激波解),与来流之间的夹角为 ϕ_1^w;虚线表示第二个激波,称为强激波(对应于强激波解),与来流之间的夹角为 ϕ_1^s,且 ϕ_1^s 始终大于 ϕ_1^w。如果激波对应弱激波解,则激波后的流动为超声速;如果激波对应强激波解,则激波后的流动为亚声速。而从实验得到的事实是,除非采取特殊措施,否则总是获得弱激波解。图 1.6(c)给出的是 $\theta_W > \delta_{max}(Ma_0)$ 的情况,在这种情况下,不可能产生附体激波,而是获得一个弯曲的脱体激波(也称弓形激波),气流通过弯曲脱体激波的根部后,就变成了亚声速,所以会以亚声速平滑、连续地流过斜楔制造的障碍。

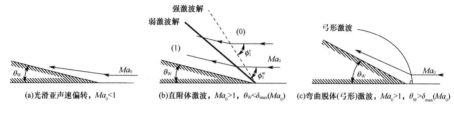

(a)光滑亚声速偏转,$Ma_0 < 1$ (b)直附体激波,$Ma_0 > 1$,$\theta_W < \delta_{max}(Ma_0)$ (c)弯曲脱体(弓形)激波,$Ma_0 > 1$,$\theta_W > \delta_{max}(Ma_0)$

图 1.6 绕楔的三种稳态流动

1.2.1 稳态流场中的反射成因

图 1.7 是一个置于稳态超声速气流($Ma_0 > 1$)中的斜楔的绕流情况,楔角条件为 $\theta_W < \delta_{max}(Ma_0)$。这种情况类似于图 1.6(b)的情形,当气流遇到楔时,在楔的前缘产生一个附体的、直的斜激波,过激波的气流偏折一个角度 $\theta_1 = \theta_W$,使其流动方向平行于楔体表面。这个斜激波由弱激波解产生,该激波后的状态标记为(1),所以状态(1)中的气流是超声速的($Ma_1 > 1$)。状态(1)中的气流斜着以超声速状态朝着壁面流去,情况类似于图 1.6(b)或(c)的情形,即状态(1)中马赫数为 Ma_1 的超声速气流,必须与一个楔角 θ_W 的"等效楔体"协调其流动条件(图 1.7)。如果 $\theta_W < \delta_{max}(Ma_1)$,其中 $\delta_{max}(Ma_1)$ 是马赫数为 Ma_1 的气流在斜激波作用下可能产生的最大偏折角,则该气流需要向下壁面妥协,通过一道"附体"的激波,使自己的运动方向改变为平行于下壁面,该激波应该从反射点 R 点发出,产生规则反射的波系结构。然而,如果 $\theta_W > \delta_{max}(Ma_1)$,气流需要通过一个"脱体"的激波与下壁面相妥协,就会形成马赫反射的波系结构。

7

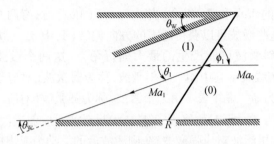

图 1.7　稳态流动中激波反射成因示意图

1.2.2　准稳态和非稳态流动中反射的成因

考虑一个马赫数为 Ma_S 的平面入射激波 i，与一个角度为 θ_w 的尖楔相遇，如图 1.8(a)所示，入射激波前后的流动状态分别标记为(0)和(1)。将参考坐标系固定于反射点 R 上，反射点 R 是入射激波与反射楔面相接触的点。在该坐标系中，状态(0)的气流平行于反射楔面流动，并以超声速的速度 $u_0 = V_S/\sin\phi_1$（或马赫数 $Ma_0 = Ma_S/\sin\phi_1$）接近入射激波，其中 $\phi_1 = \pi/2 - \theta_w$ 为激波的入射角。当气流通过入射激波时，气流从原来的方向朝着反射楔面偏折一个角度 θ_1，气流的动力学和热力学性质随之发生改变。偏转的结果是，状态(1)的气流以 θ_1 的角度流向反射楔面。在 1.2.1 节的稳态流动中，ϕ_1 总是对应弱激波解，所以状态(1)的流动总是超声速的（$Ma_1 > 1$）；而在这里的准稳态流动中，ϕ_1 的值由 θ_w 控制（因为 $\phi_1 = \pi/2 - \theta_w$），如果 θ_w 足够小，则 ϕ_1 足够大而落入强激波解域。所以，在固定于反射点 R 的参照系中，状态(1)中的流动马赫数（即 Ma_1^R）可以是超声速的，也可以是亚声速的，这取决于 θ_w 的值。

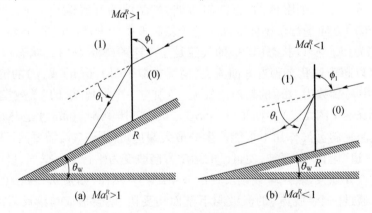

(a) $Ma_1^R > 1$　　　　　　　　(b) $Ma_1^R < 1$

图 1.8　准稳态流动中的激波反射成因示意图

首先，考虑 $Ma_1^R > 1$ 的情况，类似于图 1.6(b) 或图 1.6(c) 的稳态流动情况。如果 $\theta_1 < \delta_{\max}(Ma_1^R)$，则从反射点 R 产生一道附体的斜激波，使气流偏离反射楔面，形成一个规则反射的波系结构；如果 $\theta_1 > \delta_{\max}(Ma_1^R)$，则气流的偏折通过一道脱体激波实现，流场演变成马赫反射的波系结构。

如果 $Ma_1^R < 1$，则与图 1.6(a) 做一个类比可以得知，亚声速流动应连续平稳地通过楔面，如图 1.8(b) 所示，无需产生激波。但实际情况并非如此，对于 $Ma_1^R < 1$ 的所有 Ma_0 与 θ_w 的组合，得到的是马赫反射或弱马赫反射（即冯·诺依曼反射、Vasilev 反射或 Guderley 反射）的波系结构。下面分析一下出现这种情况的原因。

参考图 1.8(b)，可以看到，在入射激波后获得的亚声速气流以连续的偏转流过楔面，尽管这种情况类似于图 1.6(a) 的情况，但有一个重要的区别。在图 1.6(a) 中，当流体距离楔很远时，就"知道"有一个障碍物在等待它，因此，在远未遇到障碍之前，气流就开始调整其流线，为越过障碍物做准备。而在图 1.8(b) 的情况下，在通过入射激波 i 的根部之前，靠近反射楔面的流线并不"知道"有障碍物的存在，当气流穿过入射激波的根部时，才"发现"自己面临一个"障碍"，它必须与这个突然强加于它的新的边界条件相协调。边界条件的这种突然改变，很可能是再产生一道激波的原因，这道激波就是反射激波，而且，这道反射激波是发生在入射激波后、流动马赫数相对于反射点 R 是亚声速的情况下。

1.3　描述规则反射和马赫反射的分析方法

描述规则反射和马赫反射波系结构的分析方法最初都是冯·诺依曼(1943a、1943b) 提出的，描述规则反射波系结构的方法称为两激波理论(two – shock theory, 2ST)，描述马赫反射波系结构的方法称为三激波理论(three – shock theory, 3ST)。这两种理论都采用了过斜激波的无黏守恒方程和适当的边界条件。

图 1.9 是一道斜激波及其相关流场的参数定义，斜激波前后的流动状态分别标记为 (i) 和 (j)，激波入射角（来流与斜激波间的夹角）为 ϕ_j。在通过斜激波时，气流从状态 (i) 变化到状态 (j) 偏转了一个角度 θ_j。稳定的无黏流中，过斜激波、从状态 (i) 变化到状态 (j) 的守恒方程包括：

质量守恒方程为

$$\rho_i u_i \sin\phi_j = \rho_j u_j \sin(\phi_j - \theta_j) \tag{1.1}$$

法向动量守恒方程为

$$p_i + \rho_i u_i^2 \sin^2\phi_j = p_j + \rho_j u_j^2 \sin^2(\phi_j - \theta_j) \tag{1.2}$$

切向动量守恒方程为

$$\rho_i \tan\phi_j = \rho_j \tan(\phi_j - \theta_j) \tag{1.3}$$

能量守恒方程为

$$h_i + \frac{1}{2}u_i^2 \sin^2\phi_j = h_j + \frac{1}{2}u_j^2 \sin^2(\phi_j - \theta_j) \tag{1.4}$$

式中:u 为固定在斜激波上的参考系中的流速;ρ、p 和 h 分别为气流的密度、静压和静焓。

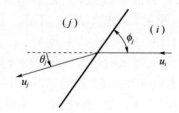

图1.9 过一道斜激波的参数定义

如果假设斜激波的两侧都是热力学平衡状态,则两个热力学参数就足以充分定义气体的热力学状态,例如,$\rho = \rho(p, T)$ 和 $h = h(p, T)$,其中 T 是气流温度。采用这个假设,上述 4 个守恒方程组就包含 8 个参数,即 p_i、p_j、T_i、T_j、u_i、u_j、ϕ_j 和 θ_j。如果已知其中 4 个参数,则上述守恒方程组原则上是可解的。

1.3.1 无黏流的两激波理论

两激波理论是描述规则反射结构反射点 R 附近流场的解析模型。图 1.10 是规则反射的波系结构及相关参数定义,规则反射由两个间断结构组成,即入射激波 i 和反射激波 r,这两个激波在反射点 R 处相交,而反射点 R 位于反射面上。由于激波反射不是线性现象,因此规则反射的波系结构也不是线性的,即 $\omega_i \neq \omega_r$。

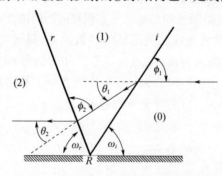

图1.10 规则反射波系结构示意图

在规则反射的两个斜激波(i 和 r)上应用 1.3 节给出的斜激波关系式,得到以下描述无黏流规则反射的一组控制方程。

流经入射激波 i 的控制方程为

$$\rho_0 u_0 \sin\phi_1 = \rho_1 u_1 \sin(\phi_1 - \theta_1) \tag{1.5}$$

$$p_0 + \rho_0 u_0^2 \sin^2\phi_1 = p_1 + \rho_1 u_1^2 \sin^2(\phi_1 - \theta_1) \tag{1.6}$$

$$\rho_0 \tan\phi_1 = \rho_1 \tan(\phi_1 - \theta_1) \tag{1.7}$$

$$h_0 + \frac{1}{2}u_0^2 \sin^2\phi_1 = h_1 + \frac{1}{2}u_1^2 \sin^2(\phi_1 - \theta_1) \tag{1.8}$$

流经反射激波 r 的控制方程为

$$\rho_1 u_1 \sin\phi_2 = \rho_2 u_2 \sin(\phi_2 - \theta_2) \tag{1.9}$$

$$p_1 + \rho_1 u_1^2 \sin^2\phi_2 = p_2 + \rho_2 u_2^2 \sin^2(\phi_2 - \theta_2) \tag{1.10}$$

$$\rho_1 \tan\phi_2 = \rho_2 \tan(\phi_2 - \theta_2) \tag{1.11}$$

$$h_1 + \frac{1}{2}u_1^2 \sin^2\phi_2 = h_2 + \frac{1}{2}u_2^2 \sin^2(\phi_2 - \theta_2) \tag{1.12}$$

除了这 8 个守恒方程外,还要满足一个条件,即反射激波后状态(2)的气流必须平行于反射楔面流动。在无黏流假设下,这个条件是

$$\theta_1 - \theta_2 = 0 \tag{1.13}$$

综上所述,描述规则反射结构反射点 R 附近流场的两激波理论,由 9 个控制方程组成。如果假设状态(0)、(1)和(2)的气流均处于热力学平衡状态,那么密度 ρ 和焓 h 都可以用压力 p 和温度 T 表示,即 $\rho = \rho(p, T)$、$h = h(p, T)$,于是,上述 9 个方程仅包含 13 个参数,即 p_0、p_1、p_2、T_0、T_1、T_2、u_0、u_1、u_2、ϕ_1、ϕ_2、θ_1 和 θ_2。必须知道这 13 个参数中的 4 个,方程组才是封闭的,即原则上是可以解的。

Henderson(1982)的研究表明,如果气体服从完全气体状态方程($p = \rho RT$),并且是热完全气体($h = c_p T$),那么式(1.5)~式(1.13)可以合并成一个 6 阶多项式。尽管 6 阶多项式有 6 个根,但 Henderson(1982)发现,通过采用简单的物理规律,这 6 个根中的 4 个可以被舍弃。这一发现意味着,对于给定的一组初始条件,式(1.5)~式(1.13)的解不唯一。关于这个问题,1.4.1 节将做进一步的讨论和阐述。

1.3.2　无黏流的三激波理论

三激波理论是描述马赫反射结构三波点附近流场的分析模型。图 1.11 是马赫反射的波系结构及其相关参数定义。马赫反射由 4 个间断组成,即 3 道激波(入射激波 i、反射激波 r、马赫杆 m)和一条滑移线 s。这 4 个间断相交于一点,称为三波点 T,三波点 T 位于反射面的上方。一般来说,马赫杆在其整个长

度上是弯曲的(尽管这个曲率可能非常小),根据初始条件,马赫杆的弯曲可以是凹的,也可以是凸的;在马赫杆的根部(即在反射点 R 处),马赫杆垂直于反射面。

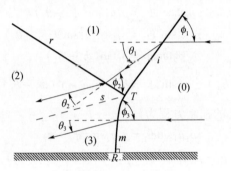

图 1.11　马赫反射的波系结构示意图

对于马赫反射结构的三道斜激波 i、r 和 m,应用 1.3 节给出的斜激波公式,得到以下无黏流马赫反射的一组控制方程。

流经入射激波 i 的控制方程为

$$\rho_0 u_0 \sin\phi_1 = \rho_1 u_1 \sin(\phi_1 - \theta_1) \tag{1.14}$$

$$p_0 + \rho_0 u_0^2 \sin^2\phi_1 = p_1 + \rho_1 u_1^2 \sin^2(\phi_1 - \theta_1) \tag{1.15}$$

$$\rho_0 \tan\phi_1 = \rho_1 \tan(\phi_1 - \theta_1) \tag{1.16}$$

$$h_0 + \frac{1}{2} u_0^2 \sin^2\phi_1 = h_1 + \frac{1}{2} u_1^2 \sin^2(\phi_1 - \theta_1) \tag{1.17}$$

流经反射激波 r 的控制方程为

$$\rho_1 u_1 \sin\phi_2 = \rho_2 u_2 \sin(\phi_2 - \theta_2) \tag{1.18}$$

$$p_1 + \rho_1 u_1^2 \sin^2\phi_2 = p_2 + \rho_2 u_2^2 \sin^2(\phi_2 - \theta_2) \tag{1.19}$$

$$\rho_1 \tan\phi_2 = \rho_2 \tan(\phi_2 - \theta_2) \tag{1.20}$$

$$h_1 + \frac{1}{2} u_1^2 \sin^2\phi_2 = h_2 + \frac{1}{2} u_2^2 \sin^2(\phi_2 - \theta_2) \tag{1.21}$$

流经马赫杆 m 的控制方程为

$$\rho_0 u_0 \sin\phi_3 = \rho_3 u_3 \sin(\phi_3 - \theta_3) \tag{1.22}$$

$$p_0 + \rho_0 u_0^2 \sin^2\phi_3 = p_3 + \rho_3 u_3^2 \sin^2(\phi_3 - \theta_3) \tag{1.23}$$

$$\rho_0 \tan\phi_3 = \rho_3 \tan(\phi_3 - \theta_3) \tag{1.24}$$

$$h_0 + \frac{1}{2} u_0^2 \sin^2\phi_3 = h_3 + \frac{1}{2} u_3^2 \sin^2(\phi_3 - \theta_3) \tag{1.25}$$

除了这 12 个控制方程,还有两个边界条件,即在分割状态(2)和状态(3)气流的

接触面两侧,压力保持一致:

$$p_2 = p_3 \tag{1.26}$$

此外,在无黏流和无限薄接触面的假设下,接触面两侧的流线是平行的,即

$$\theta_1 \mp \theta_2 = \theta_3 \tag{1.27}$$

式(1.27)给出两种可能的三激波理论:

$$\theta_1 - \theta_2 = \theta_3 \tag{1.28a}$$

$$\theta_1 + \theta_2 = \theta_3 \tag{1.28b}$$

满足式(1.28a)要求的三激波理论,以下称为"标准"三激波理论;满足条件式(1.28b)的三激波理论,以下称为"非标准"三激波理论。

标准三激波理论的解获得马赫反射,非标准三激波理论的解获得冯·诺依曼反射(后面会详细介绍)。

因此,描述三波点 T 附近流场的三激波理论(包括标准或非标准三激波理论)由 14 个控制方程组成。如果假定状态(0)、(1)、(2)和(3)的气流均处于热力学平衡状态,那么上述 14 个控制方程组中包含了 18 个参数,即 p_0、p_1、p_2、p_3、T_0、T_1、T_2、T_3、u_0、u_1、u_2、u_3、ϕ_1、ϕ_2、ϕ_3、θ_1、θ_2 和 θ_3。必须知道这 18 个参数中的 4 个,才能得到一组原则上可以求解的封闭方程组。

Henderson(1982)的研究表明,假设气体服从完全气体状态方程($p = \rho RT$),并且是热完全气体($h = c_p T$),那么由式(1.14)~式(1.27)可以推导出一个以压比 p_3/p_0 为变量的 10 阶多项式,多项式的系数是比热比($\gamma = c_p/c_V$)、状态(0)气流马赫数 Ma_0 以及入射激波的强度(用压比 p_1/p_0 表达)的函数。虽然,10 次多项式有 10 个根,但 Henderson(1982)证明,通过采用简单的物理规律并考虑二重根的可能性,这 10 个根中的 7 个可以舍弃。这就意味着,对于给定的一组初始条件,式(1.14)~式(1.27)不会产生唯一解。关于这个问题,将在 1.4.2 节中做进一步讨论和阐述。

1.4　激波极曲线

1.4.1　激波极曲线的概念

Kawamura 和 Saito(1956)首先提出,由于规则反射的边界条件(式(1.13))和马赫反射的边界条件(式(1.26)、式(1.27))是由气流的偏折角 θ 和静压 p 表达的,因此,采用 (p, θ) 极曲线能够更好地理解激波反射现象。

对于一个给定的马赫数 Ma_i 和不同的斜激波入射角 ϕ_j,参考图 1.9,可以将

斜激波后的压力 p_j 与气体流过斜激波后的偏折角度 θ_j 之间关系用图表达出来，这种曲线叫做"压力—偏折角"激波极曲线，即 (p,θ) 激波极曲线。图 1.12 就是一个典型的"压力—偏折角"激波极曲线，在激波极曲线上有四个特殊的点：

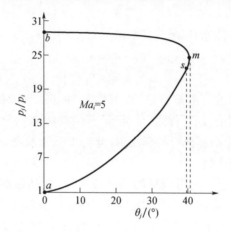

图 1.12　典型的激波极曲线 $(p_j/p_i,\theta_j)$

（按比例，$Ma_i = 5,\gamma = 1.4$）

（1）点 a，表示斜激波前后的流动状态相同的情况。当斜激波与来流之间的入射角 ϕ_j 等于马赫角 $\mu_i = \arcsin(1/Ma_i)$ 时，就得到这种情况。这时，气流流过斜激波后，压力不发生变化（$p_j/p_i = 1$），流动也不发生偏折，即 $\theta_j = 0$。

（2）点 b，表示气流从状态 (i) 经过一道最强的斜激波的情况，即经过正激波的情况（$\phi_j = 90°$）。在这种情况下，过正激波的压升 p_j/p_i 最大，且气流的偏折角为零（$\theta_j = 0$）。

（3）点 s，将激波极曲线分为两部分。在点 a 和点 s 之间的部分，斜激波后的气流马赫数是超声速的，即 $Ma_j > 1$；在点 s 和点 b 之间的部分，斜激波后的气流马赫数是亚声速的，即 $Ma_j < 1$。所以，点 s 表示斜激波后的流动正好是声速的情况，即 $Ma_j = 1$。激波极曲线上的 $a \sim s$ 段和 $s \sim b$ 段，分别称为激波极曲线的弱解段和强解段，而前面提到的弱激波解和强激波解（1.2 节），指的就是位于这两段曲线上的解。

（4）点 m，有时标记为 d，称为最大偏折点或脱体点，表达的是一个给定的超声速气流经过一道斜激波可以获得的最大偏折角。从图 1.12 可以看出，θ_s 和 θ_m 之间的差异非常小，当 $Ma_i = 1$ 时两者之差等于零，当 $Ma_i \to \infty$ 时两者之差趋于零。根据比热比 γ 的差别，在中等 Ma_i 值下，两者最大只差几度。因此，在实际应用时（尤其是从工程视角看），一般将点 s 和 m 视为同一点。

众所周知,气流马赫数 Ma_i 越大,相应的激波极曲线也越大。参考图 1.13,图中给出的是双原子完全气体($\gamma = 1.4$) $Ma_i = 3$ 和 $Ma_i = 4$ 的激波极曲线,是精确按比例绘制的。

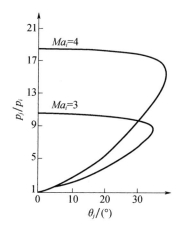

图 1.13　给定入流马赫数 Ma_i 的激波($p_j/p_i, \theta_j$)极曲线($\gamma = 1.4$)

真实气体效应也会改变($p_j/p_i, \theta_j$)极曲线的尺寸,如图 1.14 所示,由于气体内部自由度的松弛,斜激波的最大偏转角和压升均增大。对于图 1.14 所示的特定情况,即 $Ma_i = 10, p_i = 15\mathrm{Torr}(1\mathrm{Torr} = 133\mathrm{Pa}), T_i = 300\mathrm{K}$,完全气体氮气的最大偏折角是 $\theta_{jm} = 42.7°$,而离解平衡态氮气的最大偏折角为 $\theta_{im} = 49°$。

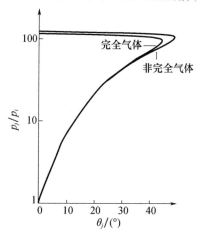

图 1.14　真实气体效应对氮气的激波($p_j/p_i, \theta_j$)极曲线的影响
($Ma_i = 10, p_i = 15\mathrm{Torr}, T_i = 300\mathrm{K}$)

如 1.3.1 节和 1.3.2 节所述,在许多涉及激波相互作用的现象中,可能存在不只一个理论解,在这些情况下,激波极曲线可以用来舍弃不符实际的解,并指示出实际的解。

1.4.2 规则反射结构反射点附近流场的激波极曲线表达

图 1.15 是规则反射结构反射点 R 附近流场的(p_i/p_0,θ_i^R)极曲线解。在固定于反射点 R 上的参考系中,气流的偏折角 θ_i^R 是相对于来流方向的夹角。状态(0)位于原点,在该点处 $p_i = p_0$(或 $p_i/p_0 = 1$),$\theta_i^R = \theta_0^R = 0$。标记为 I 的极曲线(以下称 I 极曲线)代表从状态(0)通过斜激波(入射激波)所能获得的所有流动状态,状态(1)是气流从状态(0)通过入射激波 i 达到的状态,状态(1)位于 I 极曲线上(p_1/p_0,θ_1^R)点处。标记为 R 的极曲线(以下称 R 极曲线)代表气流从状态(1)通过斜激波(反射激波)所能获得的所有状态,由于反射激波与入射激波使气流的偏折方向相反,所以绘制的 R 极曲线方向与 I 极曲线的方向相反。气流从状态(1)通过反射激波达到状态(2),状态(2)位于 R 极曲线上。规则反射的边界条件式(1.13)意味着 $\theta_2^R = 0$,因此,状态(2)位于 R 极曲线与 p 轴的交点处,即位于 $\theta^R = 0$ 的线上。

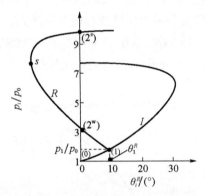

图 1.15   规则反射的(p_i/p_0,θ_i^R)极曲线解

图 1.15 表明,R 极曲线与 p 轴有两个交点,即点(2^w)和点(2^s),两者都是规则反射结构控制方程(式(1.5)~式(1.13))的可能解,点(2^w)对应弱激波解,点(2^s)对应强激波解,理论上不能舍弃其中任何一个解。然而,实验的事实是,除非采取特殊措施,否则通常出现的是弱激波解。所以,图 1.15 上的点(2^w)是反射激波后的流动状态,以下将该状态标记为(2)。注意,在 1.3.1 节中已经提到过上述情况,即使用(p_i/p_0,θ_i^R)极曲线图求解规则反射结构的控制方程时,对

于给定的一组初始条件,规则反射结构有两个可能的解。

1.4.3　马赫反射结构三波点附近流场的激波极曲线表达

图 1.16 是马赫反射结构三波点 T 附近流场的$(p_i/p_0,\theta_i^T)$极曲线解。以三波点 T 为原点建立参考系,气流的偏折角 θ_i^T 是相对于来流方向的夹角。状态(0)位于原点,在该点处 $p_i=p_0$(或 $p_i/p_0=1$),$\theta_i^T=\theta_0^T=0$。I 极曲线代表气流从状态(0)通过斜激波(入射激波)所能获得的所有流动状态,状态(1)是气流从状态(0)通过入射激波 i 达到的状态,状态(1)位于 I 极曲线上的$(p_1/p_0,\theta_1^T)$点。R 极曲线代表气流从状态(1)通过斜激波(反射激波)所能获得的所有状态,状态(1)是 R 极曲线的原点,由于反射激波与入射激波使气流的偏折方向相反,所以以绘制的 R 极曲线方向与 I 极曲线的方向相反。反射激波后的状态(2)位于 R 极曲线上;马赫杆后的状态(3)位于 I 极曲线上,因为状态(3)也是从状态(0)通过马赫杆获得的。由于状态(2)和状态(3)的压力相等,即 $p_2=p_3$,参考式(1.26),并且状态(2)和状态(3)的流动是平行的,即 $\theta_i^T=\theta_0^T$,参考式(1.27),所以,状态(2)和状态(3)是 I 极曲线和 R 极曲线的交点。由于 $\theta_1^T>\theta_3^T$,图 1.16 中的激波极曲线解是三激波理论的典型“标准”解,即产生的是马赫反射结构。

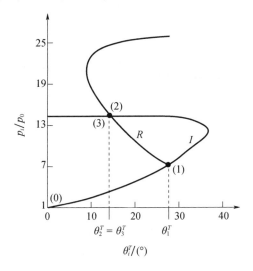

图 1.16　马赫反射的$(p_i/p_0,\theta_i^T)$极曲线解

图 1.17 给出了马赫反射结构三波点附近流场的三个可能的解。在图 1.16 上只绘制了 I 极曲线的右分支,而图 1.17 同时展示了其左分支。点 a、b 和 c 是马赫反射的三个不同解(即 I 极曲线与不同 R 极曲线的交点)。在点 a 的马赫反射中,

相对于其初始状态(0)的流动方向,状态(2)和(3)的净偏折角为正(即 $\theta_2^T = \theta_3^T = +7° > 0$);在点 b 的马赫反射中,状态(2)和(3)的净偏折角为零(即 $\theta_2^T = \theta_3^T = 0$);在点 c 的马赫反射中,状态(2)和(3)的净偏折角为负(即 $\theta_2^T = \theta_3^T = -8° < 0$)。Courant 和 Freidrichs(1948)给上述三类马赫反射结构起了名字,a 点的马赫反射类型被命名为直接马赫反射,b 点的马赫反射类型被命名为固定马赫反射,c 点的马赫反射类型被命名为反向马赫反射。

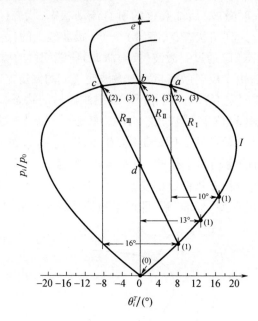

图 1.17　三种可能的马赫反射

点 a—直接马赫反射;点 b—固定马赫反射;点 c—反向马赫反射。

　　注意,在图 1.17 的 $(I \sim R_{II})$ 极曲线组合中,b 点除了有可能是固定马赫反射,也可能是规则反射的解,因为 R_{II} 极曲线与 p 轴的交的点正是 b 点。类似地,在 $(I \sim R_{III})$ 极曲线组合中,除了 c 点的反向马赫反射的解,在 d 点还可能存在规则反射的解,因为 R_{III} 极曲线与 p 轴相交于 d 点。由此再次证明,根据马赫反射控制方程的图解,在相同的初始条件下,利用 $(p_i/p_0, \theta_i^T)$ 极曲线,从理论上可以推导出存在不同反射结构的结论。

1.5　RR⇆IR 转换准则

　　自从 20 世纪 40 年代初冯·诺依曼重新启动斜激波反射现象研究以来,寻

18

找"规则反射—不规则反射"(RR⇆IR)转换准则,一直是各种分析研究、数值研究和实验研究的目标。之所以一直在持续地寻找正确的 RR⇆IR 转换准则,是因为在所需考虑的入射激波马赫数和反射楔角的完整范围内,提出的各种转换准则与实验结果的一致性一直不够好。

以下将采用激波极曲线方法,详细讨论、解释已经提出的各种 RR⇆IR 转换准则。应该提醒注意的是,在 20 世纪 40 年代初,冯·诺依曼就提出了其中的大部分准则。

1.5.1 脱体准则

参考图 1.15 和图 1.16,在规则反射情况下,R 极曲线与 p 轴有两个交点;在马赫反射情况下,R 极曲线与 p 轴根本不相交。临界情况是 R 极曲线与 p 轴相切,也就是与 p 轴有一个交点,这种情况称为脱体临界状态(该条件即脱体准则),图 1.18(a)、图 1.18(b)是这种情况的两个 $I-R$ 极曲线组合。R 极曲线再稍微向右移,会导致其与 p 轴完全不相交,即不再获得规则反射的解。

在脱体准则条件下,气流经反射激波的偏折角最大,即 $\theta_2 = \theta_{2m}$,于是,将 θ_2 替换为 θ_{2m},就可以用两激波理论(式(1.5)~式(1.13))计算脱体准则产生的转换线。

根据初始条件,R 极曲线与 p 轴的切点可以位于 I 极曲线的外部,也可以位于 I 极曲线的内部,如图 1.18(a)、图 1.18(b)所示。图 1.18(c)是两者间的临界情况,即 R 极曲线与 p 轴恰好相切于 I 极曲线的正激波点。

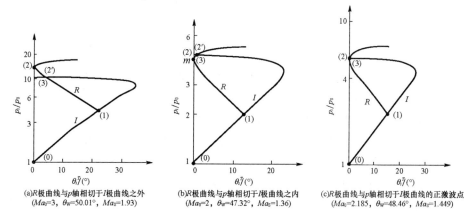

(a)R极曲线与p轴相切于I极曲线之外
($Ma_0=3$, $\theta_w=50.01°$, $Ma_S=1.93$)

(b)R极曲线与p轴相切于I极曲线之内
($Ma_0=2$, $\theta_w=47.32°$, $Ma_S=1.36$)

(c)R极曲线与p轴相切于I极曲线的正激波点
($Ma_0=2.185$, $\theta_w=48.46°$, $Ma_S=1.449$)

图 1.18 激波脱体临界的三个 $I-R$ 极曲线组合
(离解平衡态氮气,$p_0 = 15\text{Torr}$,$T_0 = 300\text{K}$)

19

按照 Henderson(1982)的说法,在脱体临界条件下,R 极曲线与 p 轴的切点位于 I 极曲线之外的入射激波称为"强"激波,参考图 1.18(a);R 极曲线与 p 轴的切点位于 I 极曲线之内的入射激波称为"弱"激波,参考图 1.18(a)(注意,这个定义与 1.4 节关于激波极曲线分为强、弱激波解两个部分的定义没有任何关系)。

与脱体准则相关的三类重要的 $I-R$ 极曲线组合,可能都处于刚刚提到的"弱"激波条件域,参考图 1.19(a) ~ 图 1.19(c)。以下讨论将坐标系固定于三波点上。

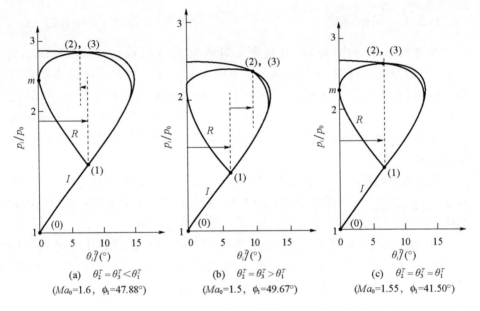

图 1.19 可能的三激波理论解的 $I-R$ 极曲线表达
(完全气体氮气,$\gamma = 1.4$)

在图 1.19(a)的 $I-R$ 极曲线组合中,在三波点附近,状态(2)气流的净偏折角小于状态(1),因此,位于三波点轨迹上方的状态(0)的气流首先经入射激波偏向楔面,然后经反射激波偏离楔面,即 $\theta_2^T = \theta_3^T < \theta_1^T$。在这种情况下 $\theta_1 - \theta_2 = \theta_3$,即式(1.28a),也就是三激波理论的"标准"解(1.3.2 节),得到的是一个马赫反射结构。图 1.19(b)的 $I-R$ 极曲线组合是另一种解,可以看出,状态(0)的气流经过入射激波偏向楔面,但流经反射激波后不是偏离楔面,而是进一步偏向楔面,导致 $\theta_2^T = \theta_3^T > \theta_1^T$。在这种情况下 $\theta_1 + \theta_2 = \theta_3$,即式(1.28b),也就是三激波理论的"非标准"解(1.3.2 节),得到一个冯·诺依曼反射结构。图 1.19(c)是上述两个解之间的临界情况,气流通过反射激波根本不发生偏转,即 $\theta_2 = 0$,因此

$\theta_2^T = \theta_3^T = \theta_1^T$,这种情况的三激波理论边界条件简化为 $\theta_1 = \theta_3$。

图 1.20(a)~图 1.20(c)的三类激波结构分别对应图 1.19(a)~图 1.19(c)的三种 $I-R$ 极曲线组合。特别要注意与图 1.19(c)解相对应的波系结构,参考图 1.20(c),反射激波垂直于其上游状态(1)的流动方向,以后会证明(3.2.3 节),这种情况就是 MR⇆vNR 转换准则。综上,$\theta_2^T = \theta_3^T < \theta_1^T$ 的 $I-R$ 极曲线组合对应的是马赫反射,$\theta_2^T = \theta_3^T > \theta_1^T$ 的 $I-R$ 极曲线组合对应的是冯·诺依曼反射。存在这样一些情况,R 极曲线位于 I 极曲线之内,根本不与 I 极曲线相交,这时,式(1.27)所要求的条件不能得到满足,标准、非标准的三激波解都不存在,这时所产生的反射是 Guderley 反射,后面还会详细阐述。

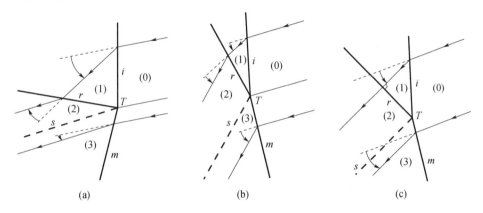

图 1.20 对应图 1.19 三激波理论三种可能解的三种激波结构

所以,对于图 1.20(a)~图 1.20(c)的三种波系结构,如果要用三激波理论来计算三波点附近的流场特性,需要采用流动偏折角作为边界条件。对于图 1.20(a)的马赫反射,应当采用式(1.28a)来计算;而图 1.20(b)的波系结构,应当用式(1.28b)来计算;对于图 1.20(c)的临界状态波系结构,可以用式(1.28a)或式(1.28b)来计算,因为在这种情况下,反射激波垂直于状态(1)的来流方向,即 $\theta_2 = 0$。故式(1.28a)和式(1.28b)简化为

$$\theta_1 = \theta_3 \tag{1.29}$$

此外,由于三激波理论的两个因变量已知,即状态(1)气流方向与反射激波之间的夹角(入射角)$\phi_2 = 90°$,通过反射激波的流动偏折角 $\theta_2 = 0$,未知数从 18 个减少到 16 个,三激波理论的控制方程组得到显著简化。

1.5.2 力学平衡准则

这一准则也是由冯·诺依曼(1943)首先提出的,Henderson 和 Lozzi(1975)

后来沿用了这个名字。参考图 1.18(a)、图 1.18(b)的脱体准则 $I-R$ 极曲线组合,这些 $I-R$ 极曲线组合表明,如果 RR⇄IR 转换发生在脱体条件,那么规则反射的终止和不规则反射的形成必须与压力的突变相联系,即从 p_2 变化到 $p_{2'}$,其中"2"是 R 极曲线与 p 轴的切点,"2'"是 R 极曲线与 I 极曲线的交点。Henderson 和 Lozzi(1975)认为,这种突然的压力变化必须有压缩波(激波)或膨胀波的支持,取决于 p_2 是大于 $p_{2'}$(如图 1.18(a)的情况)还是小于 $p_{2'}$(图 1.18(b)的情况)。由于当时的实验从未观测到这些额外的波,Henderson 和 Lozzi(1975)推论,脱体准则不符合物理规律,所以他们提出了另一个转换准则,对应于图 1.21 的极曲线组合。

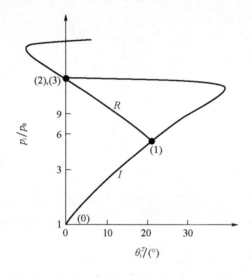

图 1.21 描述力学平衡准则的 $I-R$ 极曲线组合

在这个 $I-R$ 极曲线组合中,R 极曲线恰好与 p 轴相交于 I 极曲线的正激波点,这时,从理论上讲,在交点处,规则反射和马赫反射都是可能的。如果该点确实是规则反射与不规则反射的转换点,那么从压力的变化情况来看,转换将是连续的,并且在转换期间会保持力学平衡。力学平衡转换线可通过求解式(1.14)~式(1.28a)获得,边界条件为 $\theta_1 - \theta_2 = \theta_3 = 0$。

1.5.3 声速准则

声速准则也是由冯·诺依曼(1943)最早提出的。推测声速可能是转换准则基于这样一个推理,RR⇄IR 转换取决于拐角信号能否赶上规则反射的反射点 R。因此,只要反射激波后的流动马赫数是超声速的,反射点就与拐角信号隔离,拐角信号就不能到达反射点。

参考图 1.22(a)和图 1.22(b)两种不同的 $I-R$ 极曲线组合。在图 1.22(a)中,R 极曲线的"弱解段"与 p 轴相交,反射激波后的流动是超声速的;在图 1.22(b)中,R 极曲线的"强解段"与 p 轴相交,反射激波后的流动是亚声速的。图 1.22(c)是这两种情况之间的临界情况,R 极曲线与 p 轴的交点恰好是极曲线的声速点 s,该 $I-R$ 极曲线组合就是声速准则条件,或"赶上"条件,因为这是拐角信号可以赶上规则反射结构反射点 R 的临界条件。由声速准则产生的转换线可通过求解两激波理论的控制方程获得,即求解式(1.5)~式(1.13),条件是用 θ_{2s} 代替 θ_2。

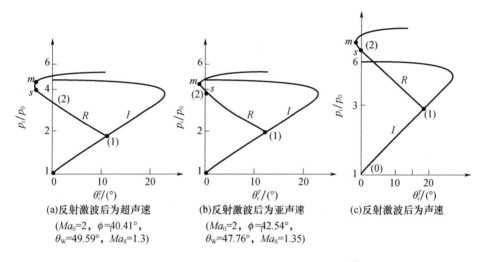

图 1.22　完全气体氮气三种不同的规则反射$(p_i/p_0,\theta_i^T)$极曲线

(a)反射激波后为超声速
($Ma_0=2$, $\phi=40.41°$,
$\theta_w=49.59°$, $Ma_S=1.3$)

(b)反射激波后为亚声速
($Ma_0=2$, $\phi=42.54°$,
$\theta_w=47.76°$, $Ma_S=1.35$)

(c)反射激波后为声速

值得注意的是,由于极曲线的声速点和脱体点非常接近,声速准则推导出的转换条件非常接近于脱体准则导出的转换条件,在许多情况下,两种准则给出的反射楔角只相差几分之一度。因此,几乎不可能用实验区分出声速准则和脱体准则。

Lock 和 Dewey(1989)开发了一个巧妙的实验装置,通过该装置,他们能够用实验区分"声速"和"脱体"准则。他们的实验研究得出的结论是,在准稳态流动中,当拐角信号设法赶上反射点 R 时,发生 RR⇆IR 转变,即 RR⇆IR 转变发生在声速条件下,而不是发生在脱体条件下。

1.5.4　长度尺度准则

长度尺度准则(length scale criterion)是由 Hornung 等(1979)提出的,该准则

的物理推理基于他们的以下观点:规则反射的波系结构"与任何长度尺度无关",因为其入射激波和反射激波都延伸到无穷远(参考图 1.1);而马赫反射的波系结构本身就包含着长度尺度,即马赫杆,有限长度的马赫杆从反射面上的反射点 R 延伸至三波点 T(参考图 1.2)。因此,他们认为,为了形成马赫反射,即为了实现一道有限长度的激波,必须在反射点提供一个物理长度尺度,即压力信号必须能够传播到规则反射结构的反射点。他们据此推论,规则反射的终止有两个不同的条件,取决于流动是稳态的还是准稳态的。

考虑图 1.23(a)中的准稳态规则反射,只有在 Q 和 R 点之间建立起亚声速流动时(在固定于 R 的参考坐标系中),反射表面的长度 l_{W} 才能(令拐角信号)与反射点 R 建立通讯。前面讨论过,这一要求对应声速准则,即对应于图 1.22(c)的极曲线组合。在稳态流动中,参考图 1.23(b),入射激波由长度为 l_{W} 的楔产生,仅当点 Q 和点 R 之间存在传播路径时,即通过点 Q' 处的膨胀波使点 Q 和点 R 形成传播路径,楔的长度 l_{W} 才能(令拐角信号)与反射点 R 建立通讯,而且,只有当 R 与 Q' 点之间的流动是亚声速时才是可能的。据 Hornung 等(1979)的研究,如果形成了一个马赫反射结构,就可以发生这种情况,因为马赫杆后的流动总是亚声速的。因此,他们认为,一旦马赫反射在理论上成为可能,RR→MR 转换就会发生。这一要求对应力学平衡准则,即对应图 1.21 的 $I-R$ 极曲线组合。

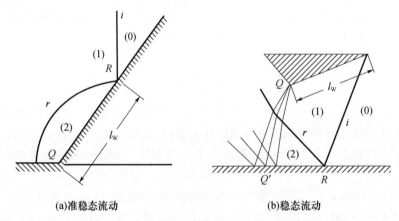

(a)准稳态流动　　　　　(b)稳态流动

图 1.23 与反射点 R 建立通讯的物理长度 l_{W} 的定义(为实现 RR→MR 转换)

综上,Hornung 等(1979)提出的长度尺度准则产生两种不同的转换线。在稳态流中,预测的转换发生在力学平衡准则所预测的点上,条件是 $\theta_1-\theta_2=\theta_3=0$;在准稳态流中,预测的转换发生在声速准则所预测的点上,条件是 $\theta_1-\theta_{2\mathrm{S}}=0$

（实际上，与脱体准则相同，即 $\theta_1 - \theta_{2m} = 0$）。

1.5.5　总结、评述与讨论

由上述建议的四个转换准则，可获得三个不同的 RR⇆IR 转换线，分别按以下方式计算：

（1）脱体准则产生的转换线，用两激波理论计算，同时要求

$$\theta_2 = \theta_{2m} \tag{1.30}$$

（2）声速准则产生的转换线，利用两激波理论计算，同时要求

$$\theta_2 = \theta_{2S} \tag{1.31}$$

（3）力学平衡准则产生的转换线用三激波理论计算，同时要求

$$\theta_1 - \theta_2 = \theta_3 = 0 \tag{1.32}$$

回想一下，由长度尺度准则获得两种转换线，准稳态流动的转换线由式（1.31）给出，稳态流动的转换线由式（1.32）给出。还应注意，由式（1.30）和式（1.31）计算的转换线实际上是相同的。

图 1.24 给出了 3 种 $I-R$ 极曲线组合。$I-R_i$ 极曲线组合对应于力学平衡条件；$I-R_{iii}$ 极曲线组合对应于脱体/声速条件；$I-R_{ii}$ 极曲线组合对应于上述两者的中间条件。

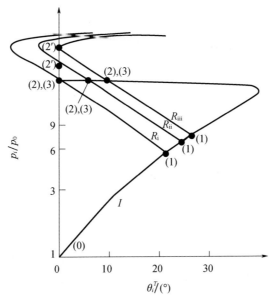

图 1.24　各种 $I-R$ 极曲线组合

$I-R_i$—力学平衡准则；$I-R_{iii}$—脱体准则或声速准则；$I-R_{ii}$—中间情况。

对于后一种极曲线组合,力学平衡准则预测在 R_{ii} 极曲线与 I 极曲线的交点产生马赫反射,即在点(2)和(3)产生马赫反射;而脱体准则预测 R_{ii} 极曲线与 p 轴的交点处产生规则反射,即在点(2′)产生规则反射。对于 R_i 极曲线和 R_{iii} 极曲线之间的所有 R 极曲线,理论上有两个解,即规则反射和马赫反射都是可能出现的。

图 1.25 的 $(Ma_S、\theta_w^C)$ 图描述了双解区的条件域,其中 θ_w^C 是 ϕ_1 的互补角,即 $\theta_w^C = 90° - \phi_1$。可以清楚地看到,力学平衡准则和脱体准则之间的分歧区很大。如果在图 1.25 中添加声速准则预测的转换线,其位置将略高于脱体准则预测的转换线。

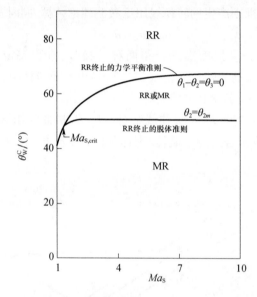

图 1.25　力学平衡与脱体准则预测的规则反射与马赫反射的 (Ma_S, θ_w^C) 图

尽管 Henderson 和 Lozzi(1975)报告称,他们的稳态风洞实验结果与力学平衡准则取得了很好的一致性,但遗憾的是,该准则所依据的物理概念存在一些困难。

首先,从图 1.25 可以看出,力学平衡准则并不适用于整个入射激波马赫数 Ma_S 范围,只适用于力学平衡准则转换线与脱体准则转换线分叉点之后的范围 $(Ma_S > Ma_{S,Crit}$ 的范围)。由于 $Ma_S = Ma_0 \sin\phi_1$,因此存在一些 (Ma_0, ϕ_1) 组合,不满足式(1.32)的条件。

其次,在准稳态流动的实验中,如激波管实验,他们观察到,规则反射的波系结构存在的范围更大,不仅存在于图 1.25 的双解区内,而且存在于略低于脱体准则转换线的范围里(但理论上,这个范围内不应该发生规则反射)。在弱激波域中,规则反射存在的范围超过理论转换线多达 5°;而在强激波域中,规则反射存在的范围比理论极限约低 2°。其他研究者也进行了实验研究,RR⇆IR 转换获得了类似的结果。Henderson 和 Lozzi(1975)试图解释这一异常,他们假设了一种可能性,即在力学平衡准则预测的规则反射条件域极限之外,所观察到的规则反射实际上是一种未完全发展的马赫反射结构,其中的马赫杆、滑移线距离三波点太近,它们的结构尺寸太小,无法像完全发展马赫反射结构那样清晰分辨出各间断结构;然而,在准稳态流动中,激波结构是随时间而增长的,如果反射楔面的长度足够,则三波点最终会显示出来。但不幸的是,在反射面很长的实验中,并未获得这种期待的情况。

最后,无论流动是稳态还是准稳态,Henderson 和 Lozzi 在力学平衡准则中提出的要求都是不合理的,因为在稳态或准稳态情况下,根据初始条件,要么是建立起一个规则反射结构,要么是建立起一个不规则反射结构,根本就不存在转换的问题,所以也不需要压力连续变化的转换要求。然而,如果流动是非稳态的,激波反射结构实际上会经历从规则反射到不规则反射结构的转换(或反之),那么他们的论点就适用了。第 4 章将介绍在非稳态流动条件下,流场中确实出现了 Henderson 和 Lozzi(1975)所要求的、与在脱体条件下转换相关的额外的波系结构,这些额外的波系结构提供了突然的压降。如图 1.4 所示,流场中有一道正激波跟随在规则反射结构之后,而该规则反射结构是反向马赫反射结构终止时形成的过渡规则反射结构。

总之,稳态和非稳态(包括准稳态)流动的实验结果表明,在稳态流动中,RR⇆IR 转换与式(1.32)给出的条件基本一致;而在准稳态和非稳态流动中,RR⇆IR 转换似乎与式(1.30)或式(1.31)给出的条件一致。由此可见,Hornung 等(1979)的长度尺度准则可能是最合适的 RR⇆IR 转换准则,因为该准则在稳态、准稳态和非稳态流动中都正确预测了 RR⇆IR 转换线。

后面还会讲到,在很靠近转换线的范围内,该转换准则与谨慎的实验研究结果之间的一致性从未达到令人满意的程度,这一事实激励着研究人员继续寻找"正确的"RR⇆IR 转换准则。然而,必须记住,该转换准则是以两激波和三激波理论为基础的,而这两个理论均假设,所有间断结构在其交叉点附近是直线,因而,由这些间断所围成的各区域中的流动都是均匀流动,该假设使两激波和三激波理论在预测转换线时产生一个固有的误差。此外,后面的章节还将表明,基于这两个基本理论的预测,在考虑黏性效应和真实气体效应后,确实会改善与实验结果的一致性。

参考文献

[1] Ben – Dor, G. , "Relations between first and second triple point trajectory angles in double Mach reflection", AIAA J. , 19, 531 – 533, 1981.

[2] Ben – Dor, G. & Takayama, K. , "The dynamics of the transition from Mach to regular reflection over concave cylinders", Israel J. Tech. , 23, 71 – 74, 1986/7.

[3] Colella, P. & Henderson, L. F. , "The von Neumann paradox for the diffraction of weak shock waves", J. Fluid Mcch. , 213, 71 – 94, 1990.

[4] Courant, R. & Freidrichs, K. O. , Hypersonic Flow and Shock Waves, Wiley Interscience, New York, N. Y. , USA, 1948.

[5] Guderley, K. G. , "Considerations on the structure of mixed subsonic/supersonic flow patterns", Tech. Rep. F – TR – 2168 – ND, Wright Field, USA, 1947.

[6] Henderson, L. F. , "Exact Expressions for Shock Reflection Transition Criteria in a Perfect Gas", ZAMM, 62, 258 – 261, 1982.

[7] Henderson, L. F. & Lozzi, A. , "Experiments on transition of Mach reflection", J. Fluid Mech. , 68, 139 – 155, 1975.

[8] Hornung, H. G. , Oertel, H. Jr. & Sandeman, R. J. , "Transition to Mach reflection of shock waves in steady and pseudo – steady flows with and without relaxation", J. Fluid Mech. , 90, 541 – 560, 1979.

[9] Kawamura, R. & Saito, H. , "Reflection of shock waves – 1. Pseudo – stationary case", J. Phys. Soc. Japan, 11, 584 – 592, 1956.

[10] Krehl, P. & van der Geest, "The discovery of the Mach reflection effect and its demonstration in an auditorium", Shock Waves, 1, 3 – 15, 1991.

[11] Lee, J. – H. & Glass, I. I. , "Pseudo – stationary oblique – shock wave reflections in frozen and equilibrium air", Prog. Aerospace Sci. , 21, 33 – 80, 1984.

[12] Li, H. & Ben – Dor, G. , "Reconsideration of pseudo – steady shock wave reflections and the transition criteria between them", Shock Waves, 5(1/2), 59 – 73, 1995.

[13] Liepmann, H. W. & Roshko, A. , Elements of Gasdynamics, John Wiley & Sons, New York, N. Y. , USA. , 1957.

[14] Lock, G. & Dewey, J. M. , "An experimental investigation of the sonic criterion for transition from regular to Mach reflection of weak shock waves", Exp. Fluids, 7, 289 – 292, 1989.

[15] Mach, E. , "Uber den verlauf von funkenwellen in der ebene und im raume", Sitzungsbr. Akad. Wiss. Wien, 78, 819 – 838, 1878.

[16] Neumann, J. von, "Oblique reflection of shocks", Explos. Res. Rep. 12, Navy Dept. , Bureau of Ordinance, Washington, DC, USA. , 1943a.

[17] Neumann, J. von, "Refraction, intersection and reflection of shock waves", NAVORD Rep. 203 – 45, Navy Dept. , Bureau of Ordinance, Washington, DC, U. S. A. , 1943b.

[18] Olim, M. & Dewey, J. M. , "A revised three – shock solution for the Mach reflection of weak shock waves", Shock Waves, 2, 167 – 176, 1992.

[19] Reichenbach, H. , "Contribution of Ernst Mach to fluid dynamics", Ann. Rev. Fluid Mech. , 15, 1 – 28, 1983.

[20] Skews, B. & Ashworth J. T. , "The physical nature of weak shock wave reflection", J. Fluid Mech. ,542,105 – 114,2005.

[21] Smith, L. G. , " Photographic investigation of the reflection of plane shocks in air", OSRD Rep. 6271 , Off. Sci. Res. Dev. , Washington, DC. , USA. , or NDRC Rep. A – 350,1945.

[22] Vasilev, E. & Kraiko, A. , "Numerical simulation of weak shock diffraction over a wedge under the von Neumann paradox conditions", Comp. Math. & Math. Phys. ,39,1335 – 1345,1999.

[23] White, D. R. , " An experimental survey of the Mach reflection of shock waves ", Princeton Univ. , Dept. Phys. , Tech. Rep. II – 10, Princeton, N. J. , USA. ,1951.

第2章 稳态流动中的激波反射

如第1章所述,在稳态流动中,只可能存在规则反射结构和马赫反射结构。因此,稳态流动中的反射现象比准稳态流动或非稳态流动中的反射现象要简单得多,对它们的分析研究也要简单得多。

尽管具有这一明显的优势,但迄今为止,关于稳态流动中的激波反射,实验研究还是不太多。此外,大多数现有的基础实验数据(不包括最近发现的迟滞现象的新数据)都是30多年前获得的,那时的实验设备和诊断技术不如现在准确。

2.1 稳态反射现象的分类

稳态流动中的激波反射现象一般可分为四类:
(1)弯曲入射激波在平直反射面上的反射;
(2)直入射激波在弯曲反射面上的反射;
(3)弯曲入射激波在弯曲反射面上的反射;
(4)直入射激波在平直反射面上的反射。

2.1.1 弯曲入射激波在平直反射面上的反射

如果一股超声速流动($Ma_0 > 1$)遇到一个凹或凸的反射楔,使流动与楔相适应的激波也是凹或凸的,图2.1是这两种情况下入射激波产生规则反射结构的示意图。平直反射楔自然是两者的中间情况,只要反射角楔不超过Ma_0气流的最大偏折角,即$\theta_w < \delta_{max}(Ma_0)$,产生的反射激波就是直的附体斜激波,就像图1.6(b)那样;如果反射楔角超过Ma_0气流的最大偏折角,平直反射楔将导致产生脱体的弓形激波,就像图1.6(c)那样,图2.1(b)中也有类似的情况。

Pant(1971)用分析法研究了稳定的弯曲激波的反射,研究表明,对于弱的入射激波,存在一个激波角ϕ(图2.1(b)),使反射激波呈平直态。这个特定的激波角ϕ^*与入流马赫数Ma_0无关,可由以下关系式获得:

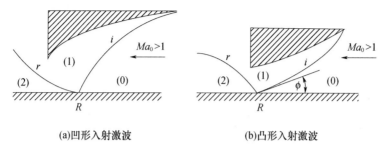

（a）凹形入射激波 （b）凸形入射激波

图 2.1 弯曲入射激波在平直面上的规则反射结构示意图

$$\phi^* = \arccos\left(\frac{1}{2}\sqrt{\gamma + 1}\right) \tag{2.1}$$

因此，只要 $\phi < \phi^*$，在所有强度的弱激波的规则反射中，入射激波与反射激波曲率的符号相反。当反射点附近的激波角接近 ϕ^* 时，反射激波会逐渐变直，直到 $\phi = \phi^*$ 时完全变直。当 $\phi > \phi^*$ 时，入射激波与反射激波曲率的符号相同。

Molder（1971）用数值方法研究了这种类型的稳态反射现象。在规则反射的情况下，在反射点 R 附近，在反射激波后的流线上强加了一个下游的零曲率；在马赫反射的情况下，在三波点 T 附近，沿着滑移线，压力梯度和流线曲率相匹配。Molder 的研究结果表明，存在许多可能的反射激波曲率、流线曲率和压力梯度的组合。

此外，Molder 还提出了理论论证和实验证据，证明当马赫杆垂直于入流流动时，即在长度尺度准则 $\theta_1 - \theta_2 = \theta_3 = \tilde{0}$ 预测的条件下，发生了 RR$\leftrightarrows$MR 转换。

虽然图 2.1（a）、图 2.1（b）中仅给出了规则反射的波系结构，但在稳态流动中，也可能产生马赫反射结构。

2.1.2 直入射激波在弯曲反射面上的反射

图 2.2（a）、图 2.2（b）是这类稳态规则反射的两种常见情况的波系结构示意图，其中的入射激波是直的，反射点 R 之前的反射面是平直的，反射点 R 之后的反射面是凹的或凸的。根据反射点 R 下游反射面的曲率的不同，可得到一个凹反射激波或凸反射激波。反射激波的曲率与反射面曲率的符号相同，如图 2.2 所示。

尽管图 2.2 仅给出了规则反射的波系结构，但在这种稳态流动中，马赫反射结构也是存在的。

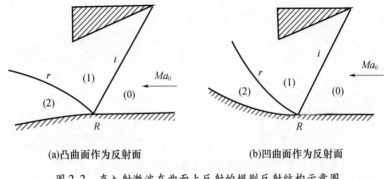

(a)凸曲面作为反射面   (b)凹曲面作为反射面

图 2.2 　直入射激波在曲面上反射的规则反射结构示意图

2.1.3 　弯曲入射激波在弯曲反射面上的反射

图 2.3(a)~图 2.3(d)是稳态流动中这类激波反射的四种常见情况的示意图,每一种情况中的入射激波都是弯曲的,反射点 R 之前的反射面是直的,反射点 R 之后的反射面是凹的或凸的。反射激波的曲率与反射面曲率符号相同,如图 2.3(a)~图 2.3(d)所示。

显然,对于这类稳态反射,除了图 2.3(a)~图 2.3(d)所示的规则反射结构以外,在某些条件下应该可以形成马赫反射结构。

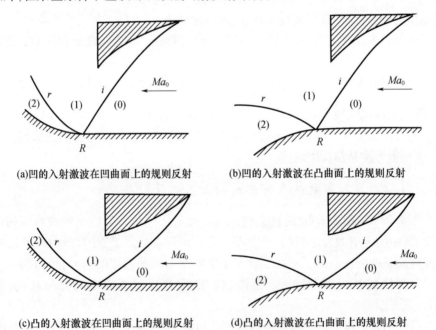

(a)凹的入射激波在凹曲面上的规则反射   (b)凹的入射激波在凸曲面上的规则反射

(c)凸的入射激波在凹曲面上的规则反射   (d)凸的入射激波在凸曲面上的规则反射

图 2.3 　弯曲入射激波在曲面上的规则反射示意图

2.1.4　直入射激波在平直反射面上的反射

这类稳态规则反射,由于入射激波、反射激波和反射面都是直的,毫无疑问是最容易解析求解的一类反射结构,所以,大多数稳态激波反射的分析和实验研究都是针对这一类的。

1. 反射类型

实验证据表明,在稳态流动条件下,直入射激波在平直反射面上反射时,只可能有两种反射结构,即规则反射结构和马赫反射结构,而马赫反射又总是单马赫反射。

图 2.4(a)、图 2.4(b)分别是稳态流动中规则反射和马赫反射的波系结构示意图。速度为 Ma_0 的超声速气流与楔角为 θ_W 的反射楔之间相互作用,产生一个直的附体斜激波,即入射激波 i,通过该入射激波,气流偏折 θ_1 的角度形成平行于反射楔面的流动,即 $\theta_1 = \theta_W$。因为该入射斜激波是由弱解产生的(1.2节),入射激波 i 后的流动为超声速,偏转后的气流以角度 θ_W 斜着流向底面,参考图 2.4(a)。如果楔角 θ_W 小于状态(1) Ma_1 气流的最大偏转角,即 $\theta_W < \delta_{\max}(Ma_1)$,则可获得图 2.4(a)所示的规则反射。如果楔角 θ_W 大于状态(1) Ma_1 气流的最大偏转角,即 $\theta_W > \delta_{\max}(Ma_1)$,则不可能得到规则反射结构,只能获得图 2.4(b)所示的马赫反射结构。

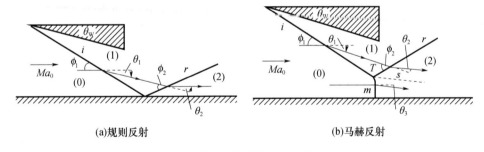

(a)规则反射　　　　　　　　　　(b)马赫反射

图 2.4　激波反射结构中的参数定义

2. RR⇆MR 转换准则

Hornung 和 Robinson(1982)指出,RR⇆MR 转换符合长度尺度准则(1.5.4节)。在稳态流动情况下,长度尺度准则有两个不同的转换关系式,取决于入流马赫数 Ma_0 是否大于某一临界值 Ma_{0C}。该临界值是满足力学平衡条件的最小 Ma_0 值,即满足式(1.32)的最小 Ma_0 值,实际上就是力学平衡准则转换线与脱体准则转换线分叉的那个 Ma_0 值,参考图 1.25($Ma_{S,\text{Crit}} = Ma_{0C}\sin\phi_1$)。在临界值

Ma_{0C} 条件下的 I – R 极曲线组合参考图 1.18(c)。

对于 $Ma_0 > Ma_{0C}$ 的情况,根据长度尺度准则,转换发生于

$$\theta_1 - \theta_2 = \theta_3 = 0 \qquad (2.2)$$

巧合的是,这个条件与力学平衡准则预测的转换条件相同(1.5.2 节)。对于 $Ma_0 < Ma_{0C}$ 的情况,不满足式(2.2)的条件,根据长度尺度准则的预测,RR⇌MR 转换发生在反射激波后的流动为声速的条件下,即

$$Ma_2 = 1 \qquad (2.3)$$

式(2.3)即为声速准则(1.5.3 节),也可以改写为

$$\theta_1 = \theta_{2S} \qquad (2.4)$$

由式(2.2)和式(2.3)(或式(2.4))得到的转换线在 $Ma_0 = Ma_{0C}$ 点相连接。注意,由式(2.2)获得的转换线采用三激波理论计算,而式(2.3)、式(2.4)获得的转换线采用两激波理论计算。Molder(1979)计算了双原子完全气体($\gamma = 7/5$)和单原子($\gamma = 5/3$)完全气体的 Ma_{0C} 精确值,分别为 $Ma_{0C} = 2.202$ 和 $Ma_{0C} = 2.470$。

3. 各反射类型在 (Ma_0, ϕ_1) 图中的条件域

图 2.5(a)、2.5(b)的 (Ma_0, ϕ_1) 图给出了氮气(N_2)和氩气(Ar)的稳态激波反射的存在范围(即条件域),其中的实线是完全气体的结果($\gamma = 7/5$ 是氮气,$\gamma = 5/3$ 是氩气),虚线是非完全气体的结果(氮气处于离解平衡态,氩气处于电离平衡态);虚线 1 ~ 4 分别对应 $p_0 = 1$、10、100 和 1000Torr($T_0 = 300$K)的压力条件。无反射区域(NR)对应难以获得强激波解的情况,即难以在入射激波后获得亚声速流动($Ma_1 < 1$)的情况。请注意,出于 2.1.4 节中讨论的原因,计算 RR⇌MR 转换线依据了不同的理论,取决于入流马赫数 Ma_0 是否大于临界值 Ma_{0C}。图 2.5(a)、图 2.5(b)清楚地表明,真实气体效应对 RR⇌MR 转换线和 SMR⇌NR 转换线有显著的影响。

4. 分析与实验的比较

对于式(2.2)和式(2.4)给出的 RR⇌MR 转换线,Henderson 与 Lozzi(1975、1979)、Hornung 等(1979)以及 Hornung 与 Robinson(1982)进行了实验验证。

图 2.6 是 Hornung 与 Robinson(1982)的实验研究结果,在不同入流马赫数 Ma_0 条件下,获得了无量纲马赫杆高度 H_m/L_W 与入射角 ϕ_1 之间的关系,其中,L_W 是反射楔的特征尺寸,参考图 1.23(b)。将实验结果外推到 $H_m/L_W = 0$ 发现,实际的 RR⇌MR 转换条件 ϕ_1 与式(2.2)的预测值一致。在给定的入流马赫数条件下,用分析法获得的转换条件,用箭头标示于图 2.6 中。

在 RR⇌MR 转换条件上,尽管实验结果和理论预测有很好的一致性,必须

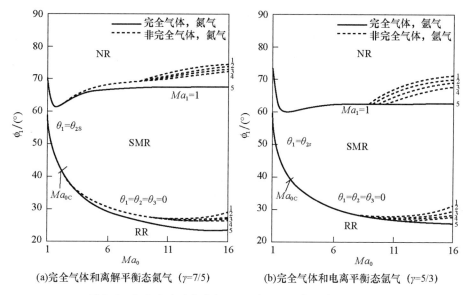

(a)完全气体和离解平衡态氮气（γ=7/5)　　　(b)完全气体和电离平衡态氩气（γ=5/3)

图 2.5　各类激波反射在 (Ma_0、ϕ_1) 图上的条件域和分界线

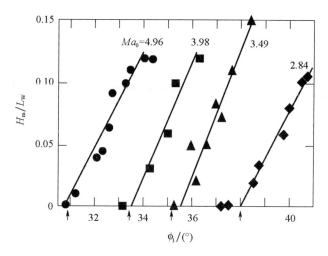

图 2.6　马赫杆高度与入射角关系的实验测量结果

（给定入射激波马赫数,确定转换条件）

牢记,为获得图 2.5 中的转换线,采用了两激波理论计算,并且假设流体是理想流体,即气体是无黏($\mu = 0$)、绝热($k = 0$)的,其中 μ 为动力学黏度、k 为导热系数。当然,这些只是为简化而做的假设,真正的流体总是具有一定的黏度和热导率。以下各节将讨论这些因素的影响。

2.2 完全气体无黏双激波理论和三激波理论的修正

1.3.1 节和 1.3.2 节中讲到的两激波理论和三激波理论,在推导过程中所采用简化假设并未得到充分证明,因为,稳态流动中的反射现象可能会受到非理想效应的影响。两激波理论和三激波理论所依据的主要假设包括:

(1)流动是稳态的;

(2)规则反射在反射点附近的间断结构、马赫反射在三波点附近的间断结构是直线型的,也就是说,这些间断结构之间的流场是均匀流场;

(3)气流遵循完全气体状态方程($p = \rho RT$);

(4)流动是无黏的($\mu = 0$);

(5)流动是非导热的($k = 0$);

(6)马赫反射三波点处的接触间断无限薄,即是一条滑移线。

除了第一个假设,即稳态假设,由稳态激波反射的定义自动满足,其他假设可能会产生明显影响。下面分别讨论这些假设的合理性。

2.2.1 非直间断结构

根据实验观察,很明显,并非所有马赫反射的间断结构都是直的。事实上,马赫杆和滑移线是弯曲的,但在距离三波点非常近的位置上,它们是否弯曲,还是一个悬而未决的问题。如果是,那么使用三激波理论来计算三波点附近的流场,会给预测结果引入一个固有的误差。注意,在准稳态的单马赫反射中,参考图 3.7,只有入射激波是直的;而在稳态马赫反射中,入射激波和反射激波都是直的。这可能意味着,基于三激波理论的预测应该更符合稳态马赫反射结构,而不是准稳态的单马赫反射结构。

2.2.2 黏性效应

状态(0)的气流沿着反射面流动时,会发展出一个边界层,因此,自反射楔前缘生成的入射激波 i,参考图 2.4(a),会与该边界层相互作用,进而在反射面上的反射点附近形成一个相对复杂的流动结构。入射激波与边界层的相互作用效果取决于边界层是层流还是湍流,图 2.7 是规则反射的入射激波在反射点 R 附近与边界层相互作用的示意图,图 2.7 提示,要想精确求解规则反射结构反射点 R 附近的流场,必须要处理非常复杂的流场结构。

Henderson(1967)用分析方法研究了一个有边界层的刚性壁面上的激波反射,他将这个问题处理成折射过程,而不是反射过程。分析发现,总是存在一个马赫

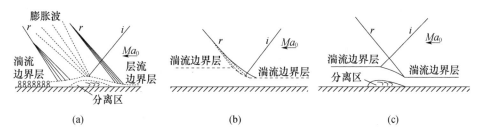

图 2.7　反射面上的边界层在反射点附近影响规则反射结构的方式示意图

杆,而且这个马赫杆激波的根部是分叉的(即 λ 形的激波根部)。如果马赫杆和 λ 激波根部被限制在边界层内,则称为规则反射;如果马赫杆或 λ 激波根部伸入到主流中,则称为不规则反射。发现有两种规则反射结构,一种结构中具有一道反射的压缩波,另一种结构的反射波中既有压缩波束也有膨胀波束,出现哪种类型的反射结构取决于初始条件,参考 Henderson(1967)。Henderson(1967)还发现,存在两种类型的不规则反射,一种不规则反射结构的马赫杆存在于主流中,另一种则具有四波系结构的特征。从规则反射转换为不规则反射也有两个过程:一个过程源于下游激波的形成,该下游激波随后向上游扫掠,进而形成不规则反射的激波结构;另一个过程源于边界层的分离,迫使 λ 激波根部进入主流。

　　然而,也有可能消除上述黏性效应对稳态流动中激波反射的影响。使用一种相对简单的实验装置,可以避免与反射面上发展起来的边界层相干扰。参考图 2.8,布置两个相同的反射楔,使它们产生两个对称的规则反射(图 2.8(a)),或两个对称的马赫反射(图 2.8(b))。在这种情况下,对称线取代了反射面,从而完全消除了沿反射面发展的边界层。由此装置,可以在稳态流动中获得无黏的规则反射结构。

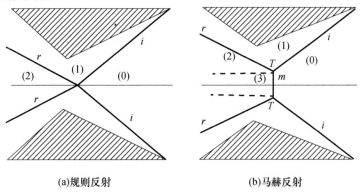

图 2.8　消除图 2.7 所示边界层影响的试验装置示意图

而马赫反射的情况是另一回事,黏性效应在马赫反射结构的滑移层中总是存在的,无论是稳态马赫反射还是准稳态马赫反射,滑移层黏性效应是相似的(3.4.4节)。因此,对于稳态马赫反射结构,要想准确预测三波点附近各间断结构间的角度,大概也可以使用3.4.4节中简要介绍的(准稳态)三激波理论修正方法。使用图2.8(b)的实验装置,也可以消除边界层,进而回避采用固壁时边界层对马赫杆根部的影响。

在《可压缩流动的动力学与热力学》(Shapiro,1953)的28.3节中,有一些非常好的照片,展示了规则反射结构的入射激波与边界层的相互作用,以及马赫反射结构的马赫杆与边界层的相互作用。

2.2.3 热传导效应

实际上,气体都具有一定的热导率,于是,热交换成为影响规则反射结构反射点附近流动、马赫反射结构三波点附近流动的另一种机制(更多详情参考3.4.5节,那里介绍了热交换对准稳态反射结构的影响)。遗憾的是,关于这种因素的影响,既没有实验研究,也没有分析研究。

2.2.2节介绍的双楔实验装置,既可以消除反射面上的边界层黏性效应,也适用于消除热交换影响。然而,在马赫反射结构中,沿滑移层的热交换仍可能产生重要影响。

2.2.4 真实气体效应

真实气体效应是否重要,是否是必须考虑的问题,取决于某个自由度的弛豫长度与反射现象的特征物理尺寸之间的比率。

当考虑规则反射结构的反射点 R 附近流场,或马赫反射结构的三波点 T 附近流场时,假设气流的热力学状态被"冻结"于激波前的状态是合理的。然而,当气流从入射激波的波前向下游流动时,其内部自由度被激发(前提是温度足够高),反射激波前后的流场不再是均匀流场。

参考图2.9,具有相同楔角 θ_w 的两个反射楔相互重叠,用来产生两个规则反射结构,但两个反射结构的尺寸不一样,因为同一入射激波 i 的两个反射壁面距离楔的高度不同,两个壁面上的反射点分别标记为 R_1 和 R_2。尽管这两个规则反射结构的流场似乎是相同的(看起来,其中的一个结构是另一个结构的线性放大),但情况并非如此,因为入射激波后的弛豫长度不是按比例放大的,无论楔的尺寸如何,弛豫长度的尺寸都保持不变。选择弛豫区长度恰好等于上部规则反射结构的反射波(r_1)长度。此外,简单起见,未绘制反射激波(R_1 和 R_2)从反射楔表面的反射。因此,在反射面(a)上的规则反射结构中,反射激波 r_1 在其整个长度上迎来的是非平衡流;在反射面(b)上的规则反射结构中,反射激波 r_2 在图中标示的"流线"以外的部分迎接的是平衡态流动,r_2 剩下的部分迎来的是非平衡流。所以,在激波 r_1 和 r_2 后发展出不同性质的流场,尽管它们源于相同的初始条件。因此,在研究稳态流动激波反射现象时,首先应仔细分析真实气体效应的影响,然后再确定计算分析模型是否可以忽略(或必须计及)真实气体效应。

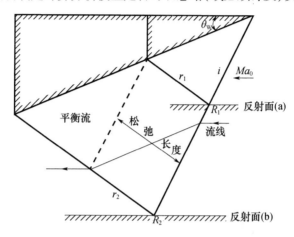

图 2.9　稳态激波反射受内部自由度激发影响的方式

2.3　马赫反射形状与马赫杆高度的预测

如前几节所述,稳态流动中的激波反射结构可以是规则反射结构或马赫反射结构,参考图 2.4。Courant 与 Friedrichs(1959)、Liepmann 与 Roshko(1957)大约在 50 年前的研究,以及后来的 Emanuel(1986)、Ben – Dor 与 Takayama(1992)的研究都指出,关于稳态流动激波反射结构的一个尚未解决的问题是,决定整个马赫反射结构尺寸的机制是什么。他们指出,马赫反射结构中的马赫杆高度不能由冯·诺依曼三激波理论唯一确定。参考图 2.10,图中的三条实线和一条虚线分别是稳态马赫反射结构的四个间断,即入射激波 i、反射激波 r、马赫杆 m 和滑移线 s。这四个间断结构相交于一点,即三波点 T。如果沿着入射激波 i 选择一个新的点,由该点画出三条线 r'、m' 和 s',分别平行于 r、m 和 s,就得到一个新的三波点 T' 及其周围的四个间断结构。这两个三波点 T 和 T'(入射激波 i 上的任意点都可以被选作三波点的位置)都完全满足三激波理论控制方程,这是描述马赫反射结构的分析基础。然而,用给定的实验设备、在相同初始条件下进行实验复现时,只能获得一个马赫反射结构,而不是上述理论上可能存在的无限多的马赫反射结构。因此,三激波理论无法预测马赫反射结构的实际尺寸(即马赫杆高度),因为三激波理论根本不考虑任何物理长度。

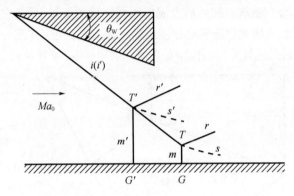

图 2.10　相同初始条件下理论上可能存在的两个马赫反射结构示意图

2.3.1　假设与模型

继 Ben – Dor 和 Takayama(1992)发表上述评论后不久,Azevedo 和 Liu(1993)提出了一个预测马赫数杆高度的物理模型,参考图 2.11。他们的模型假设:

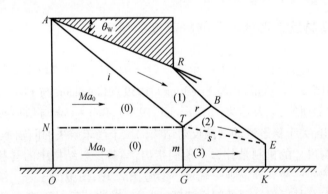

图 2.11　Azevedo 和 Liu 提出的马赫反射结构模型与参数定义示意图(1993)

(1)气体服从完全气体状态方程;
(2)马赫杆是直的;
(3)理想流体,即无黏、绝热;
(4)马赫杆、滑移线和底部壁面形成一个等效的一维收敛喷管;

(5)该收敛喷管的喉道位于 E 点,即反射楔后缘产生的膨胀波的主特征线(即图 2.11 中的 RB、BE 线)与滑移线的交点;

(6)区域(3)中的流动为等熵流,并在喉道达到声速条件。

他们为控制体 $ARBEKO$ 建立了连续方程、动量方程以及一些几何关系,参考图 2.11,为了使该方程组封闭,在三波点 T 应用了三激波理论。利用该分析模型,在 $Ma_0 = 2.84$、3.49、3.98 和 4.96 条件下,对马赫杆高度作出了比较好的预测。其模型的更详细信息,请参考本书第 1 版的 3.3 节(Ben – Dor,1991)。

Li 和 Ben – Dor(1997)对 Azevedo 和 Liu(1993)的模型提出了一些质疑,认为存在以下不妥之处:

(1)同样的连续性方程和动量守恒方程在模型中使用了两次,在三激波理论中使用了一次,在控制体 $ARBETN$ 中使用了一次(图 2.11);

(2)在控制体 $TEKG$ 中采用准一维等熵关系,但这个方程实际上来源于质量方程和动量守恒方程。

因此,Li 和 Ben – Dor(1997)提出了一个改进的模型(稍后给出),获得了与实验结果更好的一致性。为了避免壁面黏性边界层的影响,采用了实验常用的半平面对称马赫反射结构,参考图 2.12 以及图中的相关参数定义。

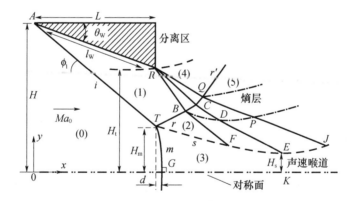

图 2.12 Li 和 Ben – Dor 马赫反射结构模型与参数定义示意图(1997)

在图 2.12 中,马赫反射结构由入射激波 i、反射激波 r、略呈弯曲的马赫杆 m 和滑移线 s 组成,紧跟在马赫杆后面的流动是亚声速的。出于气体动力学的考虑,模型中的马赫杆根部(G 点)垂直于对称平面;相对于三波点,马赫杆根部的最大水平位移为 d。反射激波 r 与楔后缘发出的中心膨胀扇相互作用,产生一道反射激波 r 的透射激波 r'、膨胀波的透射波和一个熵层区。有关激波与膨胀扇相互作用问题的详细分析,请参考 Li 和 Ben – Dor 的论文(1996)。膨胀波的透

射波与滑移线 s 相互作用,导致马赫杆下游区域(3)的压力沿气流方向下降,从而将气流加速到超声速状态。气流在加速期间,滑移线和对称面之间的流管横截面积在马赫杆的下游逐渐减小,在声速喉道处(图2.12中的 EK)达到最小,之后,流管横截面积在超声速加速区逐渐增大。$TEKG$ 区域是包裹在超声速流动中的亚声速区,线 $RCDEK$ 的下游是超声速气流(与亚声速区是分开的),$TEKG$ 亚声速区的尺寸和形状(最终是马赫杆的高度)仅取决于区域(1)上边界几何形状、楔尾缘到对称平面之间的距离 H_t。

Hornung 和 Robinson(1982)正确地指出,无量纲马赫杆高度 H_m/l_W 表达式的一般形式为

$$H_m/l_W = f(\gamma, Ma_0, \theta_W, H_t/l_W) \tag{2.5}$$

其中,γ、Ma_0、θ_W、H_t 和 l_W 分别是比热比、来流马赫数、反射楔角、尾缘出口横截面积和楔面长度。遗憾的是,Hornung 和 Robinson(1982)只提供了函数 f 的定性表达式。

从图2.12可以明显看出,为获得马赫数杆尺寸的解析表达式,必须求解以下物理过程:

(1)膨胀扇与反射激波间的相互作用;

(2)膨胀扇与滑移线间的相互作用;

(3)亚声速区的流场(即收敛喷管)。

这些解最初由 Li 和 Ben – Dor(1997)提供(后面会给出这些解)。

到目前为止的讨论基于这样一个假设,即对于图2.12所示的几何形状,已经建立了一个稳定的马赫反射波系结构。然而,人们可能会问,是否存在一些 Ma_0 和 θ_W 的组合,使马赫反射在理论上是可能的,但实际上无法实现? Li 和 Ben – Dor(1997)证明,如果 H_t 小于某个临界值 $H_{t,min}$(MR),确实会发生这种情况,此时反射激波 r 到达了反射楔面上,如图2.13所示。反射激波 r 在与楔后缘为中心的膨胀扇相互作用前就撞击到反射楔面,形成反射激波的反射激波 r',激波 r' 在 P 点撞上滑移线 s。根据阻抗匹配(即压力匹配关系,译者注)的情况,从滑移线 s 反射出激波或膨胀扇,所以滑移线在交点 P 出现弯折,或者向上偏折形成图中的 s',或者向下偏折形成图中的 s''。由于马赫杆 m 后的流动是亚声速的,滑移线的弯折呈现不稳定特性(参考 Landau 和 Lifshitz 的研究(1987)),马赫杆被推向上游,直到马赫杆到达反射楔的前缘时,反射楔壁面和对称线所形成的收敛喷管中的流动变成不启动状态。Chpoun 等(1995)对这一过程进行了实验观察,Vuillon 等(1995)对这一过程进行了数值模拟。因此,对于马赫反射结构,存在一个最小值 H_t,即 $H_{t,min}$(MR),使反射激波刚好掠过反射楔的后缘,参考图2.14。如果 $H_t < H_{t,min}$(MR),则流动呈不启动状态。

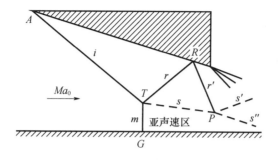

图 2.13　可能瞬时存在的反射激波从斜面再反射的马赫反射示意图

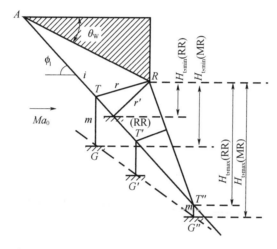

图 2.14　形成 RR 或 MR 结构所需出口横截面面积的 $H_{t,min}$ 与 $H_{t,max}$ 示意图

如果 Ma_0 和 ϕ_1 的组合位于双解区内(1.5.5 节,图 1.25),在理论上,规则反射和马赫反射结构都是稳定的,则 H_t 有 4 个极限值,包括规则反射结构的两个极限值和马赫反射结构的两个极限值,参考图 2.14。与 $H_{t,min}(MR)$ 的问题类似,存在一个 $H_{t,min}(RR)$ 使规则反射结构的反射激波刚好掠过反射楔后缘,其中 $H_{t,min}(RR) < H_{t,min}(MR)$。当反射激波刚好掠过反射楔后缘时,入射激波 i 与源于楔后缘的膨胀扇主特征线有一个交点,该交点分别为规则反射结构和马赫反射结构提供最大横截面 $H_{t,max}(RR)$ 和 $H_{t,max}(MR)$,其中 $H_{t,max}(RR) < H_{t,max}(MR)$。超越这个距离之后(在膨胀波扇的作用下),入射激波的方向和强度都发生了改变。根据上述讨论,对于 Ma_0、θ_W 和 l_W 的组合,能够产生马赫反射的条件是 $H_{t,min}(MR) < H_t < H_{t,max}(MR)$。2.3.6 节将给出 $H_{t,min}(MR)$ 和 $H_{t,max}(MR)$ 的解析式。

2.3.2　控制方程

控制方程的推导基于以下假设：

(1)气体是完全气体，其比热比是常数($\gamma = 1.4$)；

(2)流体是理想的，即动力学黏度和导热系数均为零；

(3)区域(2)的流动为超声速，参考图 2.12；

(4)滑移层与对称面之间形成一个二维的收—扩张喷管，如果流动不受下游远场的影响，则在喷管喉道(图 2.12 中的 EK)处达到声速条件。

用于求解马赫反射结构三波点 T 附近流场的三激波理论(1.3.2 节)的控制方程，即式(1.14)~式(1.27)，可改写为

$$Ma_j = F(Ma_i, \phi_j) \tag{2.6a}$$

$$\theta_j = G(Ma_i, \phi_j) \tag{2.6b}$$

$$p_j = p_i H(Ma_i, \phi_j) \tag{2.6c}$$

$$\rho_j = \rho_i E(Ma_i, \phi_j) \tag{2.6d}$$

$$a_j = a_i A(Ma_i, \phi_j) \tag{2.6e}$$

其中

$$F(Ma, \phi) = \left\{ \frac{1 + (\gamma - 1) Ma^2 \sin^2\phi + \left[\frac{(\gamma + 1)^2}{4} - \gamma \sin^2\phi \right] Ma^4 \sin^2\phi}{\left[\gamma Ma^2 \sin^2\phi - \frac{\gamma - 1}{2} \right] \left[\frac{\gamma - 1}{2} Ma^2 \sin^2\phi + 1 \right]} \right\}^{\frac{1}{2}} \tag{2.7a}$$

$$G(Ma, \phi) = \arctan\left[2\cot\phi \frac{Ma^2 \sin^2\phi - 1}{Ma^2 (\gamma + \cos2\phi) + 2} \right] \tag{2.7b}$$

$$H(Ma, \phi) = \frac{2}{\gamma + 1} \left(\gamma Ma^2 \sin^2\phi - \frac{\gamma - 1}{2} \right) \tag{2.7c}$$

$$E(Ma, \phi) = \frac{(\gamma + 1) Ma^2 \sin^2\phi}{(\gamma - 1) Ma^2 \sin^2\phi + 2} \tag{2.7d}$$

以及

$$A(Ma, \phi) = \frac{[(\gamma - 1) Ma^2 \sin^2\phi + 2]^{\frac{1}{2}} [2\gamma Ma^2 \sin^2\phi - (\gamma - 1)]^{\frac{1}{2}}}{(\gamma + 1) Ma\sin\phi} \tag{2.7e}$$

根据上述内容以及图 1.11 马赫反射结构所定义流动参数，可写出以下各方程：

(1)通过入射激波 i 的方程为

$$Ma_1 = F(Ma_0, \phi_1) \tag{2.8a}$$

$$\theta_1 = G(Ma_0, \phi_1) \tag{2.8b}$$

$$p_1 = p_0 H(Ma_0, \phi_1) \tag{2.8c}$$

$$\rho_1 = \rho_0 E(Ma_0, \phi_1) \tag{2.8d}$$

$$a_1 = a_0 A(Ma_0, \phi_1) \tag{2.8e}$$

（2）通过反射激波 r 的方程为

$$Ma_2 = F(Ma_1, \phi_2) \tag{2.9a}$$

$$\theta_2 = G(Ma_1, \phi_2) \tag{2.9b}$$

$$p_2 = p_1 H(Ma_1, \phi_2) \tag{2.9c}$$

$$\rho_2 = \rho_1 E(Ma_1, \phi_2) \tag{2.9d}$$

$$a_2 = a_1 A(Ma_1, \phi_2) \tag{2.9e}$$

（3）通过马赫杆激波 m、靠近三波点的方程为

$$Ma_3 = F(Ma_0, \phi_3) \tag{2.10a}$$

$$\theta_3 = G(Ma_0, \phi_3) \tag{2.10b}$$

$$p_3 = p_0 H(Ma_0, \phi_3) \tag{2.10c}$$

$$\rho_3 = \rho_0 E(Ma_0, \phi_3) \tag{2.10d}$$

$$a_3 = a_0 A(Ma_0, \phi_3) \tag{2.10e}$$

显然

$$\theta_1 = \theta_W \tag{2.11}$$

在滑移线 s 两侧有

$$\theta_1 - \theta_2 = \theta_3 \tag{2.12}$$

$$p_2 = p_3 \tag{2.13}$$

上述 18 个方程有 18 个未知数，即 Ma_1、Ma_2、Ma_3、θ_1、θ_2、θ_3、p_1、p_2、p_3、ϕ_1、ϕ_2、ϕ_3、ρ_1、ρ_2、ρ_3，已知的参数有 Ma_0、p_0、ρ_0 和 θ_W。因此，该方程组是封闭的，原则上可以求解。

一般情况下，马赫杆是弯曲的（图 2.12），位于对称线上的马赫杆根部（G 点）与上游气流（Ma_0）垂直，正激波段（$\phi_G = \pi/2$）关系式可写为

$$Ma_G = F(Ma_0, \pi/2) \tag{2.14a}$$

$$p_G = p_0 H(Ma_0, \pi/2) \tag{2.14b}$$

$$\rho_G = \rho_0 E(Ma_0, \pi/2) \tag{2.14c}$$

以及

$$a_G = a_0 A(Ma_0, \pi/2) \tag{2.14d}$$

弯曲马赫杆的形状取决于其后的亚声速流动区域。理论上，不可能获得马赫杆形状的精确解析表达式。然而，基于实验事实，马赫杆只有轻微的弯曲，在一阶近似下，取 T 点和 G 点的如下边界条件（参考图 2.12 中的参数定义及 (x, y) 坐标系）：

$$x_T = (H - H_m)\cos\phi_1 \tag{2.15}$$

$$y_T = H_m \tag{2.16}$$

$$\left.\frac{dx}{dy}\right|_T = -\cot\phi_3 \tag{2.17}$$

$$y_G = 0 \tag{2.18}$$

$$\left.\frac{dx}{dy}\right|_G = 0 \tag{2.19}$$

则马赫杆的形状可以表示为(2.3.3 节)

$$J_{TG}(x,y) = y^2\cot\phi_3 + 2H_m x - H_m^2\cot\phi_3 - 2(H - H_m)H_m\cos\phi_1 = 0 \tag{2.20}$$

式中:x_T、y_T 为三波点 T 的坐标;y_G 为马赫杆根部 G 点的坐标;H 为前缘 A 到对称线的距离;H_m 为三波点 T 到对称线的距离,参考图 2.12。

马赫杆根部相对于三波点的水平位移为

$$d = x_G - x_T = \frac{H_m\cot\phi_3}{2} \tag{2.21}$$

在式(2.15)~式(2.21)中,唯一的未知参数是马赫杆的高度 H_m。

1. 膨胀扇与反射激波和滑移线的相互作用

图 2.15 是中心膨胀扇(图 2.12)与反射激波 r、滑移线 s 之间相互作用的详细示意图,包括相关参数的定义。基于上述讨论,在不受下游影响的情况下,马赫反射波系结构与线 $RCDE$ 下游区域(图 2.12)的流动参数无关,因此只需求解图 2.15 所示相关流动区域的控制方程。

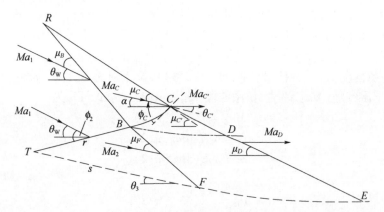

图 2.15 楔尾缘中心膨胀扇与 MR 反射激波和滑移线干扰的示意图与参数定义

RBC 区域为 Prandtl – Meyer 扇,因此有

$$\nu(Ma_C) - \nu(Ma_1) = \theta_W - \alpha \tag{2.22}$$

$$p_C = p_1 \left[\frac{2 + (\gamma - 1) Ma_1^2}{2 + (\gamma - 1) Ma_C^2} \right]^{\frac{\gamma}{\gamma - 1}} \tag{2.23}$$

式中：Ma_C 和 p_C 为沿特征线 RC 的马赫数和压力；α 为气流方向相对于水平的夹角；$\nu(Ma)$ 为马赫数的函数：

$$\nu(Ma) = \left(\frac{\gamma + 1}{\gamma - 1} \right)^{\frac{1}{2}} \arctan \left[\frac{(\gamma - 1)(Ma^2 - 1)}{\gamma + 1} \right]^{\frac{1}{2}} - \arctan\,(Ma^2 - 1)^{\frac{1}{2}} \tag{2.24}$$

在 C 点过弯曲的反射激波时，有

$$Ma_{C'} = F(Ma_C, \phi_C) \tag{2.25a}$$

$$\theta_{C'} = G(Ma_C, \phi_C) \tag{2.25b}$$

$$p_{C'} = p_C H(Ma_C, \phi_C) \tag{2.25c}$$

其中，$Ma_{C'}$、$\theta_{C'}$ 和 $p_{C'}$ 分别为 C 点处弯曲反射激波后（紧靠弯曲激波处）的流动马赫数、方向角和压力，F、G、H 函数分别由式(2.7a)~式(2.7c)给出。

中心膨胀扇与马赫反射结构的反射激波相互作用，导致产生一个熵层区（图 2.12 和图 2.15）。在图 2.15 中，虚线 BD（即图 2.12 中的 BDP）为弱接触间断，在 BCD 区域（即图 2.12 中的 BQP 区域）充满无数这样的薄熵层，跨过每一个薄的熵层，压力和流向都保持不变，但熵、密度和其他热力学性质则以极小的增量变化。因此，跨整个熵层区，流动特性变化的整体结果是沿着曲线 CD，从 C 点到 D 点各点的流动方向平行、压力相同，即

$$\alpha = \theta_{C'} \tag{2.26}$$

$$p_{C'} = p_D \tag{2.27}$$

式中：p_D 为 D 点的压力。

当透射的膨胀波到达滑移线 s 时，一部分从滑移线反射，另一部分透过滑移线。在一阶近似下(2.3.3 节)，反射的膨胀波很弱，可以忽略不计，区域 $BFED$ 就可以是一个简单波区，于是，沿 BF 和 DE 线的流动参数保持不变。在 E 点（即声速喉道处，图 2.12），流动方向应与 x 轴平行。于是，使用 Prandtl - Meyer 函数可以得

$$\nu(Ma_D) - \nu(Ma_2) = \theta_3 \tag{2.28}$$

$$p_D = p_2 \left[\frac{2 + (\gamma - 1) Ma_2^2}{2 + (\gamma - 1) Ma_D^2} \right]^{\frac{\gamma}{\gamma - 1}} \tag{2.29}$$

式(2.22)~式(2.29)含有 9 个未知数，即 Ma_C、$Ma_{C'}$、Ma_D、p_C、$p_{C'}$、p_D、ϕ_C、$\theta_{C'}$ 和 α。如果所有其他参数都是已知的，则该方程组是封闭可解的，情况也确实如此。

2. 通过亚声速区的流动(图 2.12 中的 TEKG 区)

在近乎正激波的马赫杆后面,由滑移线(TE)和对称线(GK)围成一个流管(图 2.12),该流管中的流动是亚声速的。理论上,对于这个亚声速区,不可能得到精确的解析解。然而,对于我们所研究的情况,马赫杆只是略有弯曲($\theta_3 \ll 1$),因此,可以假设流管 TEKG 中的流动是准一维的。前面讲过,在这个区域,也可以假设流动以等熵过程加速,进而在喉道(图 2.12 中 EK)获得声速。采用著名的准一维面积—马赫数关系,得

$$\frac{H_m}{H_s} = \frac{1}{Ma}\left[\frac{2}{\gamma+1}\left(1+\frac{\gamma-1}{2}\overline{Ma}^2\right)\right]^{\frac{\gamma+1}{2(\gamma-1)}} \tag{2.30}$$

其中,H_S 为喉道高度,$\overline{Ma}$ 是弯曲马赫杆后的平均马赫数,定义为

$$\overline{Ma} = \bar{u}/\bar{a} \tag{2.31}$$

在一阶近似下为

$$\bar{u} = \frac{1}{H_m \bar{\rho}} \int_0^{H_m} \rho \, \vec{u} \cdot \vec{e}_x \mathrm{d}y = \frac{1}{2\bar{\rho}}(\rho_3 u_3 \cos\theta_3 + \rho_G u_G) \tag{2.32a}$$

$$\bar{a} = \frac{a_3 + a_G}{2} \tag{2.32b}$$

以及

$$\bar{\rho} = \frac{\rho_3 + \rho_G}{2} \tag{2.32c}$$

将式(2.32a)~式(2.32c)代入式(2.31)得

$$\overline{Ma} = \frac{2(\rho_3 u_3 \cos\theta_3 + \rho_G u_G)}{(\rho_3 + \rho_G)(a_3 + a_G)} \tag{2.33}$$

其中,$u_3 = Ma_3 a_3$,$u_G = Ma_G a_G$;u_3、Ma_3、ρ_3 以及 θ_3 由三激波理论求得。即由式(2.8a)~式(2.13)求得;Ma_G、ρ_G 以及 a_G 由式(2.14a)、式(2.14c)和式(2.14d)给出。

在上述方程组中,马赫杆高度 H_m 仍然是未知数。在第 2.3.5 节中,式(2.57)给出了波形几何关系,为这组方程提供了封闭条件。

在实际流动中,流管 TEKG 中是二维流动,因此,流动参数在该区的各横截面上(y 方向,图 2.12)是不均匀的,Chpoun 等(1994)、Ivanov 等(1995)的数值模拟结果清楚地说明了这一点。在准一维流动假设下,相关方程采用了横截面的平均流动参数。考察滑移线两侧的匹配条件发现,(2)区是超声速均匀流(TF 为直线),其压力与膨胀波区下游的压力不必与亚声速区的平均压力相等,但在截面积最小的声速喉道(EK)处,滑移线两侧的流动方向相同,且平行于 x 轴。

三激波理论的解,即式(2.8.1)~式(2.13)的解,仅适用于三波点附近。在 E 点,滑移线两侧的匹配条件是流动方向,即式(2.28),而不是压力。

2.3.3　用两端边界条件表达的曲线的一般表达式

图 2.16 中的 $Q_1 Q_2$ 是一条单调曲线。在 (x, y) 坐标系中,点 Q_1 和 Q_2 的坐标分别为 (x_1, y_1) 和 (x_2, y_2),在 Q_1 和 Q_2 点的斜率分别为 $\tan\delta_1$ 和 $\tan\delta_2$。如果曲线 $Q_1 Q_2$ 满足条件 $\delta_2 - \delta_1 = \delta \ll 1$,则在一阶近似下,只要某些参数已知,就可以得到其解析表达式。推导过程如下。

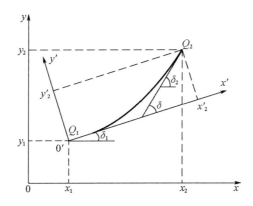

图 2.16　坐标系 (x, y) 和 (x', y') 中的单调曲线及参数定义示意图

参考图 2.16,从 (x, y) 坐标系到 (x', y') 坐标系的转换关系为

$$x' = (x - x_1)\cos\delta_1 + (y - y_1)\sin\delta_1 \tag{2.34a}$$

$$y' = -(x - x_1)\sin\delta_1 + (y - y_1)\cos\delta_1 \tag{2.34b}$$

Q_1 和 Q_2 点在 (x', y') 坐标系中的坐标分别为 $(0, 0)$ 和 (x_2', y_2'),Q_1 和 Q_2 点的斜率分别为 0 和 $\tan(\delta_2 - \delta_1)$。设 $\tan(\delta_2 - \delta_1) = \varepsilon$,其中 $\varepsilon \ll 1$,可以得到曲线 $Q_1 Q_2$ 的方程为

$$y' = f(x') < \varepsilon x' \leqslant \varepsilon x_2' \tag{2.35}$$

这里的曲线 $Q_1 Q_2$ 可以代表图 2.12 中的曲线 BC、CD、BD 或 EF。如果取最大特征长度作为归一化因子,则 $x_2' < 1$。将式(2.35)做泰勒展开,得

$$y' = f(x') = f(0) + f_{x'}'(0)x' + \frac{1}{2}f_{x'x'}'(0)(x')^2 + 0(\varepsilon) \tag{2.36}$$

在点 Q_1,$y' = 0$,$\mathrm{d}y'/\mathrm{d}x' = 0$;在点 Q_2,$\mathrm{d}y'/\mathrm{d}x' = \varepsilon$。于是得

$$y' = f(x') = \frac{(x')^2}{2x_2'}\varepsilon \tag{2.37}$$

在 Q_2 点则

$$y_2' = \frac{x_2'}{2}\varepsilon \tag{2.38}$$

回到 (x,y) 坐标系,将式(2.34a)和式(2.34b)代入式(2.37)和式(2.38),可以得到曲线 Q_1Q_2 的以下表达式为

$$J(x,y,x_1,y_1,x_2,y_2,\delta_1,\delta_2) = \left[(y-y_1)\tan\delta_1 + (x-x_1)\right]^2\tan(\delta_2-\delta_1)$$
$$+2\left[(x_2-x_1)+(y_2-y_1)\tan\delta_1\right]\left[(x-x_1)\tan\delta_1 - (y-y_1)\right] = 0 \tag{2.39}$$

以及

$$y_2 - y_1 = \tan\Lambda(\delta_1,\delta_2)(x_2-x_1) \tag{2.40}$$

其中

$$\Lambda(\delta_1,\delta_2) = \arctan\left[\frac{2\tan\delta_1 + \tan(\delta_2-\delta_1)}{2-\tan\delta_1\tan(\delta_2-\delta_1)}\right] \tag{2.41}$$

式(2.39)是曲线的一般表达式,是曲线两端某些边界条件的函数。

2.3.4 由滑移线反射的膨胀波强度的评估

当入射波(压缩波或膨胀波)与气体界面正面相撞时,一部分可以从气体界面反射,另一部分则透射通过气体界面(图2.17)。反射系数 R 可以定义为

$$R = \left|\frac{1-Z_i/Z_t}{1+Z_i/Z_t}\right| \tag{2.42}$$

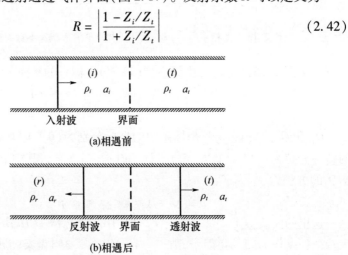

(a)相遇前

(b)相遇后

图2.17 波与气体界面正面相遇示意图

其中,Z_i 和 Z_t 分别为状态(i)和(t)在声极限条件下的波阻抗,即 $Z_i = \rho_i a_i$ 和 $Z_t = \rho_t a_t$(更多详情参考 Henderson,1989)。反射系数强度 R_I 为

$$R_I = R^2 \left| \frac{Z_i}{Z_r} \right| \tag{2.43}$$

其中，Z_r 为状态 (r) 在声极限条件下的波阻抗，即 $Z_r = \rho_r a_r$。如果入射波是膨胀波（就像本例），Z_r 大致等于 Z_i。于是，式(2.43)可以简化为

$$R_I = R^2 = \left| \frac{\rho_t a_t - \rho_i a_i}{\rho_t a_t + \rho_i a_i} \right|^2 \tag{2.44}$$

如果入射膨胀波斜向与气体界面相遇，参考图 2.18，则反射系数强度变为

$$R_I = R^2 \cos^2\beta = \left| \frac{\rho_t a_t - \rho_i a_i}{\rho_t a_t + \rho_i a_i} \right|^2 \cos^2\beta \tag{2.45}$$

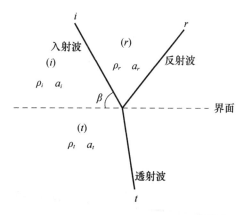

图 2.18 膨胀波与气体截面斜向相遇示意图

在本例中，气体界面是分隔(2)区和(3)区的滑移线，即 $\rho_i a_i = \rho_2 a_2$ 和 $\rho_t a_t = \rho_3 a_3$。对于马赫反射结构的 Ma_0，θ_w 各组合，下面的不等式总是成立的，即

$$\left| \frac{\rho_3 a_3 - \rho_2 a_2}{\rho_3 a_3 + \rho_2 a_2} \right| < 0.2 \tag{2.46}$$

结合式(2.45)和式(2.46)，参考图 2.12，就可以得到膨胀波从(2)区反射的反射系数强度为

$$R_I = \left| \frac{\rho_3 a_3 - \rho_2 a_2}{\rho_3 a_3 + \rho_2 a_2} \right|^2 \cos^2\beta \leqslant \left| \frac{\rho_3 a_3 - \rho_2 a_2}{\rho_3 a_3 + \rho_2 a_2} \right|^2 < 0.04 \tag{2.47}$$

因此，在一阶近似下，来自滑移线的反射波（图 2.12）非常弱，可以忽略不计。

2.3.5 波形的几何关系

参考图 2.12 和图 2.15。

在图 2.12 中,各交点的坐标定义为 $R(x_R, y_R)$、$B(x_B, y_B)$、$C(x_C, y_C)$、$D(x_D, y_D)$、$E(x_E, y_E)$、$F(x_F, y_F)$。直线 RB 可以表达为

$$y_B - y_R = -\tan(\mu_B + \theta_W)(x_B - x_R) \tag{2.47a}$$

其中

$$\mu_B = \arcsin(1/Ma_1) \tag{2.47b}$$

$$x_R = L = w\sin\theta_W \tag{2.47c}$$

$$y_R = w\cos\theta_W \tag{2.47d}$$

直线 RC 表达为

$$y_C - y_R = -\tan(\mu_C + \alpha)(x_C - x_R) \tag{2.48a}$$

其中

$$\mu_C = \arcsin(1/Ma_C) \tag{2.48b}$$

直线 BF 表达为

$$y_F - y_B = -\tan(\mu_2 + \theta_3)(x_F - x_B) \tag{2.49a}$$

其中

$$y_F = H_s \tag{2.49b}$$

$$\mu_2 = \arcsin(1/Ma_2) \tag{2.49c}$$

直线 DE 表达为

$$y_E - y_D = -\tan\mu_D(x_E - x_D) \tag{2.50a}$$

其中

$$\mu_D = \arcsin(1/Ma_D) \tag{2.50b}$$

直线 TB 表达为

$$y_B - y_T = \tan(\phi_2 - \theta_W)(x_B - x_T) \tag{2.51a}$$

其中

$$y_T = H_m \tag{2.51b}$$

$$x_T = (H - H_m)\cos\phi_1 \tag{2.51c}$$

直线 TF 表达为

$$y_F - y_T = -\tan\theta_3(x_F - x_T) \tag{2.52}$$

对于曲线 BC、CD、BD、FE,很难获得它们的精确解析表达式。考察这些线的来源,发现它们形成于膨胀波(弱间断结构)与激波、滑移线、接触弱间断的交点之间,也就是说它们的斜率变化很慢,总的变化量也很小。在一阶近似条件下,采用 2.3.3 节给出的分析过程,可以获得它们的解析表达式。

曲线 BC 的表达式为

$$J[x, y, x_B, y_B, x_C, y_C, \delta_B(BC), \delta_C(BC)] = 0 \tag{2.53a}$$

$$y_B - y_C = \tan\Lambda\left[\delta_B(BC),\delta_C(BC)\right](x_B - x_C) \tag{2.53b}$$

其中,$\delta_B(BC)$ 和 $\delta_C(BC)$ 分别是曲线 BC 在点 B 和点 C 的倾角,由下式给出:

$$\delta_B(BC) = \phi_2 - \theta_W \tag{2.53c}$$
$$\delta_C(BC) = \phi_C - \alpha \tag{2.53d}$$

函数 J 和 Λ 由 2.3.3 节的式(2.38)和式(2.40)给出。

对于曲线 CD,得到其表达式为

$$J\left[x,y,x_C,y_C,x_D,y_D,\delta_C(CD),\delta_D(CD)\right] = 0 \tag{2.54a}$$
$$y_C - y_D = \tan\Lambda\left[\delta_C(CD),\delta_D(CD)\right](x_C - x_D) \tag{2.54b}$$

其中,$\delta_C(CD)$ 和 $\delta_D(CD)$ 分别是曲线 CD 在点 C 和点 D 的倾角,由下式给出:

$$\delta_C(CD) = -\mu_{C'} = -\arcsin(1/Ma_{C'}) \tag{2.54c}$$
$$\delta_D(CD) = -\mu_D = -\arcsin(1/Ma_D) \tag{2.54d}$$

对于曲线 BD,其表达式为

$$J\left[x,y,x_B,y_B,x_D,y_D,\delta_B(BD),\delta_D(BD)\right] = 0 \tag{2.55a}$$
$$y_B - y_D = \tan\Lambda\left[\delta_B(BD),\delta_D(BD)\right](x_B - x_D) \tag{2.55b}$$

其中,$\delta_B(BD)$ 和 $\delta_D(BD)$ 分别是曲线 BD 在点 B 和点 D 的倾角,由下式给出:

$$\delta_B(BD) = \theta_3 \tag{2.55c}$$
$$\delta_D(BD) = 0 \tag{2.55d}$$

对于曲线 FE,其表达式为

$$J\left[x,y,x_F,y_F,x_E,y_E,\delta_F(FE),\delta_E(FE)\right] = 0 \tag{2.56a}$$
$$y_F - y_E = \tan\Lambda\left[\delta_F(FE),\delta_E(FE)\right](x_F - x_E) \tag{2.56b}$$

其中,$\delta_F(FE)$ 和 $\delta_E(FE)$ 分别是曲线 FE 在点 F 和点 E 的倾角,由下式给出:

$$\delta_F(FE) = -\theta_3 \tag{2.56c}$$
$$\delta_E(FE) = 0 \tag{2.56d}$$

结合式(2.47a)和式(2.56d),可以最终获得 H_m 与 H_s 之间的关系为

$$H_m = R(H_s,H,w,\theta_W,\phi_2,\theta_3,\alpha,Ma_1,Ma_2,Ma_C,Ma_{C'},Ma_D) \tag{2.57}$$

2.3.6 结果讨论

图 2.19(a)和图 2.19(b)比较了几个无量纲马赫杆高度(H_m/L)的研究结果,包括用上述模型预测的结果(实线)、Hornung 与 Robinson(1982)实验测量的结果(实心方块)Azevedo 与 Liu(1993)计算的结果(短划线)以及 Vuillon 等数值模拟的结果(空心圆),Ma_0 分别为 2.84 和 3.98,几何条件为 H_t/L = 0.37。可以看到,上述模型的预测结果优于 Azevedo 与 Liu(1993)模型的预测结果,其中的 Azevedo 与 Liu(1993)模型请参考本书第 1 版(Ben - Dor,1991)

第3.3节。此外还可以清楚地看到,当前模型预测的无量纲马赫杆高度在冯·诺依曼转换点 ϕ_1^N 处恰好接近于零,这个结果表明,RR$\leftrightarrows$MR 转换发生在冯·诺依曼准则条件下。

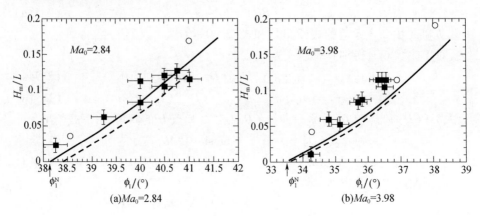

$$\text{(a)}Ma_0=2.84 \qquad\qquad \text{(b)}Ma_0=3.98$$

图 2.19　马赫杆无量纲高度结果比较($H_t/L=0.37$)

本模型预测的无量纲马赫杆高度在 $Ma_0=2.84$ 条件下与实验数据非常吻合(图 2.19a),在 $Ma_0=3.98$ 条件下(图 2.19b)略低于实验数据,但数值模拟结果均低于实验数据,具体原因尚不清楚。同时,也不清楚在 Hornung 和 Robinson (1982)的实验中是否存在三维效应的影响或下游条件的影响。

正如 2.3.1 节中所分析的,只有当几何结构的尺寸满足生成马赫反射的条件时,马赫反射才能建立起来,这个生成马赫反射的几何条件是 $H_{t,\min}(\mathrm{MR})<H_t<H_{t,\max}(\mathrm{MR})$,其中 $H_{t,\min}(\mathrm{MR})$ 和 $H_{t,\max}(\mathrm{MR})$ 分别是获得马赫反射结构的 H_t 最小值和最大值。采用图 2.12、图 2.14 和图 2.15 中的参数定义,可以很容易地计算出这两个极限值为

$$H_{t,\max}(\mathrm{MR})=H_m+\frac{w\sin(\mu_B+\theta_W)\sin(\phi_1-\theta_W)}{\sin(\mu_B+\theta_W-\phi_1)} \tag{2.58a}$$

$$H_{t,\min}(\mathrm{MR})=H_m+\frac{w\sin(\phi_2-\theta_W)\sin(\phi_1-\theta_W)}{\sin(\phi_1+\phi_2-\theta_W)} \tag{2.58b}$$

如果 (Ma_0,ϕ_1) 组合在双解区内,即 $\phi_1^N<\phi_1<\phi_1^D$(图 1.25),也可能形成稳定的规则反射波系结构。可以计算出规则反射波系结构存在的 H_t 的上下限为

$$H_{t,\max}(\mathrm{RR})=\frac{w\sin(\mu_B+\theta_W)\sin(\phi_1-\theta_W)}{\sin(\mu_B+\theta_W-\phi_1)} \tag{2.59a}$$

$$H_{t,\min}(\mathrm{RR})=\frac{w\sin(\phi_2-\theta_W)\sin(\phi_1-\theta_W)}{\sin(\phi_1+\phi_2-\theta_W)} \tag{2.59b}$$

应当注意的是,式(2.58b)中的 ϕ_2 是由马赫反射方程组求解计算的; 式(2.59b)中的 ϕ_2 是由规则反射方程组求解计算的。所以,在相同的 Ma_0,θ_{w} 组合条件下,规则反射的 ϕ_2 大于马赫反射的 ϕ_2。图 2.14 还表明,$H_{\mathrm{t,max}}(\mathrm{RR}) < H_{\mathrm{t,max}}(\mathrm{MR})$,$H_{\mathrm{t,min}}(\mathrm{RR}) < H_{\mathrm{t,min}}(\mathrm{MR})$。

还有非常重要的一点是,当规则反射结构中的反射激波入射到反射楔壁面时,即 $H_{\mathrm{t}}(\mathrm{RR}) < H_{\mathrm{t,min}}(\mathrm{RR})$,规则反射的波系结构仍然是稳定的,因为在规则反射条件下,不存在产生不稳定性的机制;但在马赫反射条件下,当 $H_{\mathrm{t,max}}(\mathrm{MR}) < H_{\mathrm{t,min}}(\mathrm{MR})$ 时,就产生使马赫反射波系结构变得不稳定的机制,参考 2.3.1 节中的分析。

图 2.20 给出了 $Ma_0 = 5$ 条件下 $H_{\mathrm{t,max}}(\mathrm{MR})/l_{\mathrm{W}}$ 和 $H_{\mathrm{t,min}}(\mathrm{MR})/l_{\mathrm{W}}$ 与 ϕ_1 的关系(其中,l_{W} 为反射楔斜面的长度)。两条竖直的虚线标示了 $\mathrm{RR} \leftrightarrows \mathrm{MR}$ 的两个转换值,其中 $\phi_1^{\mathrm{N}} = 30.0°$ 由脱体准则获得,由冯・诺依曼准则获得 $\mathrm{RR} \leftrightarrows \mathrm{MR}$ 的转换值是 $\phi_1^{\mathrm{D}} = 39.9°$。两条水平的点划线是规则反射的上下限,即 $H_{\mathrm{t,max}}(\mathrm{RR})$ 和 $H_{\mathrm{t,min}}(\mathrm{RR})$。马赫反射波系结构只能存在于两条实线之间的区域中。如果 H_{t} 和 ϕ_1 位于 $H_{\mathrm{t,min}}(\mathrm{MR})/l_{\mathrm{W}}$ 的下方,则流动进入不起动状态。

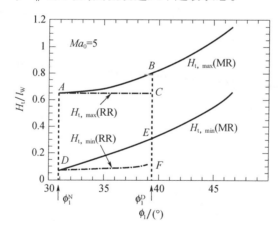

图 2.20　规则反射与马赫反射稳定区的无量纲 H_{t} 极限与

入射激波角 ϕ_1 的关系

图 2.21 是计算获得的一个 $w = 1$ 马赫反射的马赫杆高度与位置的实例,条件是 $Ma_0 = 4.96$,$\theta_{\mathrm{w}} = 25°$(位于双解区内)。随着 H_{t} 的增大,马赫杆的高度单调减小,且分别在 $H_{\mathrm{t,min}}(\mathrm{MR})$ 和 $H_{\mathrm{t,max}}(\mathrm{MR})$ 达到最大值和最小值。

$$H_{\mathrm{t,min}}(\mathrm{MR}) < H_{\mathrm{t}} < H_{\mathrm{t,max}}(\mathrm{MR})$$

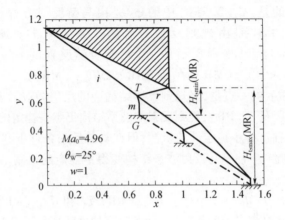

图 2.21 模型预测的马赫反射结构的位置与形状

图 2.22 表明,马赫杆根部的最大水平位移与马赫杆高度的比值 d/H_m 与 ϕ_1 的关系几乎是线性的,d/H_m 的最大值约为 0.02,说明马赫杆的曲率确实非常小,这些结果与实验观察一致。正因为如此,许多研究人员采用直马赫杆假设并未带来显著误差,尽管马赫杆不可能是直的。理论上,直马赫杆仅在 $\phi_1 = \phi_1^N$ 时存在,但根据目前模型的预测结果,此时 $H_m = 0$。

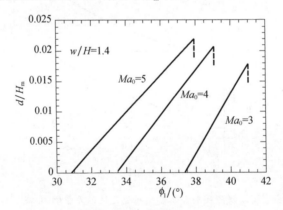

图 2.22 马赫杆水平位移与入射激波角的关系

图 2.23 给出了 H_m/H 与 θ_W 的关系,条件是 $Ma_0 = 5$,$w/H = 0.8$、1.0、1.4。当 $w/H = 1.4$ 和 1.0 时,在冯·诺依曼条件点,马赫杆的高度以各自斜率光顺地趋于零。而 $w/H = 0.8$ 时,在冯·诺依曼条件点,马赫杆的高度并不趋于零,而是达到其最小值 $H_m/H = 0.1$,超过该值时,H_t 变得比 $H_{t,\max}$(MR)大。各曲线右侧端的竖直虚线表示马赫杆高度的最大值。

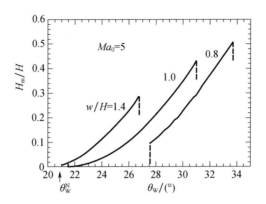

图 2.23　马赫杆无量纲高度与反射楔角的关系

(垂直虚线表示上下限)

图 2.24 给出了 $Ma_0 = 5$ 条件下 $H_{t,\min}(MR)$ 与 θ_W 的关系,两条竖直的虚线分别对应脱体条件 $\theta_W^D = 20.9°$ 和冯·诺依曼条件 $\theta_W^N = 37.8°$。根据前面的分析,马赫反射结构不可能出现在 Ⅰ 区和 Ⅱ 区,马赫反射波系结构仅在 Ⅲ 区能够存在。根据三激波理论(尽管没有考虑几何条件的影响),理论上,在 Ⅰ 区和 Ⅱ 区有可能存在马赫反射结构。注意,规则反射波系结构可以存在于 Ⅰ 区,理论上,Ⅰ 区的规则反射结构不仅是可能的,而且是稳定的。

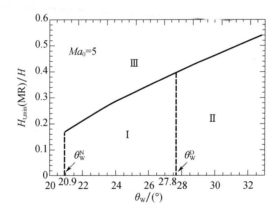

图 2.24　$H_{t,\min}(MR)$ 与反射楔角 θ_W 的关系($Ma_0 = 5$)

图 2.25 给出了 $Ma_0 = 5$,$\theta_W = 28°$ 条件下马赫反射的波系结构。由尾缘产生的膨胀扇作用于反射激波 r 和滑移线 s,使激波 BC、特征线 CD 和滑移线 FE 发生弯曲。声速喉道 E 点位于 F 点的下游,F 是膨胀扇的前锋膨胀波与滑移

57

线的交点(比较一下,Azevedo 与 Liu(1993)模型的基本假设是声速喉道位于图 2.25 的 F 点,即图 2.11 的 E 点)。由于膨胀扇的作用形成了声速喉道,并通过亚声速区把上游几何条件的信息传送到马赫杆,从而决定了马赫杆的尺寸和位置(详见 Sternberg(1959)和 Hornung 等(1979)的论文),这个机制是显而易见的。

需要强调的是,上述所有的结果和讨论都是基于这样一个假设,即马赫反射结构与下游影响是隔绝的。下游的影响可以使马赫杆高度增大或减小,Henderson 与 Lozzi(1975 和 1979),Hornung 与 Robinson(1982)通过实验观察到,当给予更高的下游压力时,马赫杆高度变大。2.4.4 节将介绍下游压力对激波反射结构的影响。

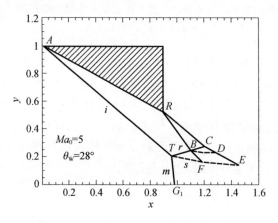

图 2.25　一个马赫反射结构的分析预测结果

2.4　RR⇆MR 转换中的迟滞过程

2.4.1　概述

如 1.5.5 节所述,RR⇆MR 转换有两个极端条件,即脱体条件和冯·诺依曼条件。超出脱体条件时,理论上不可能出现规则反射结构;超出冯·诺依曼条件时,理论上不可能出现马赫反射结构。脱体条件准则、冯·诺依曼条件准则以及其他 RR⇆MR 转换准则的详细信息,请参考 1.5 节。脱体条件存在于所有的 Ma_0,而冯·诺依曼条件只存在于 $Ma_0 \geq Ma_{0C}$ 时。Molder(1979)计算出 Ma_{0C} 的精确值,发现双原子完全气体($\gamma = 7/5$)的 $Ma_{0C} = 2.202$,单原子完全气体($\gamma = 5/3$)的 $Ma_{0C} =$

2.47。因此，在 $1 < Ma_0 \leqslant Ma_{0C}$ 范围内，只存在由脱体条件产生的转换线；在 $Ma_0 \geqslant Ma_{0C}$ 范围，存在两条转换线，分别来自脱体条件和冯·诺依曼条件。冯·诺依曼转换线与脱体条件转换线在 $Ma_0 = Ma_{0C}$ 处分叉。

将对应冯·诺依曼条件和脱体条件的入射激波的入射角分别定义为 β_i^N 和 β_i^D。在 $\beta_i < \beta_i^N$ 范围内，理论上只可能产生规则反射结构；在 $\beta_i > \beta_i^D$ 范围，理论上只可能产生马赫反射结构；在中间区域 $\beta_i^N < \beta_i < \beta_i^D$ 范围内，理论上，规则反射结构和马赫反射结构均有可能出现。由于这个原因，这个中间区域，即冯·诺依曼条件 β_i^N 和脱体条件 β_i^D 之间的区域，被称为"双解区"。注意，由于 $\beta_1 = \beta_1(Ma_0, \theta_w)$（其中 Ma_0 和 θ_w 分别为来流马赫数和反射楔角），所以，双解区既可以用 (Ma_0, θ_w) 平面图表达，也可以用 (Ma_0, β_1) 平面图表达。

图 2.26 是用 (Ma_0, θ_w) 图表达的双解区。整个 (Ma_0, θ_w) 图被划分为三个区域：

（1）理论上只可能产生规则反射结构的区域；

（2）理论上只可能产生马赫反射结构的区域；

（3）双解区，即理论上，规则反射结构、马赫反射结构均有可能产生的区域。

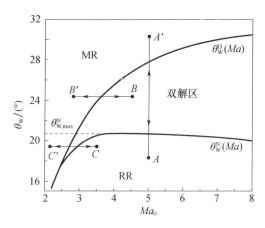

图 2.26　两种激波反射结构在 (Ma_0, θ_w) 图中的位置

在双解区，由于在理论上，规则反射结构、马赫反射结构均有可能产生，启发 Hornung 等（1979）获得一个推测，即 RR⇌MR 的转换过程可能存在迟滞。

考察图 2.26 可以看出，理论上存在两种一般性的迟滞过程。

（1）楔角变化诱导的迟滞：来流马赫数保持不变，当反射楔角改变时产生的迟滞过程。

（2）来流马赫数变化诱导的迟滞：反射楔角保持不变，当来流马赫数改变时发生的迟滞过程。

由于 $\beta_1 = \beta_1(Ma_0, \theta_W)$，这两个迟滞过程实际上是入射角变化引起的迟滞过程。

Henderson 与 Lozzi(1975,1979)、Hornung 与 Robinson(1982)在实验中没有观察到楔角变化引起的迟滞过程，因而得出一个结论，即规则反射结构在双解区域是不稳定的，因而 RR⇆MR 转换(包括 RR→MR 转换和 MR→RR 转换)应该发生在冯·诺依曼条件下。Hornung 和 Robinson(1982)总结的结论是，在 $Ma_0 \geqslant Ma_{0C}$ 范围内，RR⇆MR 转换发生在冯·诺依曼准则条件下；在 $Ma_0 \leqslant Ma_{0C}$ 范围内，RR⇆MR 转换发生在声速准则条件下，其结果非常接近脱体准则。

Teshukov(1989)利用线性稳定性技术分析证明，规则反射结构在双解区是稳定的。Li 和 Ben–Dor(1996)使用最小熵产原理分析证明，规则反射结构在绝大部分双解区内是稳定的。图 2.27 用 Ma_0, β_1 的形式给出了 Li 和 Ben–Dor(1996)的分析结果，其中 β_1^S 线将双解区分为两个子域，即规则反射结构的稳定区和不稳定区：

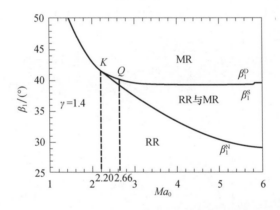

图 2.27　(Ma_0, θ_W) 图双解区及 β_1^S 分割的稳定 RR 与不稳定 RR 区

(1)在 $\beta_1^N < \beta_1 < \beta_1^S$ 区域，规则反射结构是稳定的；

(2)在 $\beta_1^S < \beta_1 < \beta_1^D$ 区域，规则反射结构是不稳定的，但这个区域非常窄小。因此可以认为，实际上在整个双解区内，规则反射结构是稳定的。

Chpoun 等(1995)首次用实验记录到双解区内的稳定规则反射结构和楔角变化诱导的 RR⇆MR 转换迟滞现象。后来的一些研究表明，Chpoun 等(1995)的实验结果不是纯二维的，这些研究者证明，Cpoun 等(1995)所记录的迟滞过程受到了三维效应的影响和强化。

Vuillon 等(1995)用数值方法，在相同来流马赫数和反射楔角条件下，首次在双解区内获得了稳定的规则反射结构和马赫反射结构,但两种情况的几何装置有不同的长宽比。

上述实验和数值研究都发现,规则反射结构在双解区内是稳定的。实验还发现,RR⇆MR 转换确实存在迟滞现象。这些发现重新激发了科学界研究稳态流动中反射过程的兴趣,特别是激发了研究 RR⇆MR 转换迟滞过程的兴趣。

事实上,早期研究 RR⇆MR 转换迟滞过程的原因纯粹是学术性的,但收获了意外的结果,这些研究使人们理解到,迟滞过程的存在对超声速和高超声速的飞行性能有着重要影响。因此,航空与航天工程领域对更好地理解这一复杂现象产生了兴趣,研究了一些类似于超声速/高超声速进气道的几何结构,结果表明,迟滞环的存在可能关系超声速和高超声速飞行器的飞行性能。总体上看,进气道内部建立的流动结构,特别是这些流动结构导致的压力分布,可能与超声速/高超声速飞行器先前飞行速度的变化存在关联,因此,在设计进气道和超声速、高超声速飞行器的飞行条件时,应当考虑上述依赖关系。特别是不同的流场会导致不同的流动条件,而这些流动条件会对燃烧过程和飞行器的整体性能产生显著影响。

2.4.2　对称激波反射中的迟滞过程

1. 楔角变化诱导的对称激波反射迟滞

前面讲到,Chpoun 等(1995)最先用实验记录了楔角变化诱导的 RR⇆MR 转换,从而验证了 Hornung 等(1979)关于迟滞的猜测。图 2.28 的 β_i,β_r 图给出的是 Chpoun 等(1995)的一个实验结果,其中 β_i 和 β_r 分别是入射激波波角和反射激波波角。请注意,若基于图 1.9 中定义的符号,则 $\beta_i = \phi_1$ 和 $\beta_r = \phi_2$。图中的空心三角形是实验记录的马赫反射结构,实心圆是规则反射结构。在实验的马赫数条件下($Ma_0 = 4.96$),理论上的冯·诺依曼准则转换角和脱体准则转换角分别为 $\beta_i^N = 30.9°$、$\beta_i^D = 39.3°$;实验结果表明 MR→RR 转换发生在冯·诺依曼准则预测的角度附近,即 $\beta_i^{tr}(MR \rightarrow RR) \approx \beta_i^N = 30.9°$,而反向的 RR→MR 转换大约发生在 $\beta_i^{tr}(MR \rightarrow RR) = 37.2°$,比脱体准则预测的理论角度小 2.1°,清楚地证明,存在 RR⇆MR 转换的迟滞现象。实验结果与冯·诺依曼准则的一致性很好,与脱体准则的一致性很差,可能意味着三维效应(稍后将详细讨论)对 RR→MR 转换的影响要大于对 MR→RR 转换的影响,也就是说,在双解区内规则反射结构可能不如马赫反射结构稳定。

图 2.29 是上述楔角变化迟滞过程中的反射结构演变的纹影照片。

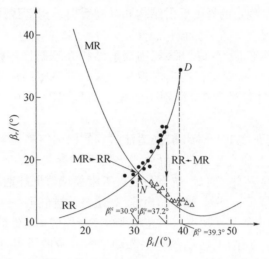

图 2.28　楔角诱导 RR - MR 转换实验迟滞过程 (β_i, β_r) 图(Chpoun 等,1995)

(a) 马赫反射结构
$\beta_i \approx 42° > \beta_i^D$

(b) 马赫反射结构
$\beta_i^N < \beta_i \approx 34.5° < \beta_i^D$

(c) 规则反射结构
$\beta_r \approx 29.5°$

(d) 规则反射结构
$\beta_i^N < \beta_i \approx 34.5° < \beta_i^D$

(e) 马赫反射结构
$\beta_i \approx 37.5° < \beta_i^D$

图 2.29　实验获得的 RR - MR 转换迟滞过程纹影照片

(Chpoun 等(1995),$Ma_0 = 4.96$,$\beta_i \approx 34.5°$)

注意:(b)与(d)初始条件相同。

图 2.29(a)是 $\beta_i \approx 42° > \beta_i^D$ 时的马赫反射结构纹影照片,当 β_i 减小但处于 $\beta_i^N < \beta_i \approx 34.5° < \beta_i^D$ 范围时,马赫反射结构得以保持,参考流动结构照片图 2.29 (b)。当 β_i 减小至约 29.5° 时,已经小于 β_i^N,即处于 $\beta_i \approx 29.5° < \beta_i^N$ 范围时,马赫反射结构消失,获得了规则反射结构,参考流动结构照片图 2.29(c)。当楔角变化过程反过来演变时,β_i 增大到超过 β_i^N,回到 $\beta_i^N < \beta_i \approx 34.5° < \beta_i^D$ 时,流场仍然保持规则反射的波系结构,见图 2.29(d)。在上述各照片中,图 2.29(b)中的马赫反射结构与图 2.29(d)中的规则反射结构,实际上具有相同的初始条件,即 $Ma_0 = 4.96$、$\beta_i \approx 34.5°$,而且规则反射和马赫反射结构都是稳定的。这一事实清楚地证明,RR⇋MR 转换过程存在迟滞。当 β_i^N 进一步增大到 $\beta_i \approx 37.5° < \beta_i^D$,规则反射结构突然消失,生成马赫反射结构,参考图 2.29(e)。几年后,Ivanov 等 (1998b 和 1998c)也在实验中记录到了类似的迟滞过程。

Chpun 等(1994)采用 Navier – Stokes 求解器,率先对楔角变化诱导的 RR⇋MR 转换过程做了数值模拟研究,并证实在 RR⇋MR 转换中存在一个楔角变化诱导的迟滞现象。然而,遗憾的是,由于他们的研究发表在一本法国杂志上,没有引起相关科学界的注意。Ivanov 等(1995)基于直接模拟蒙特卡罗(DSMC)方法,对迟滞现象进行了独立研究,证实了迟滞过程的存在。自此之后,许多研究者使用各种数值代码模拟研究了迟滞过程,更多的 DSMC 计算模拟研究包括 Ivanov (1996a)、Ben – Dor(1997),以及 Ivanov(1998c)、Ivanov 等(1996a),提供了高分辨率 FCT 格式计算结果,Shirozu 和 Nishida(1995)发表了基于 TVD 格式的计算结果,Chpoun 和 Ben – Dor(1995)发表了基于 Godunov 与 van Leer 格式的计算结果,Ivanov 等(1998c)发表了基于 HLLE MUSCL TVD 格式的计算结果,Ben – Dor 等(1999)发表了基于 Steger 和 Warming 通量分裂格式的计算结果。需要注意的是,实验结果多少都受到三维效应的影响,但数值模拟结果都是纯二维的。

图 2.30 是一个数值模拟获得的楔角变化引起的迟滞($Ma_0 = 5$),采用欧拉方法、高阶有限体积 MUSCL TVD 格式、HLLE 近似黎曼解算器,在 Ivanov 等 (1998c)的论文中可以找到详细的数值代码。该模拟分析从楔角 $\theta_W = 20°$ 开始 (对应于入射激波角 $\beta_i = 29.8°$,图(a)),获得规则反射结构;增大楔角(或入射角),图(b)~(d)保持着规则反射结构;楔角增大到 $\theta_W = 27.9°$(图(e))和 $\theta_W = 28°$(图(f))之间时,突变为马赫反射结构。

如果此时反向改变楔角,则马赫反射结构一直保持(图(g)~(i));一直减小到 $\theta_W = 22.15°$(图(i))和 $\theta_W = 22.1°$(图中未给出)之间的楔角条件时,才变回规则反射结构;最终,当楔角减小至初始值 $\theta_W = 20°$ 时,再次获得如图(a)所示的稳定的规则反射结构。数值计算得到的转换角与冯·诺依曼准则预测的转换

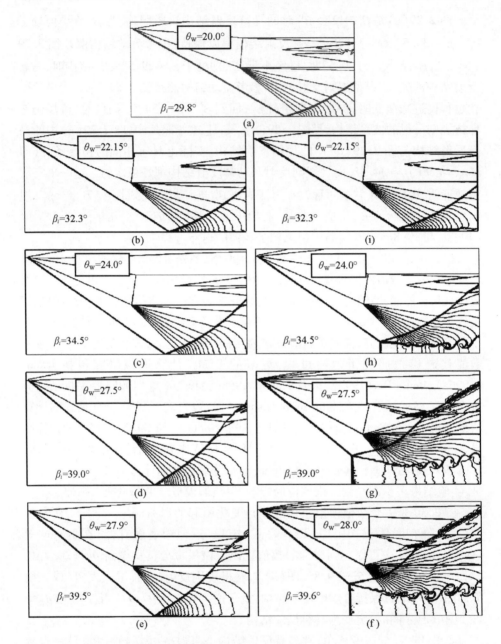

图 2.30　楔角变化诱导的反射迟滞现象($Ma_0 = 5$)

楔角($\theta_w^N = 20.9°$)和脱体准则预测的转换楔角($\theta_w^D = 27.8°$)不完全一致。数值模拟的 MR→RR 转换角比冯·诺依曼理论角大 1°,可能是因为在冯·诺依曼理论转换角附近,马赫杆尺寸非常小,计算结果的分辨率不够。网格细化研究证实,细化网格的数值获得的 MR→RR 转换角接近理论值 $\theta_{\mathrm{w}}^{\mathrm{N}} = 20.9°$,参考图 2.31 的无量纲马赫杆高度与楔角的关系。采用的最精细的网格在垂直方向的网格单元尺寸是 $\Delta y / l_{\mathrm{w}} = 0.001$,获得的最小无量纲马赫杆高度为 $H_{\mathrm{m}} / w \approx 1\%$。

与 MR→RR 转换角不同,如果网格已经足够精细,RR→MR 转换角与网格分辨率不再相关,但与激波捕捉解算器的固有数值耗散强相关。大的数值耗散或低阶重构会导致数值模拟的转换角显著偏离理论值。例如,对于 $Ma_0 = 4.96$ 的 RR→MR 反射结构转换角,Chpoun 和 Ben – Dor(1995)采用 INCA 代码计算的是 $33°$,比理论值 $\theta_{\mathrm{w}}^{\mathrm{D}} = 27.8°$ 大 $5°$;采用高阶激波捕捉格式,计算的转换楔角为 $27.95°$,仅比理论值大 $0.25°$。

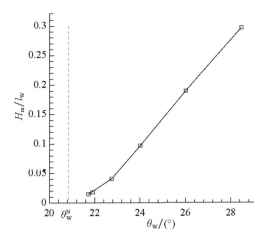

图 2.31　计算的无量纲马赫杆高度与反射楔角的关系

2. 对称激波反射迟滞的三维效应

人们想知道,为什么在一些实验研究过程中记录到了迟滞现象,而在另一些实验中却没有记录到。推测可能与两个原因有关:

(1)实验获得的迟滞环范围取决于实验风洞的类型。Fomin 等(1996)和 Ivanov 等(1998a 和 1998b)的实验研究表明,在闭口试验段的风洞中,几乎没有探测到迟滞现象,而在开口试验段的风洞中则获得了明显的迟滞现象。同样,Henderson 与 Lozzi(1975,1979),Hornung 等(1979),Hornung 与 Robinson(1982)没有探测到迟滞现象,因为他们使用的是闭口试验段风洞;而 Chpoun(1995)和 Fomin 等(1996)使用自由射流风洞,就探测到了迟滞现象。

(2)三维边缘效应对实验有影响,并对迟滞现象有增强作用。Skews 等

(1996)、Skews(1997 和 1998)以及 Ivanov 等(1998a、1998b 和 1998c)的实验研究表明,凡记录到 RR⇋MR 转换迟滞过程的实验研究都受到了三维边缘效应的污染,实验结果不是纯二维的。Skews(2000)的研究表明,在实际情况下,平面激波在平直楔面上反射形成的波系结构中,三维边缘效应是很明显的。

我们注意到,在使用相同反射楔(即相同的特征比 Z/l_W,定义参考图 2.33)的条件下,Chpoun 等(1995)在开口试验段的风洞中观察到了迟滞现象,而 Ivanov 等(1998a、1998b)在闭口试验段的风洞中没有观察到迟滞现象。由于三维效应主要取决于反射楔的特征比,所以在这两种情况下,即使三维效应不完全相同,却也是相似的。这些结果清楚地表明,三维效应本身不足以促进迟滞的发生,而风洞的类型(即采用的是开口试验段还是闭口试验段)对于稳态流 RR→MR 转换迟滞起着重要的作用,遗憾的是,目前还不清楚其中的缘由。

图 2.32 是 $Ma_0 = 4.0$ 条件下反射结构的数值纹影图,图 2.32(a)和图 2.32(b)是规则反射结构,图 2.32(c)和图 2.32(d)是马赫反射波系结构,左侧是纯二维流动,右侧是一种假定的二维流动,受到了三维边缘效应的影响。除了二维和受三维影响构型上的波系结构之间的明显差异外,对比图 2.32(c)和图 2.32(d)应注意到,由于三维边缘效应,马赫杆高度显著缩短。因此,对于给定的几何形状和流动条件,数值计算的纯二维马赫反射结构的高度可作为标准,来检验实验获得的实际马赫反射结构的二维程度。

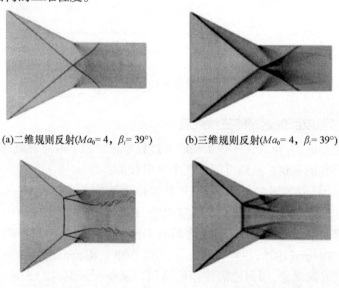

(a)二维规则反射($Ma_0 = 4$, $\beta_i = 39°$)　　(b)三维规则反射($Ma_0 = 4$, $\beta_i = 39°$)

(c)二维马赫反射($Ma_0 = 4$, $\beta_i = 40°$)　　(d)三维马赫反射($Ma_0 = 4$, $\beta_i = 40°$)

图 2.32　数值模拟获得的二维和三维规则反射与马赫反射结构纹影图

Kudryavtsev 等(1999)的数值和实验研究证明,增加特征比,可以减小三维边缘效应的影响。参考图 2.33,特征比增加后,实际马赫杆的高度接近数值计算的纯二维结果。因此,只要实际马赫反射结构的马赫杆高度小于纯二维计算的高度,就不能认为不存在三维边缘效应。对于保证马赫反射结构是纯二维的,这个条件是必要条件,但不是充分条件。

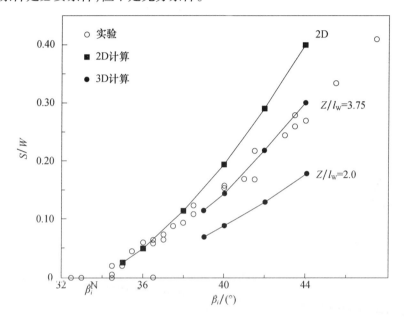

图 2.33　马赫杆高度与特征比的关系

3. 来流马赫数变化诱导的对称激波反射迟滞

保持楔角不变,改变来流马赫数也可能导致 RR⇆MR 转换出现迟滞。图 2.26 是两种可能的来流马赫数诱导的迟滞过程:

(1)如果 $\theta_W > \theta_{W,max}^N$,马赫数可以沿路径 $B - B' - B$ 变化,即从双解区内理论上规则反射和马赫反射结构都可能发生的点,变化到双解区外理论上只能产生马赫反射结构的点,然后再返回到初始值。如果从双解区内点开始产生的是规则反射结构 * ,那么在转换到马赫反射结构之后,波系结构永远不会返回规则反射,因为在返回路径上 MR→RR 转换不是强制的。注意,上面描述的回路并不代表一个完整的迟滞回路,尽管在相同的反射楔角和流动马赫数下,既可以观察到规则反射结构,也可以观察到马赫反射结构。

(* :取决于数值模拟使气流启动的方法,即在双解区建立规则反射或者马赫反射结构的方法。如果计算用 Ma_0 的来流超声速条件启动,则可以建立稳

67

定的规则反射结构;如果计算用正激波扫掠启动,正激波后诱导气流的马赫数为 Ma_0,则可以建立稳定的马赫反射流场。)

(2)如果 $\theta_W < \theta_{W,\max}^N$,则马赫数的起点可以是理论上只能形成规则反射结构的点,改变马赫数时横穿 $\theta_W^N(Ma)$ 和 $\theta_W^D(Ma)$ 两条曲线(图 2.26 中的路径 $C-C'-C$),使马赫数变化到只可能产生马赫反射结构的点,然后再回到原点。与楔角变化引起的迟滞类似,在这种情况下,可以得到完整的迟滞回路,即能够返回到初始波系结构。

Ivanov 等(2001)对上面两种情况进行了数值研究,前一种情况($\theta_W > \theta_{W,\max}^N = 20.92°$)的结果示于图 2.34(a)。保持反射楔角为 27°不变,而来流马赫数 Ma_0 先从 5 减小到 4.45,然后又回到 5。第一幅图($Ma_0 = 5$)表明,双解区内获得的是规则反射结构。对于给定的 27°楔角,脱体准则预测的转换线 $\theta_W^D(Ma)$ 对应入流马赫数 $Ma_0 = 4.57$,参考图 2.26,低于第 1 幅图的入流马赫数,超过这个极限,规则反射结构在理论上是不可能的。数值模拟在减小入流马赫数的过程中,RR→MR 转换发生在 Ma_0 从 4.5 变为 4.45 的过程中,转换条件是 $Ma_0 = 4.475 \pm 0.025$,即介于第 4 幅和第 5 幅图之间。数值模拟获得的这个转换点,与理论值 $Ma_0 = 4.57$ 基本一致。其他人用数值模拟方法研究楔角诱导的迟滞时,也在略超出理论边界的范围观察到规则反射结构的存在,推测认为,是激波捕获代码中固有的数值黏性的影响。一旦获得马赫反射结构,即开始增大 Ma_0,使之回到初始值 $Ma_0 = 5$。由于马赫反射结构在理论上可以存在于双解区的任何马赫数条件下,因此,在脱体准则转换线处,不会发生反向转换 MR→RR。于是,在相同的流动条件下(相同的 Ma_0 和 θ_W),得到了两种不同的波系结构——规则反射和马赫反射结构。分别对比第 1 幅和第 9 幅,第 2 幅和第 8 幅,第 3 幅和第 7 幅,第 4 幅和第 6 幅,其中前者均是规则反射结构,后者均是马赫反射结构。

图 2.34(b)是后一种情况($\theta_W < \theta_{W,\max}^N = 20.92°$)的典型结果。反射楔角保持 $\theta_W = 20.5°$,在该楔角条件下,与冯·诺依曼准则条件相对应的气流马赫数分别是 3.47 和 6.31,与脱体准则条件相对应的气流马赫数为 2.84,参考图 2.26。研究时,使来流马赫数 Ma_0 从 3.5 减小到 2.8,然后又增加回到 3.5,来流马赫数 Ma_0 变化过程中的一些典型结果示于图 2.34(b)。结果表明,RR→MR 转换发生在 $Ma_0 = 2.9$(图中未给出)和 2.8 之间,与理论值非常接近;而反向的 MR→RR 转换发生在 $Ma_0 = 3.2$ 和 3.3(图中未给出)之间,比理论值略为提前,造成这一差异的原因可能是,在冯·诺依曼准则条件附近,马赫杆的高度非常小,数值求解非常困难。

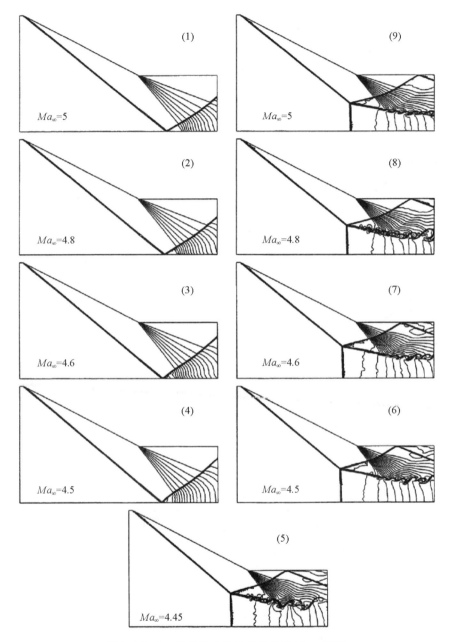

图 2.34(a)　马赫数变化诱导的迟滞($\theta_W = 27°$)

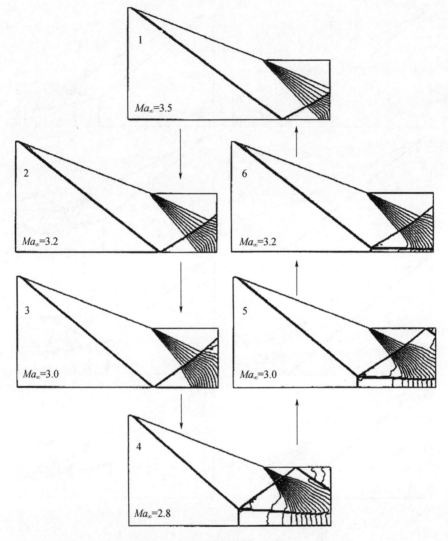

图 2.34(b)　马赫数变化诱导的迟滞($\theta_W = 20.5°$)

Onofri 和 Nasuti(1999)对气流马赫数变化引起的迟滞现象也进行了独立研究,所得结果与 Ivanov 等(2001)的结果一致。

2.4.3　非对称激波反射中的迟滞过程

对于非对称激波的反射过程,Chpoun 和 Lengrand(1997)进行了实验研究,Li 等(1999)进行了分析和实验研究,Ivanov 等(2002)进行了数值模拟研究。

1. 非对称激波反射的整体波系结构

Li 等(1999)对稳态流动中非对称激波的二维反射进行了详细分析。与稳态流动中对称激波的相互作用类似,非对称激波的相互作用也产生两种整体波系结构,即整体规则反射(oRR)结构和整体马赫反射(oMR)结构。图 2.35(a)和图 2.35(b)分别是这两种整体波系结构的示意图。

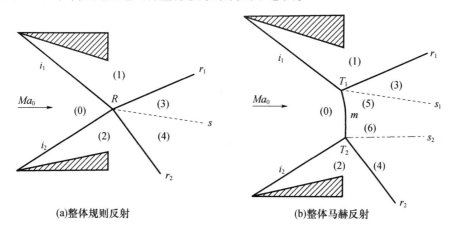

图 2.35　稳态流非对称激波的两种整体反射结构

图 2.35(a)是整体规则反射结构的波系结构,由两道入射激波(i_1 和 i_2)、两道反射激波(r_1 和 r_2)和一条滑移线(s)组成。这 5 个间断结构相遇于同一点(R)。之所以能够产生滑移线,是因为,来流的流线通过了两对强度不等的激波序列($i_1 - r_1$ 和 $i_2 - r_2$),如果气流通过 i_1、i_2、r_1、r_2 后的方向角分别是 θ_1、θ_2、θ_3、θ_4,那么整体规则反射结构存在的边界条件是 $\theta_1 - \theta_3 = \theta_2 - \theta_4 = \delta$。回忆一下,在对称激波反射中相应的条件是 $\theta_1 = \theta_3$,$\theta_2 = \theta_4$,$\delta = 0$。

Li 等(1999)证明,理论上可能存在两种不同的 oRR 结构:

(1)由两个弱规则反射结构构成的整体规则反射结构,记为 oRR[wRR + wRR];

(2)由一个弱规则反射结构和一个强规则反射结构构成的整体规则反射结构,记为 oRR[wRR + sRR]。

图 2.35(b)是整体马赫反射结构的波系结构,除了入射激波和反射激波(i_1、i_2、r_1 和 r_2)以外,还有一个共用马赫杆(m),共用马赫杆连接两个三波点(T_1 和 T_2),从两个三波点产生两条滑移线(s_1 和 s_2)。气流通过 i_1、i_2、r_1、r_2 后的方向角分别是 θ_1、θ_2、θ_3、θ_4,那么整体马赫反射结构的边界条件是 $\theta_1 - \theta_3 = \delta_1$,$\theta_2 - \theta_4 = \delta_2$。回忆一下,在对称激波反射中相应的条件是 $\theta_1 = \theta_2$,$\theta_3 = \theta_4$,$\delta_1 = \delta_2$。

借助于激波极曲线,可以从理论上确定可能的非对称激波反射结构(详见 Li 等的研究(1999))。图 2.36 给出了 7 个激波极曲线组合,所有这些组合的气流马赫数相同 $Ma_0 = 4.96$,因此它们的 I 极曲线是相同的。此外,其中一个反射楔的楔角固定为 $\theta_{W1} = 25°$,所以它们的 R_1 极曲线是相同的。可以看到,在图 2.36(a) ~ 图 2.36(g)中,I 极曲线与 R_1 极曲线的交点预测的是一个直接马赫反射结构。

在图 2.36(a)中,激波极曲线条件是 $Ma_0 = 4.96$、$\theta_{W1} = 25°$、$\theta_{W2} = 35°$,可以看到 R_2 极曲线与 I 极曲线交点预测的也是直接马赫反射,因此图 2.36(a)组合的解是两个直接马赫反射组成的 oMR 结构。图 2.37(a)是这种 oMR 结构示意图,由于 oMR 波系结构由两个直接马赫反射结构组成,它们的滑移线形成了一个收敛流管,所以马赫杆后的亚声速气流是加速的(与对称激波反射的情况相似)。当 θ_{W2} 减小到 29.97° 时,得到图 2.36(b)所示的极曲线组合,其中的 R_1 极曲线与 R_2 极曲线相切,因此,除了可能产生由两个直接马赫反射(DiMR_1 和 DiMR_2)构成的 oMR 结构以外,在 R_1 极曲线和 R_2 极曲线的切点处,整体规则反射结构在理论上也是可能的。图 2.36(b)所示极曲线组合类似于单楔激波反射或对称激波反射(第 1.5.1)中的脱体准则条件。当 θ_{W2} 进一步减小到 28.5° 时,得到图 2.36(c)的极曲线组合,在此条件下,理论上,两个直接马赫反射(DiMR_1 和 DiMR_2)构成的整体马赫反射结构和整体规则反射结构都是可能的。在此基础上,θ_{W2} 进一步减小到 20.87°,得到图 2.36(d)中的情形。与图 2.36(b)、(c)的情况类似,此处的整体反射结构也可以是 oMR 或 oRR,只不过这时的 oMR 波系结构由一个直接马赫反射结构(DiMR_1)和一个固定马赫反射结构(StMR_2)组成,图 2.37(b)是这种马赫反射结构示意图,可以看到,固定马赫反射结构的滑移线平行于来流,与图 2.37(a)类似,两条滑移线也形成一个收敛喷管。

进一步减小 θ_{W2} 到 19°,产生图 2.36(e)的情况,理论上还是可能有两个解:oRR 和 oMR,这时的 oMR 由一个直接马赫反射结构(DiMR_1)和一个反向马赫反射结构(InMR_2)组成,图 2.37(c)是这种流场结构的示意图。注意位于图中上方的反向马赫反射结构(InMR_2)中滑移线的方向,两条滑移线仍然形成一个收敛喷管。

继续减小 θ_{W2} 到 16.89°,产生了一个很有意思的极曲线组合,即图 2.36(f)的情况,三个极曲线(I 极曲线、R_1 极曲线、R_2 极曲线)相交于一点,这个情况类似于单楔反射或对称激波反射中冯·诺依曼准则条件(1.5.2 节)。基于前面的讨论,图 2.36(b)、(f)极曲线组合是两个极端情况,条件处于两者之间时,理论上 oRR 和 oMR 结构都是可能的,所以,对于给定的 $Ma_0 = 4.96$、$\theta_{W1} = 25°$ 条件,实际上这两个极端情况是其双解区的上限($\theta_{W2} = 29.97°$)和下限($\theta_{W2} = 16.89°$)。

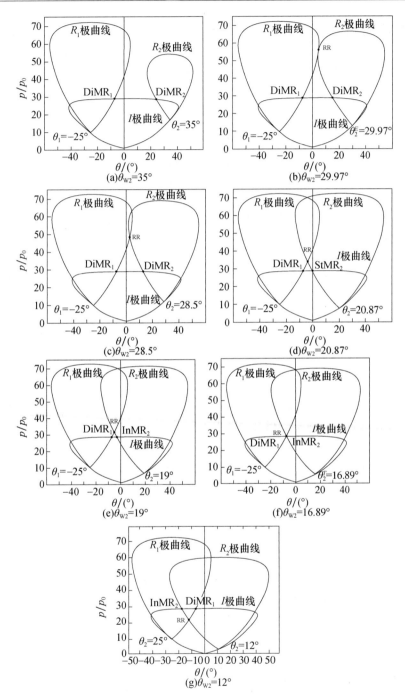

图 2.36　非对称激波反射理论解的压力—偏折角极曲线图($Ma_0=4.96,\theta_{\mathrm{W1}}=25°$)

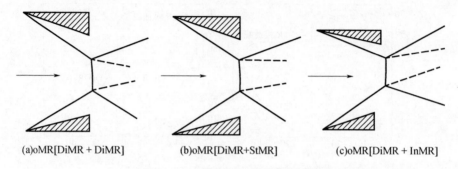

(a)oMR[DiMR + DiMR]   (b)oMR[DiMR+StMR]   (c)oMR[DiMR + InMR]

图 2.37   各种整体马赫反射结构示意图

继续减小 θ_{w2} 到 12°,激波极曲线组合如图 2.36(g)所示,在 R_1 极曲线、R_2 极曲线的交点产生一个 oRR 结构。另一个理论解是由一个直接马赫反射结构(DiMR$_1$)和一个反向马赫反射结构(InMR$_2$)组成的 oMR,但这个解是非物理的,因为该解意味着两个马赫反射的滑移线形成一个扩张的流管,而马赫杆后的亚声速气流无法形成这种流管。

综上所述,在理论上,可能有 3 种不同的 oMR 波系结构:

(1)由两个直接马赫反射结构组成的整体马赫反射结构,标记为 oMR[DiMR + DiMR];

(2)由一个直接马赫反射和一个固定马赫反射组成的整体马赫反射结构,标记为 oMR[DiMR + StMR];

(3)由一个直接马赫反射和一个反向马赫反射组成的整体马赫反射结构,标记为 oMR[DiMR + InMR]。

图 2.37(a) ~ 图 2.37(c)分别是这 3 种整体马赫反射结构的示意图。

关于直接马赫反射、固定马赫反射和反向马赫反射的详情可查阅 Courant 与 Friedrichs(1959)的论文、Takayama 与 Ben – Dor(1985)的论文,以及 Ben – Dor(1991)等的论文。

2. 非对称激波反射的双解区

如上所述,与对称激波反射的情况类似,在非对称激波反射中,也存在两个极端的转换准则,即脱体准则和冯·诺依曼准则,这两个极端的转换准则也导致一个双解区。

图 2.38 是 $Ma_0 = 4.96$ 条件下双解区的(θ_{w1},θ_{w2})图,图中的楔角坐标 θ_{w1} 和 θ_{w2} 是对称的。其中,类似于脱体准则的条件是 θ_{w2}^E,类似于冯·诺依曼准则的条件是 θ_{w2}^T,在图中,这两条转换线是实线,这两条转换线之间是双解区,在双解区内,整体波系结构可以是 oRR 或 oMR。两条虚线,分别标记为 θ_{w1}^N 和 θ_{w2}^N,表示激

波在单楔上反射(即对称反射)的冯·诺依曼条件,虚线的一侧是直接马赫反射,虚线的另一侧是反向马赫反射,在虚线上是固定马赫反射。

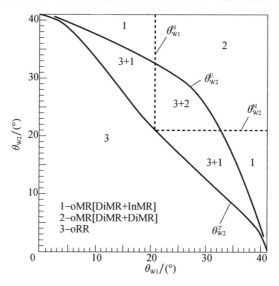

图 2.38　非对称激波反射的双解区

根据图 2.38,非对称激波反射的双解区分为两部分:

(1)标记为"3 + 2"的部分,整体波系结构可以是 oRR 或 oMR[DiMR + DiMR];

(2)标记为"3 + 1"的部分,整体波系结构可以是 oRR 或 oMR[DiMR + InMR]。

3. 楔角变化诱导的非对称激波反射迟滞

参考图 2.38,从 oRR 区开始($\theta_{w2} < \theta_{w2}^T$)增加 θ_{w2},直到 θ_{w2} 越过"脱体"转换线 θ_{w2}^E,在该转换线以上(右侧)的区域,理论上已经不可能生成 oRR 结构,在"脱体"转换线上,oRR 结构必须转换为 oMR 结构。发生反射结构的转换后,使 θ_{w2} 变化的方向反向,即减小 θ_{w2},oMR 结构将继续存在,直到将要达到冯·诺依曼转换线 θ_{w2}^T 时。在冯·诺依曼转换线以下(左侧)的区域,理论上不可能生成 oMR 结构。在冯·诺依曼转换线上,oMR 结构必须转变为 oRR 结构。

根据图 2.38,在 $Ma_0 = 4.96$ 条件下,在上述先增加 θ_{w2},再使之减小到初值的过程中,在理论上,可以出现两套整体反射结构转换过程,出现哪一套,取决于 θ_{w1} 是否大于 θ_{w1}^N。

(1)当 $\theta_{w1} < \theta_{w1}^N$ 时,过程从 oRR 结构开始,oRR 结构一直保持到脱体转换线 θ_{w2}^E,在该转换线上,发生 oRR 向 oMR[DiMR + InMR] 的转换。在返回的路径上,oMR[DiMR + InMR] 结构一直保持到冯·诺依曼转换线 θ_{w2}^T,在该转换线上发生

75

oMR[DiMR + InMR]向 oRR 的转换。

(2)当 $\theta_{W1} > \theta_{W1}^N$ 时,令过程仍然从 oRR 结构开始,oRR 结构一直保持到"脱体"转换线 θ_{W2}^E,在该转换线上,发生 oRR 向 oMR[DiMR + DiMR]的转换。在返回路径上,oMR[DiMR + DiMR]结构一直保持到转换线 θ_{W2}^N,在这条线上,反射波系结构转变为 oMR[DiMR + StMR]。然后,oMR[DiMR + StMR]结构变为 oMR[DiMR + InMR]。oMR[DiMR + InMR]结构一直保持到冯·诺依曼转换线 θ_{W2}^T。在冯·诺依曼转换线上,发生 oMR[DiMR + InMR]向 oRR 的转换。

Chpoun 和 Lengrand(1997),Li 等(1999)的实验研究证实,存在 oMR[DiMR + InMR]结构,存在楔角诱导的 oRR⇆oMR 转换迟滞。由于实验设备分辨率的限制,未能观察到上述理论上可能发生的两套 oRR⇆oMR 转换历程。Li 等(1999)的实验结果与理论分析的转换线吻合得非常好。

与 2.4.2 节描述的对称楔激波反射实验相似,在非对称楔反射实验中,实验装置和几何尺寸的设置非常重要,两种情况下的三维边缘效应可能也是相似的。理论预测的转换和波角与实验结果吻合很好,这一事实可能说明,实验中的三维效应不太显著。

图 2.39 是典型 oMR 和 oRR 结构的彩色纹影图片,是在 $Ma_0 = 4.96$,$\theta_{W1} = 28°$,$\theta_{W2} = 24°$ 条件下获得的。这两幅纹影照片清楚地证明,在相同的流动条件下,当两个非对称激波相互作用时,可以得到不同的整体激波反射结构。

(a)整体马赫反射结构　　　　　　(b)整体规则反射结构

图 2.39　典型非对称激波反射结构纹影照片(Li 等(1999))

($Ma_0 = 4.96$,$\theta_{W1} = 28°$,$\theta_{W2} = 24°$)

Ivanov 等(2002)用数值方法研究了楔角变化诱导的非对称激波反射迟滞现象。图 2.40 给出了上述两种不同转换过程的数值模拟结果,图 2.40(a)和

图 2.40(b)分别在 $Ma_0 = 4.96$，$\theta_{W1} = 18°$，以及 $Ma_0 = 4.96$，$\theta_{W1} = 28°$的条件下获得，各图都以等密度等值线方式绘制。图 2.40(a)和图 2.40(b)的楔角变化过程都从顶部的图开始，以逆时针方向排序。相同水平位置上的每一对图的流动条件是相同的。从中可以清楚地看出楔角变化诱导的迟滞现象。

在图 2.40(a)中，过程从 $\theta_{W2} = 22°$处的 oRR 结构开始；当 θ_{W2}增大到 28°时，仍然保持 oRR 结构；当 θ_{W2}增大到 36°时，已经大于该条件的 θ_{W2}^E，oRR 结构不再存在，整体激波反射结构变为 oMR[DiMR + InMR]，即上半部分为 DiMR 结构，下半部分为 InMR 结构。而当 θ_{W2}执行从 36°减小到初始值 22°的反向过程中，在双解区中保持 oMR[DiMR + InMR]结构，例如，$\theta_{W2} = 28°$，数值模拟结果给出两种不同的波系结构，一种是整体规则反射结构，另一种是整体马赫反射结构，与分析结果完全吻合。这个过程的顺序标记为

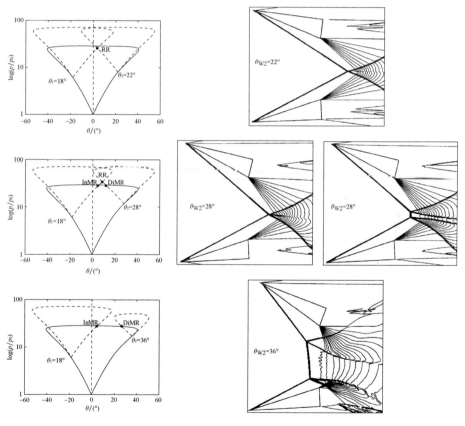

图 2.40(a)　Ivanov 等(2002)数值分析的非对称激波反射迟滞环
($Ma_0 = 4.96$，$\theta_{W1} = 18°$)

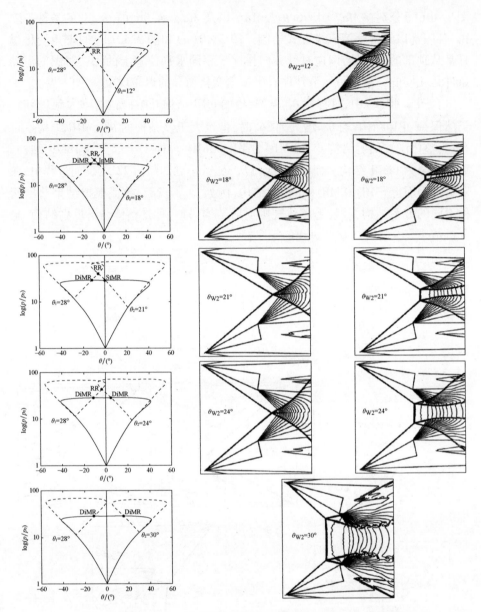

图 2.40(b)　Ivanov 等(2002)数值分析的非对称激波反射迟滞环

$$(Ma_0 = 4.96, \theta_{W1} = 28°)$$

$$\text{oRR} \xrightarrow{\text{at}\theta_{W2}^E} \text{oMR[DiMR + InMR]} \xrightarrow{\text{at}\theta_{W2}^T} \text{oRR}$$

在图 2.40(b)中,过程从 $\theta_{w2} = 12°$ 处的 oRR 结构开始;当 θ_{w2} 增大到 24° 时,仍然保持 oRR 结构;当 $\theta_{w2} = 30° > \theta_{w2}^E$ 时,整体反射结构变为 oMR[DiMR + DiMR],即上半部分和下半部分的马赫反射结构均为直接马赫反射结构。当 θ_{w2} 执行从 30° 减小到初始值 12° 的反向过程中,下半部分马赫反射结构的滑移线方向持续发生变化。结果在 $\theta_{w2} = 21°$ 时(非常接近分析值 $\theta_{w2}^N = 20.87°$),上半部分的波系结构接近于一个固定马赫反射(其滑移线在三波点几乎平行于来流)。进一步减小 θ_{w2},例如,$\theta_{w2} = 18°$,下半部分的波系结构变为一个反向马赫反射结构,这时 oMR 结构由一个直接马赫反射结构和一个反向马赫反射结构组成,即 oMR[DiMR + InMR]。这个过程的顺序可以标记为

$$\text{oRR} \xrightarrow{\text{at}\theta_{w2}^E} \text{oMR}[\text{DiMR} + \text{DiMR}] \xrightarrow{\text{on}\theta_{w2}^N} \text{oMR}[\text{DiMR} + \text{StMR}] \xrightarrow{\text{at}\theta_{w2}^N}$$

$$\text{oMR}[\text{DiMR} + \text{InMR}] \xrightarrow{\text{at}\theta_{w2}^T} \text{oRR}$$

4. 来流马赫数变化诱导的非对称激波反射迟滞

与来流马赫数变化会在对称激波反射中引起迟滞过程相似(2.4.2 节),在非对称激波反射中也存在迟滞现象,Onofri 与 Nasuti(1999),Ivanov 等(2001)的数值模拟研究验证了这个猜测。

2.4.4 轴对称激波(锥形激波)反射中的迟滞过程

对于上述对称和非对称激波反射问题,实验观察到的 RR⇄MR 转换迟滞与二维分析模拟的预测获得良好的一致性(Chpoun 等(1995)、Li 等(1999)),但一些研究人员的研究表明,这些迟滞过程不是纯二维的,它们受到三维边缘效应的影响和/或触发,进而迟滞现象得到增强(Skews 等(1996)、Skews(1997 和 1998)、Fomin 等(1996)、Ivanov 等(1998c)以及 Kudryavtsev 等(1999))。于是冒出一些问题,实际的规则反射结构在双解区内确实是稳定的吗? 在纯粹的二维流中是否确实存在迟滞过程? 为了回答这些问题,Chpoun 等(1999)和 Ben - Dor 等(2001)设计了一个轴对称的几何装置,从定义上讲,这个实验不存在三维效应。

图 2.41 是他们的实验装置示意图。在超声速风洞提供的一个直径为 127mm 喷流的中心,放置一个直径 70mm、长 28mm 的锥形环,锥形环前缘角为 8.5°。在锥形环的下游,放置一个与锥形环同轴的曲线圆锥,曲线圆锥的形状为

$$y(x) = 0.000115x^3 + 0.002717x^2 + 0.08749x$$

(x、y 的单位为 mm),曲线圆锥的底部直径和长度分别为 30.4mm 和 40mm。锥形环产生一道环形汇聚的直的锥形入射激波 i_1,曲线锥产生一道发散的曲线锥

形入射激波 i_2。Chpoun 等(1999)的实验研究获得 3 种不同类型的整体波系结构,参考图 2.42,整体波系结构的类型取决于两道入射激波之间相互作用的角度。

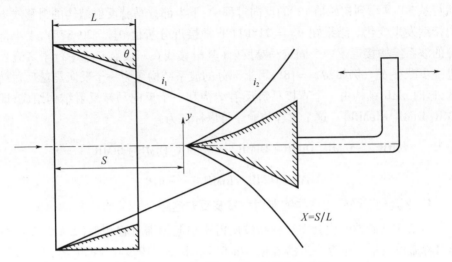

图 2.41　锥形激波反射研究装置示意图

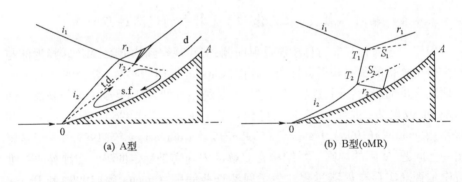

(a) A型　　　　　　　　　　(b) B型(oMR)

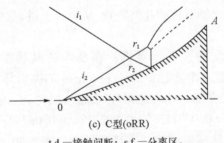

(c) C型(oRR)

t.d.—接触间断；s.f.—分离区。

图 2.42　试验获得的三型锥形激波反射结构的示意图,Chpoun 等(1999)

80

A 型结构,见图 2.42(a),锥形环产生一个直的环形汇聚激波,曲线锥鼻部产生一个发散形直的锥形附体激波,两者相互作用,使锥体壁面上的边界层发生分离,在锥体壁面附近形成一个流动缓慢的大回流区,这个回流区的存在,使曲线锥鼻部产生的发散形附体激波呈现直圆锥形。在图 2.42(a)中,i_1 和 i_2 分别是汇聚形和发散形锥形入射激波。r_1 和 r_2 是 i_1 与 i_2 相互作用后的反射激波,d 是气流流经曲线锥后缘(点 A)时形成的激波,"s. f."表示流动缓慢的回流区,"t. d."为接触间断。接触间断"t. d."与反射激波 r_2 相互作用产生一束稀疏波,该稀疏波又作用于反射激波 r_1。分离区的存在表明,在 A 型波系结构中,黏性效应扮演着重要角色。上述对 A 型波系结构的详细描述来自于 Burstchell 等(2001)求解 Navier – Stokes 的数值模拟。在 Chpoun 等(1999)的实验中,仅观测到波系结构的外观。

B 型波系结构,见图 2.42(b),类似于非对称平面激波相互作用产生的整体马赫反射结构,见图 2.35(b),由两个马赫反射结构组成,这两个马赫反射结构共用一道马赫杆,马赫杆连接两个三波点,自这两个三波点产生两条滑移线。所以,B 型结构也称为整体马赫反射结构。

在 C 结构中,见图 2.42(c),汇聚形的直锥形入射激波 i_1 与弱的发散形曲线锥形激波 i_2 相互作用,产生两道折射激波 r_1 和 r_2。C 型结构类似于非对称平面激波相互作用产生的整体规则反射结构,参考图 2.35(a)。因此,C 型结构也称为整体规则反射结构。

观察图 2.41 所示的几何结构发现,汇聚和发散的锥形入射激波(i_1 和 i_2)之间的相互作用角度,或者取决于锥形环与曲线锥之间的轴向距离,或者取决于来流马赫数。于是,锥形激波的 oRR⇆oMR 转换有两个可能的迟滞过程:

(1)几何变化诱导的迟滞,固定来流马赫数,锥形环和曲线锥之间的轴向距离变化导致的迟滞;

(2)流动马赫数变化诱导的迟滞,固定锥形环和曲线锥之间的轴向距离,来流马赫数变化导致的迟滞。

要强调的是,两道入射激波之间的相互作用角度的变化是诱导产生上述两种迟滞过程的根本机制。

1. 几何变化诱导的迟滞

Ben – Dor 等(2001)用实验和数值方法研究了这类迟滞过程,数值研究使用的是无黏流方程。图 2.43 是从实验录像中截取的 10 幅照片,反映曲线锥位置从 $X = 1.56$ 变化到 $X = 0.70$,再回到 $X = 1.68$ 的过程中的波系变化情况,其中 $X = S/L$,S 是锥形环入口截面与曲线锥鼻部之间的距离,$L = 28\text{mm}$ 是锥形环的长度,参考图 2.41。从图 2.43 可以清晰地看到 A 型、B 型和 C 型三种类型的波系结构。

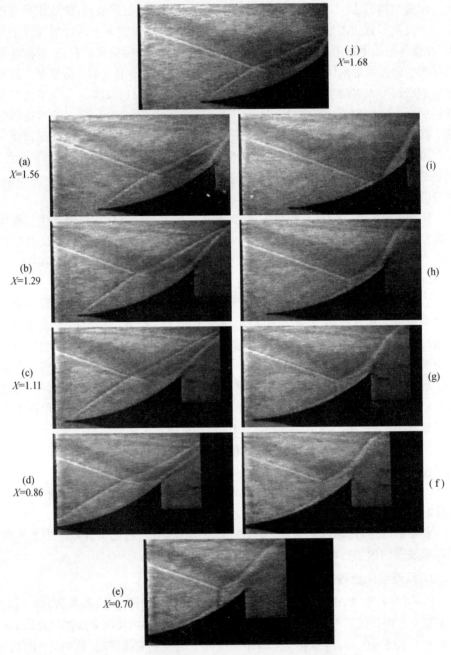

图 2.43　曲线锥移动过程中波系结构变化的实验照片

($X = 1.56 \rightarrow 0.70 \rightarrow 1.68$, Ben – Dor 等(2001))

从初始位置 $X = 1.56$，图 2.43(a)，曲线锥沿对称轴缓慢靠近锥环(速度 0.22mm/s)，每当波系结构发生剧烈变化时，曲线圆锥就停止运动，使气流稳定下来。图 2.43(a)~图 2.43(d)是 A 型波系结构。当曲线锥从 $X = 0.86$ 向 $X = 0.70$ 移动时，即从图 2.43(d)到图 2.43(e)，波系结构从 A 型突变为 B 型。在整体激波反射结构发生转变的同时，伴随着边界层的重新附着和分离区的消失，结果，曲线锥头部的附体入射激波由强的直线形的锥形发散激波突变为弱的曲线形的锥形发散激波。从 A 到 B 型的转变发生在 $X \approx 0.78$。

图 2.43(f)~图 2.43(j)各图是曲线锥反向移动过程中的照片。曲线锥从 $X = 0.70$ 移动到 $X = 1.68$ 时，即从图 2.43(e)到图 2.43(j)，波系结构发生了两次转换。当曲线锥从 $X = 0.70$ 移动到 $X = 1.29$ 时，马赫杆的高度持续减小(图 2.43(e)到图 2.43(h))，并在 $X = 1.29$ 和 $X = 1.56$ 之间消失，此时，波系结构从 B 型变为 C 型。从 B 型到 C 型的转换发生在 $X \approx 1.38$。当曲线锥从 $X = 1.56$ 移动到 $X = 1.68$ 时，参考图 2.43(i)到图 2.43(j)，曲线锥上的边界层从壁面分离，曲线锥头部的附体入射激波突然由弱的曲线形锥形发散激波转变为强的近乎直线的锥形发散激波，重新形成了 A 型结构。从 C 型到 A 型的转换发生在 $X \approx 1.61$。图 2.43 中位于相同水平位置的每一对照片具有相同的 X，即(a)和(i)、(b)和(h)、(c)和(g)、(d)和(f)，但正反向运动过程中获得的波系结构不同，清楚地证明，相同流动条件下存在两种不同的波系结构。图 2.43 的一套流场照片提供了清晰的实验证据，证明迟滞过程存在，且包含以下三个转换：

(1)在 X 减小过程中，$X \approx 0.78$ 时发生 A 型→B 型结构的转换；

(2)在 X 增加过程中，$X \approx 1.38$ 时发生 B 型→C 型结构的转换；

(3)在 X 增加过程中，$X \approx 1.61$ 时发生 C 型→A 型结构的转换。

迟滞环为 A 型$\xrightarrow{X \approx 0.78}$B 型$\xrightarrow{X \approx 1.38}$C 型$\xrightarrow{X \approx 1.61}$A 型。

Ben - Dor 等(2001)还发现，发生在 $X \approx 1.38$ 时的 B 型→C 型转换还是另一个子迟滞环的起源。在一些实验中，在 $X \approx 1.38$ 遇到 B 型→C 型转换时，立即停止曲线锥的移动，并令其开始反向移动。

图 2.44 是在该过程中获得的 8 幅实验照片，曲线锥的坐标按 $X = 1.39 \rightarrow 1.12 \rightarrow 1.39$ 的顺序移动，证明波系结构发生两次明显转换：

(1)当 X 从 1.20 向 1.12 变化时，参考图 2.44(c)、图 2.44(d)，在 $X \approx 1.16$ 处发生 C 型→B 型转换；

(2)当 X 从 1.37 向 1.39 变化时，参考图 2.44(g)、图 2.44(h)，在 $X \approx 1.38$ 处发生反向的 B 型→C 型转换。

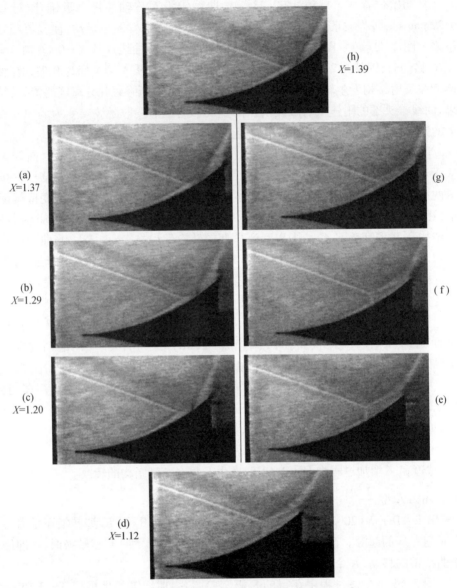

图 2.44　曲线锥移动过程中波系结构变化的实验照片

$(X = 1.39 \to 1.12 \to 1.39,\text{Ben} - \text{Dor} \ 等(2001))$

　　根据实验,当马赫杆存在一个有限高度时,发生 B 型→C 型转换。但在无黏数值模拟的结果不是这样,在无黏数值模拟的结果中,马赫杆不断减小,直至发生 B 型→C 型转换时马赫杆才消失。可能是马赫杆后的黏性效应导致了这一独特实验现象。还应注意到,图 2.44 中的 B 型→C 型转换迟滞环是图 2.43 中主迟滞环的(内部)子迟滞环,该子迟滞环的顺序是 C 型 $\xrightarrow{X \approx 1.16}$ B 型 $\xrightarrow{X \approx 1.38}$ C 型。

　　注意观察图 2.43(b)、图 2.43(h)、图 2.44(b)和图 2.44(f),这些照片的曲线锥均位于 $X = 1.29$,这些实验照片清楚地证明,在相同流动条件下可以获得 A 型、B 型和 C 型三种不同的激波结构。

　　图 2.45 绘制了上述实验的双环迟滞。图 2.43 是一个与黏性相关的主迟滞环,伴随着三种转换:

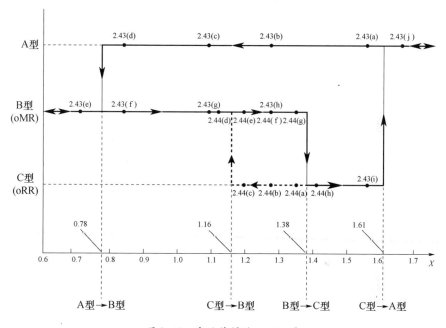

图 2.45　实验获得的双环迟滞

　　(1)$X \approx 0.78$ 处的 A 型→B 型转换;
　　(2)$X \approx 1.38$ 处的 B 型→C 型转换;
　　(3)$X \approx 1.61$ 处的 C 型→A 型转换。
同样,图 2.44 描述的是一个(无黏性的)内部子迟滞环,伴随着两种转换:
　　(1)$X \approx 1.38$ 处的 B 型 →C 型 转换(或 oMR→oRR 转换);
　　(2)$X \approx 1.16$ 处的 C 型 →B 型 转换(或 oRR→oMR 转换)。
　　将图 2.43 和图 2.44 各图的位置绘制到图 2.45 中,每个位置都被标记为 Nn,其中 N 表示图 2.43 或图 2.44,n 是两图中各帧照片的字母名称。

应注意到,上述 X 值与锥形环—曲线锥结构的几何尺寸和形状直接相关。人们相信,尽管具有不同的尺寸和/或形状,但会产生类似的迟滞现象,只不过反射激波结构的转换发生在不同 X 条件下。

图 2.45 的实验结果提供了一个清晰的证据,证明轴对称流动中存在 oRR⇄oMR 转换迟滞,从定义上理解,轴对称流动中应该不存在三维效应影响。

后面会介绍,正如预期的那样,Ben-Dor 等(2001)用 Euler 程序未能获得 A 型流动结构及其相关迟滞环,因为 A 型流动结构与黏性结构(分离区)相关。Euler 程序模拟仅获得了无黏内部迟滞环,即 B 型→C 型转换迟滞环,以及几个次级子迟滞环,次级子迟滞环是整体激波反射结构与曲线锥后缘相互作用产生的。Burstchell 等(2001)采用 Navier-Stokes 程序也模拟了这一过程,成功获得 A 型流动结构。

图 2.46 是用欧拉程序获得的整体多环迟滞,以 $(X,\overline{H}_m)$ 图方式给出,其中,$\overline{H}_m=H_m/L$ 是无量纲马赫杆长度,H_m 是公共马赫杆长度,即 oMR 结构中两个三波点之间的距离。显然,对于 oRR 波系结构 $H_m=0$,$\overline{H}_m=0$。当曲线锥沿 $X=0→2.2$ 移动时,经历稳态流动状态 $A-B-C-D-E-F-G-H-I-J-K-L-M-N-O-P-Q$;当曲线锥沿 $X=2.2→0$ 反向移动时,经历 $Q-P-R-S-M-T-K-J-U-H-G-V-E-D-W-B-A$ 各稳态流动状态。这两条不同的稳态流动状态路径由两类不同的迟滞环组成。第一类,迟滞环 $S-N-O-P-R-S$ 环,也是主要的一类,与实验获得的类似(图 2.45),在相同流动条件下可以产生 oMR 和 oRR 两种波系结构。第二类,次要的一类,实验还未观测到(可能是因为实验照片沿曲线锥表面的分辨率差),只包括 oMR 波系结构,在相同的流动条件下可以具有不同的马赫杆长度和相应的流动图谱。图 2.46 揭示了 4 个这种次要的迟滞环:$B-C-D-W-B$,$E-F-G-V-E$,$H-I-J-U-H$,$K-L-M-T-K$。

图 2.47 给出的是图 2.46 中主迟滞环 $S-N-O-P-R-S$ 对应节点的波系结构,该迟滞环是与无黏结构相关的迟滞环,它的产生可能是存在双解区的原因。图 2.47(a)是 $X=1.3$ 时的波系结构,是 oRR 结构,直的锥形汇聚入射激波与曲线锥形发散入射激波发生弱相互作用,产生规则反射结构,折射后的锥形汇聚激波在曲锥面产生规则反射。该规则反射的反射激波与折射的曲线锥形激波相干扰。图 2.47(c)是 X 减小到 0.8 时的波系结构,汇聚锥形激波的透射波在曲锥面上发生反射,曲锥面上的反射结构已经由规则反射转变为马赫反射。当 X 减小到 0.7 时,参考图 2.47(d),整体波系结构从 oRR 突变为 oMR 结构。这时,改变曲线锥的移动方向,使 X 增大,返回其初始值,则会发生图 2.47(e)~图 2.47(g)所示的流动结构,oMR 结构中的马赫杆长度逐渐减小。从图 2.47

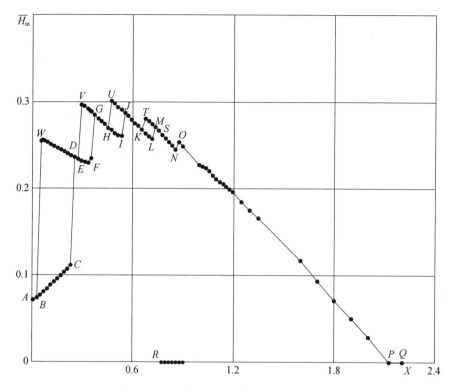

图 2.46　数值模拟的整体多环迟滞(欧拉方法)

(d)~图 2.47(g)还可以看到,一旦形成 oMR 波系结构,从曲锥表面反射的激波与接触面相互作用,在接触面上形成若干特殊的"驼峰"结构。随着 X 的增大,"驼峰"结构的数量增加,$X = 0.7$ 和 $X = 0.8$ 时分别有 3 个完整的"驼峰",$X = 1.15$ 时有 5 个完整的"驼峰",$X = 1.3$ 时有 7 个完整的"驼峰"。Ben - Dor 等(2004)的研究表明,这些"驼峰"的边缘存在极高的压力峰值。

图中给出的三对流动结构为迟滞现象提供了清晰的证据。比较 $X = 0.8$ 时的图 2.47(c),图 2.47(e)、$X = 1.15$ 时的图 2.47(b)和图 2.47(f),以及 $X = 1.3$ 时的图 2.47(a)和图 2.47(g),可以看到,在相同的流动条件下,呈现出不同的整体激波结构。根据图 2.46,oRR→oMR 转换发生在 $X \approx 0.75$。

Ben - Dor 等(2001)发现,指定一个"驼峰",该"驼峰"在曲锥后缘上处于与分离状态或再附状态,对应的曲锥位置是不同的。该"驼峰"是附着状态或分离状态的机制,决定着产生哪个小迟滞环,在这个小迟滞环中,波系的总体结构一直保持为 oMR,但曲锥表面的流动图谱却各自不同。图 2.46 中就有 4 个这样的迟滞环,分别是 $B - C - D - W - B, E - F - G - V - E, H - I - J - U - H, K - L - M - T - K$。

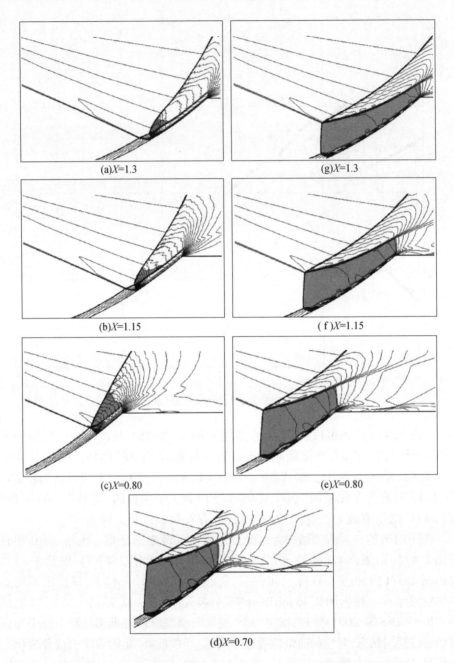

图 2.47　数值模拟的主迟滞环 $S - N - O - P - R - S$(图 2.46)波系结构

图 2.48 是 $B-C-D-W-B$ 迟滞环的流动结构演化。在 $X=0.02$ 时，图 2.48(a) 得到 oMR 波系结构。需要提醒的是，在前面讨论的 oMR 结构中，下半部分马赫反射结构的反射激波作用于曲锥表面的后缘上游处，而图 2.48(a) 中，下半部分马赫反射结构的反射激波作用于曲锥表面后缘的下游处。随着 X 的增大，参考图 2.48(b) 和 (c)，连接两个三波点的马赫杆向上游移动，马赫杆的长度也增大。一个特别的情况是，在 $X=0.02$ 时，下半部分马赫反射结构的反射激波刚好到达曲锥后缘处，见图 2.48(c)。当 X 的增加超过该值时，马赫杆向上游突跃，马赫杆的长度也突然增大，见 $X=0.26$、图 2.48(d)。当 X 减小、返回 $X=0.02$ 时，得到了图 2.48(e)~(g) 的稳定解。对应 $X=0.20$ 的一对流场图 2.48(c) 和图 2.48(e) 以及 $X=0.12$ 的一对流场图 2.48(b) 和图 2.48(f)，在相同的流动条件下表现出不同的整体波系结构，这些也是迟滞现象的明显证据。迟滞现象的典型表现是在 $X=0.23\pm0.03$ 处，公共马赫杆的长度突然增加；在 $X=0.07\pm0.05$ 处，公共马赫杆的长度突然减小。计算结果表明，由于下半部分的马赫反射结构的反射激波作用于曲线锥后缘，导致 oMR 从短马赫杆状态（图 2.48(c)）突然转变为更长马赫杆的状态（图 2.48(d)）。一旦完成转换，参考图 2.48(d)，下半部分马赫反射结构的反射激波在曲锥壁面形成规则反射结构，该规则反射结构的反射激波又作用于下半部分马赫反射结构的接触面上，进而产生膨胀波，膨胀波又撞击到曲锥的固体表面，并以膨胀波反射回接触面，反射的膨胀波与接触面再次作用，被接触面反射回曲锥表面……这样周而复始若干次。随着 X 的进一步增大，如图 2.49 所示，膨胀波在接触面的反复反射，使接触面在曲锥上方形成第一个完整的"驼峰"。图 2.48(f) 和图 2.48(g) 表明，反向转换的原因是上述膨胀波与曲锥后缘的相互作用。

图 2.49 是次迟滞环 $E-F-G-V-E$ 的流动结构变化。在 $X=0.26$ 时，得到 oMR 波系结构。随着 X 的增大，公共马赫杆向上游移动，长度增加。图 2.49(a)~图 2.49(c) 分别为 $X=0.26$、0.30、0.34 时的流动结构，与图 2.48(f) 的流动结构相似。X 进一步增大到 0.38，得到图 2.49(d) 的流动结构，膨胀波使下半部分马赫反射结构的接触面成功形成一个完整的"驼峰"。在 X 减小、返回 0.26 的过程中，获得图 2.49(e)~图 2.49(g) 的流动图谱。相同条件的两对流动结构图，即图 2.49(c) 和图 2.49(e)，以及图 2.49(b) 和图 2.49(f)，表现出不同的整体波系结构，是迟滞现象的明显证据。

从图 2.49 可以明显看出，迟滞过程受接触面的第一个"驼峰"在曲锥表面的附着、分离机制驱动。因此，$E-F-G-V-E$ 迟滞环被称为"0 驼峰⇌1 驼峰"迟滞（0hump⇌1hump 迟滞）。该迟滞环包括以下转换过程：

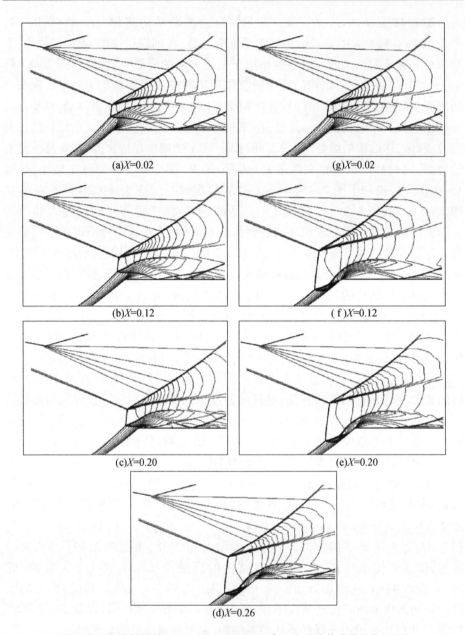

(a)X=0.02   (g)X=0.02

(b)X=0.12   (f)X=0.12

(c)X=0.20   (e)X=0.20

(d)X=0.26

图 2.48 数值模拟的 $B-C-D-W-B$ 迟滞环流动结构演变(图 2.46)

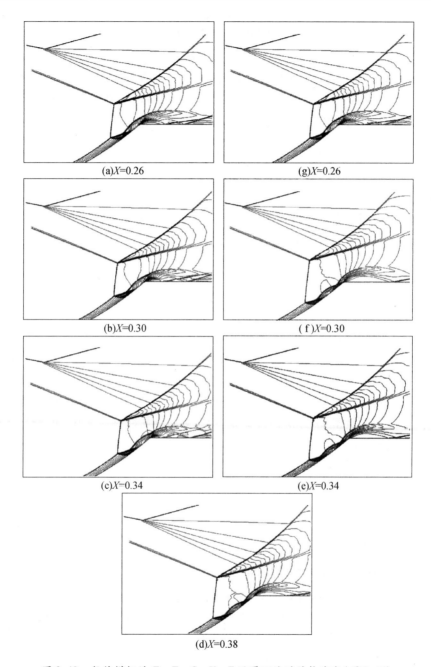

(a)X=0.26   (g)X=0.26

(b)X=0.30   (f)X=0.30

(c)X=0.34   (e)X=0.34

(d)X=0.38

图 2.49 数值模拟的 $E-F-G-V-E$ 迟滞环流动结构演变（图 2.46）

$$0\text{hump} \xrightarrow{X \approx 0.36} 1\text{hump}$$

$$1\text{hump} \xrightarrow{X \approx 0.28} 0\text{hump}$$

Ben – Dor 等(2001)还证明,次迟滞环 $H - I - J - U - H - E$ 由第二个"驼峰"在曲锥表面的附着、分离机制驱动。因此,该迟滞环被称为"1 驼峰⇌2 驼峰"迟滞(1hump⇌2humps 迟滞)。该迟滞环包括以下转换过程:

$$1\text{hump} \xrightarrow{X \approx 0.55} 2\text{humps}$$

$$2\text{humps} \xrightarrow{X \approx 0.47} 1\text{hump}$$

同理,次迟滞环 $K - L - M - T - K$ 由第三"驼峰"在曲锥表面的附着、分离机制驱动。因此,该迟滞环被称为"2 驼峰⇌3 驼峰"迟滞(2humps⇌3humps 迟滞)。该迟滞环包括以下转换过程:

$$2\text{humps} \xrightarrow{X \approx 0.69} 3\text{humps}$$

$$3\text{humps} \xrightarrow{X \approx 0.67} 2\text{humps}$$

正如前面提到的,Ben – Dor 等(2001)采用欧拉程序,如预期的那样,未能用数值模拟再现图 2.42(a)的 A 型波系结构,由于涉及边界层分离,因此 A 型结构是与黏性相关的结构。Burstchell 等(2001)用 Euler 和 Navier – Stokes 数值程序,也研究了图 2.41 装置产生的相关反射过程,欧拉计算结果与 Ben – Dor 等(2001)的相似,但 Navier – Stokes 计算不但成功地再现了 A 型波系结构,而且表明"驼峰"的数量与强度是与黏性强相关的,但黏性效应在形成"驼峰"、决定"驼峰"的强度、进而导致产生上述次迟滞环方面所起的作用,尚待研究和理解。最后,再次强调,Ben – Dor 等(2004)的研究表明,"驼峰"边缘与极高的压力相关。

针对图 2.43(a)的实验结果,做了 Navier – Stokes 数值模拟,结果见图 2.50。数值模拟获得了 A 型黏性(分离区)结构,支持了 Ben – Dor 等(2001)对流场精细细节的假设描述。

2. 来流马赫数变化诱导的迟滞

Ben – Dor 等(2003)针对图 2.41 的轴对称装置产生的锥形激波相互作用,用数值方法研究了气流马赫数变化诱导的迟滞过程。改变曲锥相对于锥形环的位置 X,研究了 3 个位置 $X = -0.3$,$X = -0.2$ 和 $X = -0.1$,其中的负号表示曲锥前端位于锥形环入口截面的上游。

(1)$X = -0.3$ 的情况。

图 2.51 给出的是来流马赫数变化时,公共马赫杆的无量纲长度 $\overline{H}_\text{m}$ 与自由

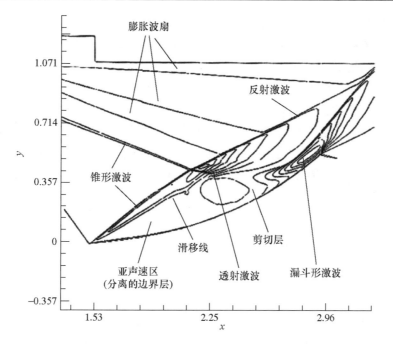

图 2.50　针对图 2.43 实验结果的 Navier‐Stokes 数值模拟(A 型黏性结构)

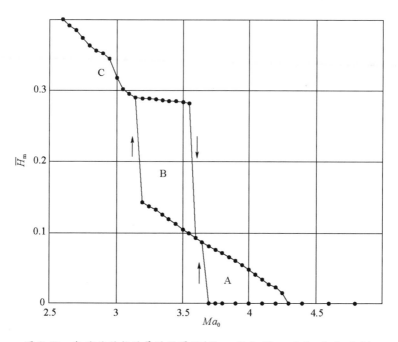

图 2.51　气流马赫数诱导的迟滞环($X = -0.3, Ma_0 = 4.8 \leftrightarrows 2.6 \leftrightarrows 4.8$)

流马赫数的关系,自由流马赫数的变化过程是$Ma_0 = 4.8 \leftrightarrows 2.6 \leftrightarrows 4.8$,当$\overline{H}_m = 0$时表示整体激波结构是 oRR。从图中可以看到,在气流马赫数由 4.8 变为 3.8 的过程中,波系结构为 oRR。当$Ma_0 \approx 3.65$时,波系结构突然由 oRR 转变为 oMR。进一步减小Ma_0,公共马赫杆的长度逐渐增大,这一趋势一直持续,直到 $Ma_0 \approx 3.15$ 时观察到公共马赫杆长度出现急剧增长,发生这个转变的原因是下半部分马赫反射结构的反射激波与曲锥后缘相干扰。当Ma_0变化方向相反,即逐渐增大时,相应的波系结构转换发生在不同的Ma_0条件。从图中观测到两个迟滞环 A 和 B,迟滞环 A 同时包含 oRR 和 oMR 波系结构,迟滞环 B 只包含 oMR 波系结构,但流动结构有差别。更多与迟滞环 A 和 B 相关的波系结构详细信息,请参考 Ben‐Dor 等(2003)的研究。

(2)$X = -0.2$ 的情况。

在$X = -0.2$情况下,自由流马赫数的变化过程仍然是$Ma_0 = 4.8 \leftrightarrows 2.6 \leftrightarrows 4.8$,图 2.52 是公共马赫杆的无量纲长度$\overline{H}_m$与自由流马赫数的关系,当$\overline{H}_m = 0$时表示整体激波结构是 oRR。从图中可以看到,与图 2.51 相比,曲锥位置的变化使迟滞环 A 的范围明显增大,迟滞环 A 和 B 有很大范围的重叠,也就是说,存在一个马赫数范围,其中可能生成 3 种波系结构:一种 oRR 结构以及两种不同的 oMR 结构。更多迟滞环 A 和 B 波系结构演化的详细信息,请参考 Ben‐Dor 等(2003)的研究。

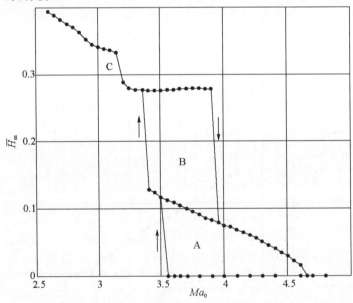

图 2.52　气流马赫数诱导的迟滞环($X = -0.2, Ma_0 = 4.8 \leftrightarrows 2.6 \leftrightarrows 4.8$)

（3）$X = -0.1$ 的情况。

在 $X = -0.1$ 时，自由流马赫数的变化过程是 $Ma_0 = 5.0 \leftrightarrows 2.6 \leftrightarrows 5.0$，图 2.53 是公共马赫杆的无量纲长度 $\overline{H}_m$ 与自由马赫数的关系。从图 2.53 可以明显看出，曲锥位置的变化导致迟滞环 A 进一步显著增大。与前两种情况不同，现在出现了 3 个迟滞环，不但有先前观察到的迟滞环 A 和 B，还出现另外一个小迟滞环 C。与前面的情况类似，此处的迟滞环也是重叠的，迟滞环 A 和 C 有重叠，迟滞环 A 和 B 也有重叠。因此，再次看到，在相同气流条件下，可能出现 3 种不同的波系结构。迟滞环 A、B 和 C 中的波系结构演化参考图 2.54 ~ 2.56，从这些流场演化可以明显看出，对于形成迟滞环 A、B 和 C，曲锥后缘具有重要作用。更多详细信息，请参考 Ben – Dor 等（2003）的研究。

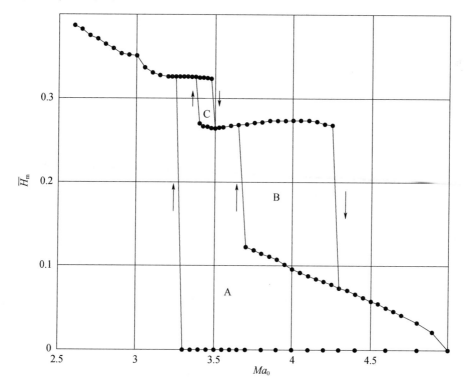

图 2.53 气流马赫数诱导的迟滞环（$X = -0.1$，$Ma_0 = 5.0 \leftrightarrows 2.6 \leftrightarrows 5.0$）

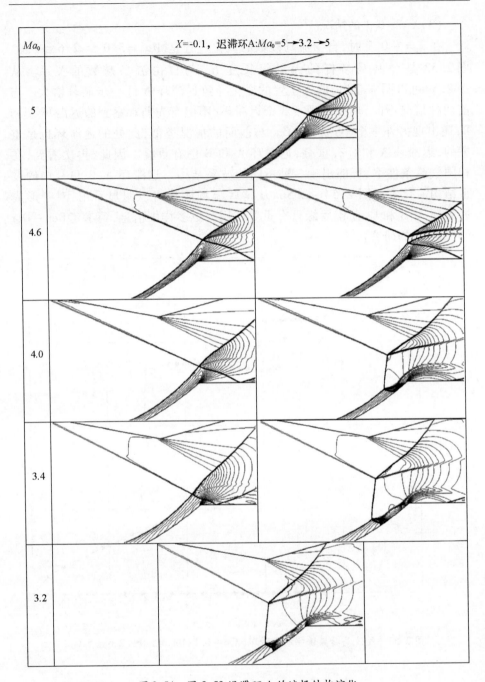

图 2.54　图 2.53 迟滞环 A 的流场结构演化

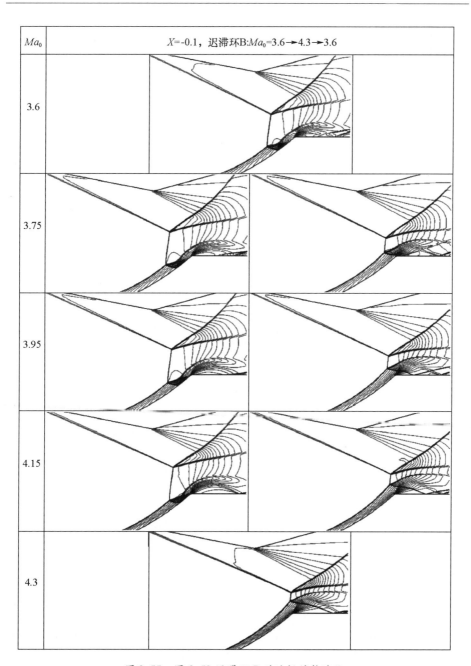

图 2.55　图 2.53 迟滞环 B 的流场结构演化

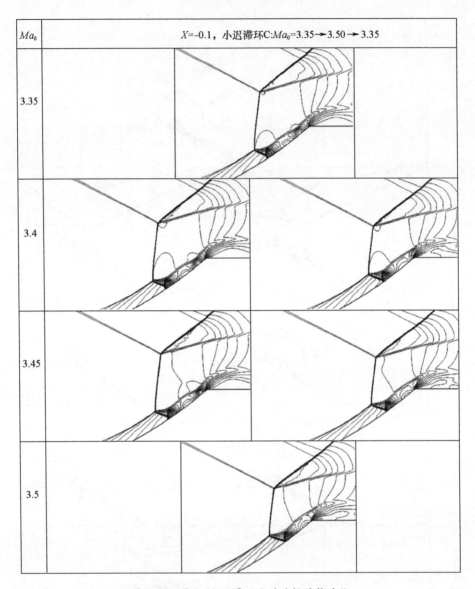

图 2.56　图 2.53 迟滞环 C 的流场结构演化

　　Ben–Dor 等(2003)的研究结果还表明,气流马赫数相同时,不同的波系结构造成锥面压力分布的显著差异。图 2.57 是 $Ma_0 = 3.45$ 的压力分布(迟滞环 A 和 C 重叠),在该马赫数条件下,存在 3 种不同的波系结构:oRR、短马赫杆的 oMR、较长马赫杆的 oMR(图 2.53)。

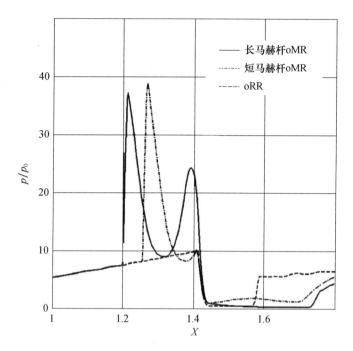

图 2.57 曲锥表面的压力分布

（图 2.53 的迟滞环 A 和 C，$Ma_0 = 3.45$，X 坐标 0 点位于曲锥顶点）

较长马赫杆 oMR 的压力分布（实线）有两个压力峰值，第一个峰值大约为环境压力的 37 倍时，第二个峰值大约为环境压力的 24 倍。参考图 2.56 所示的实际波系结构（$Ma_0 = 3.45$ 的左图），可以清楚地理解产生压力双峰的原因。oMR 下半部分的马赫反射结构在曲锥表面反射，产生第一个压力峰值；第二个压力峰值来自曲锥肩部附近的强压缩，可以看到，在曲锥表面上方的接触间断上形成了一个完整的"驼峰"。Ben - Dor 等（2001）研究了这种"驼峰"边缘处压力增加的问题。

短马赫杆 oMR 的压力分布（虚线）只有一个压力峰值，其压力几乎为环境压力的 40 倍。对比图 2.56（$Ma_0 = 3.45$ 的右图）的波系结构，可以理解导致压力峰值的原因，很显然与前面分析的原因相同。

oRR 结构（虚线）的压力分布是逐渐增加的，最大值仅为环境压力的 10 倍。

Ben - Dor 等（2003）的数值研究表明，当 oMR 结构的公共马赫杆足够长时，压力峰值都能达到环境压力的 40 ~ 50 倍。关于上述 3 种情况的迟滞环的波系结构、曲锥表面压力分布，更多细节可在 Ben - Dor 等（2003）的研究中找到。

3. 下游压力变化诱导的迟滞

在前面各节所研究的流场中,激波反射过程未受到下游影响。Henderson 和 Lozzi(1979)猜测,适当的下游边界条件可以促进或抑制 RR⇆MR 转换。Ben-Dor 等(1999)通过数值和分析方法,研究了下游压力(即反射楔尾部之后的尾迹压力)对激波反射结构的影响,发现了下游压力变化诱导的迟滞现象,进而证实了 Henderson 和 Lozzi(1979)的猜测,并由数值和解析两种方法,证明了规则反射结构和马赫反射结构与下游压力的关系。

图 2.58 是数值方法获得的下游压力变化诱导的迟滞现象,模拟的初始条件为 $Ma_0 = 4.96$, $\beta_1 = 29.5°$。获得结果的过程简介如下。

首先,求解获得 $p_W/p_0 = 10$ 的流场(p_W 为下游压力,即反射楔尾部之后的尾迹压力);然后,以 $p_W/p_0 = 10$ 的结果作为初始条件,求解 $p_W/p_0 = 12$ 的流场;重复这一过程,直到获得 $p_W/p_0 = 22$ 的流场。然后,使 p_W/p_0 减小,使用前一种情况的结果作为下一种情况的初始条件,直到再次获得 $p_W/p_0 = 10$ 的流场。

图 2.58 表明,在反射结构的演化过程中存在迟滞现象,RR → MR 转换发生在图 2.58(e) ~ (f),反向转换 MR →RR 发生在(l) ~ (m)。

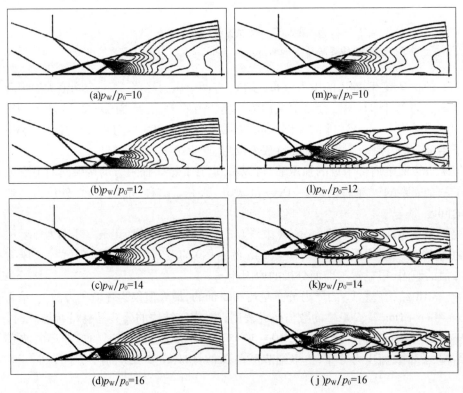

(a)$p_W/p_0=10$ (m)$p_W/p_0=10$

(b)$p_W/p_0=12$ (l)$p_W/p_0=12$

(c)$p_W/p_0=14$ (k)$p_W/p_0=14$

(d)$p_W/p_0=16$ (j)$p_W/p_0=16$

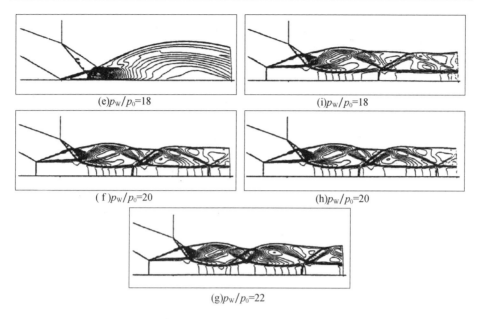

(e)p_W/p_0=18　　　　　(i)p_W/p_0=18

(f)p_W/p_0=20　　　　　(h)p_W/p_0=20

(g)p_W/p_0=22

图 2.58　数值模拟的下游压力诱导迟滞

图 2.59 用($H_m/L, p_W/p_0$)图绘制了下游压力变化诱导的迟滞环,其中 H_m 为马赫杆高度,L 为反射楔表面的长度。可以看到,RR→MR 转换发生在 p_W/p_0 = 19.63,反向的 MR →RR 转换发生在 p_W/p_0 = 10。这两个转换都与一个有限尺寸马赫杆的突然消失和出现有关。这些观察结果与 Henderson 和 Lozzi(1975)提出的"这些转换中应该存在力学平衡"的假设相矛盾。

4. 来流扰动对 RR⇆MR 转换的影响

在数值模拟和实验中,由于规则反射结构和马赫反射结构都是在双解区内观察到的,所以当扰动无穷小时,这些激波反射结构都是稳定的。然而,大振幅扰动可能会触发这两种反射结构之间的转换。实验设备都存在一定程度的扰动,不同设备产生的扰动在性质和程度上各不相同。因此提出一个问题,不同实验设备与数值方法获得的转换角度的差异,是否可以归因于各实验设备中存在不同的扰动,而数值计算中不存在扰动?

Vuillon 等(1995)采用数值方法,在反射点后面引入扰动(在几排网格的单元中,速度设置为零),研究了规则反射结构的稳定性。Ivanov 等(1996b)利用 DSMC 方法,通过类似的引入扰动的方法,即速度扰动,研究了反射点附近扰动的影响。这些研究发现,速度扰动确实可以促进规则反射向马赫反射的转变。

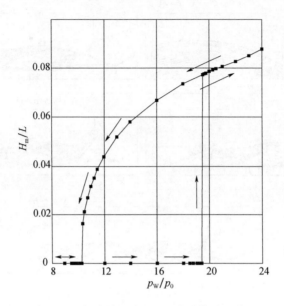

图 2.59　数值模拟的下游压力诱导的迟滞环

　　Ivanov 等分别采用 DSMC 方法(1996b 和 1998d)和欧拉程序(1998e),研究了更多自由流物理量的短时强扰动影响,包括上游边界处自由流速度的一个短时变化。计算表明,这种扰动确实影响了 RR⇄MR 转换。

　　图 2.60 是获得的 RR⇄MR 转换过程,扰动使上游边界处的自由流速度有 40% 的短时增加。图 2.60(a)是扰动与规则反射结构相互作用的早期阶段,随着设置的扰动对规则反射结构的干扰,规则反射结构被改变为马赫反射结构,参考图 2.60(d)。显然,马赫反射结构形成的原因是,在这种非稳态相互作用过程中,短时存在大入射角激波。

　　在 Ivanov 等(1996b 和 1998d)的 DSMC 计算中,还观察到脉冲式的自由流扰动(自由流速度的短时下降)引起的反向的 MR→RR 转换。计算结果表明,与 MR→RR 转换相比,短时扰动更容易在双解区的更大范围内促进 RR→MR 转换,为获得 MR→RR 转换必须施加更强的扰动。值得注意的是,研究发现,马赫杆高度仅取决于流动的几何结构,与获得马赫反射结构的方式无关。

　　Khotyanovsky 等(1999)用数值方法,在反射点附近的一个薄层中引入中等幅度的密度扰动,研究了自由流密度扰动的影响。与上面讨论的自由流速度扰动不同,这种形式的气流扰动有一个优点,扰动不影响整个流场,只是向下游传播,同时,接触面使扰动与未受扰气流隔开。这种方式的气流扰动,在双解区内可以使 RR→MR 和 MR→RR 转换都得到促进。

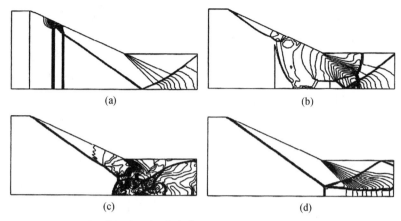

(a)

(b)

(c)

(d)

图 2.60　扰动诱导的 RR→MR 转换过程

图 2.61 是模拟获得的这种强制 RR⇆MR 转换过程,条件是 $Ma_0 = 4$、$\beta_1 = 36°$,位于双解区中。图 2.61(a)是受短时密度扰动时的稳定规则反射结构,扰动被设置在底部的 10 个网格中,使入流气流的密度降低 25%,即 $\Delta\rho/\rho_0 = -0.25$。结果促进了 RR→MR 转换,开始形成马赫反射结构,图 2.61(b)的流动结构对应流动扰动开始后无量纲时间为 $\tau = 2.4l_w/u_0$,此处 l_w 为反射楔迎风斜面的长度,u_0 是自由流速度。在该时刻后,扰动被"关闭",马赫杆得到维持并持续增长。最后,获得了一个稳定的马赫反射结构,参考图 2.61(c)。

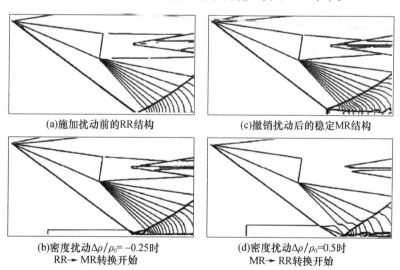

(a)施加扰动前的RR结构

(c)撤销扰动后的稳定MR结构

(b)密度扰动$\Delta\rho/\rho_0 = -0.25$时　RR→MR 转换开始

(d)密度扰动$\Delta\rho/\rho_0 = 0.5$时　MR→RR 转换开始

图 2.61　密度扰动促进的 RR⇆MR 转换

($Ma_0 = 4$,$\beta_1 = 36°$)

图 2.61(d)是施加一个密度增加 50% 的扰动获得的强制 MR→RR 转换。扰动设置在底部的 20 个网格中,即 $\Delta\rho/\rho_0 = 0.5$,这样设置扰动是为了使马赫反射结构的三波点位于扰动层内。由于扰动与三激波结构的相互作用,马赫杆高度开始减小,直至消失,图 2.61(d)的流动结构对应于扰动开始后无量纲时间为 $\tau = 10l_w/u_0$,这时扰动已经被关闭,扰动的尾巴位于反射点的上游。一旦扰动消失,规则反射结构就形成了。需要注意的是,完成 MR→RR 转换所需的时间远远大于完成 RR→MR 转换所需的时间。

两种激波结构之间"切换"的原因是入射激波在扰动区的折射,参考图 2.61(d),反射点附近的激波角发生了变化。如果扰动水平足够高,则扰动层中的折射激波角可能会大于脱体条件,或小于冯·诺依曼准则条件,所以必然要发生 RR→MR 转换或 MR→RR 转换。扰动被关闭后,已经形成的激波结构继续存在。

采用理论方法,评估了引起反射结构转换所需的扰动阈值,参考图 2.62。研究发现,与实现 MR→RR 转换相比,较小强度的扰动就可以促进 RR→MR 转换,从图 2.62 可以清楚地看出,MR→RR 转换线的斜率远大于 RR→MR 转换线的斜率。因此,要将马赫反射结构改变为规则反射结构(即实现 MR→RR 转换),所需的扰动水平非常高,对于某些入射角,其量级与自由流密度相当。此外,还有一个原因使得促进 RR→MR 转换比促进反向的 MR→RR 转换更容易实现。为了促进 RR→MR 转换,在反射点附近非常薄的区域内设置扰动就足够了,该薄层的厚度取决于网格分辨率,通常是几个网格单元,只要在扰动区内能够解出三波结构的形成就行了。促进 MR→RR 转换所需要的扰动,在空间和时间上都必须具有更大的尺度,如上所述,扰动的空间范围必须超过马赫杆的高度,扰动持续的时间必须足够长,在扰动结束之前,需要完成马赫杆高度逐渐降低直至消失的比较缓慢的全过程。

5. 在飞行动力学中的潜在应用

前面讲过,理论预测表明,在稳态流动的各种与激波相关的问题中,相同的流动条件下,可以存在多种激波结构,意味着可能导致迟滞过程。对这种分析预测获得的各类稳态激波反射过程的迟滞过程,进行了数值和实验验证。

由于所研究的几何结构与超声速进气道几何结构相似,因此有关迟滞环的发现可能对超声速和高超声速飞行性能有重要意义。对于超声速和高超声速飞行器的超声速和高超声速飞行条件,在设计进气道和飞行条件时,应考虑流型(流动结构),特别是压力分布,与当时条件之前的超声速和高超声速飞行速度变化历程之间的关系。

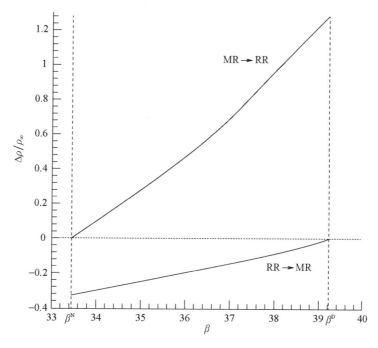

图 2.62 促进 RR → MR 转换和 MR → RR 转换的扰动阈值的理论评估

参考图 2.63,其中图 2.63(a)是图 2.52 的再现。迟滞环 A 和 B 的重叠现象表明,存在一个马赫数范围,其中可能存在 3 种不同的激波结构。例如,对于飞行马赫数 $Ma_f = 3.8$,可以获得具有长马赫杆的 oMR 波系结构,或者具有短马赫杆的 oMR 波系结构,或 oRR 波系结构。在图 2.63 中,将这 3 种波系结构分别标记为①、②和③。从长马赫杆 oMR 波系结构过渡到短马赫杆 oMR 波系结构的飞行马赫数标记为 Ma_{tr1},从 oMR 波系结构过渡到 oRR 波系结构的飞行马赫数标记为 Ma_{tr2}。

图 2.63(b)是超声速飞行器可能的飞行马赫数变化历程,其进气道几何结构与图 2.41 相同,曲锥前缘位于 $X = -0.2$ 处。在 $t = 0$ 时,飞行器开始加速,直到 $Ma_f = 3.8$,即图 2.63(b)的状态①;到达该速度后,超声速进气道中的激波结构将是一个具有长马赫杆的 oMR 结构。如果在这个阶段,飞行器加速到 $Ma_{tr1} < Ma_f < Ma_{tr2}$ 的速度范围,然后再回到 $Ma_f = 3.8$,则超声速进气道中的激波结构将转变为具有短马赫杆的 oMR 波系结构,即图 2.63(b)的状态②。如果飞行器从 $Ma_f = 3.8$ 加速到 $Ma_f > Ma_{tr2}$ 的速度范围,然后返回到 $Ma_f = 3.8$,超声速进气道中的激波结构将变为 oRR 波系结构,即图 2.63(b)的状态③。所以,在不同的

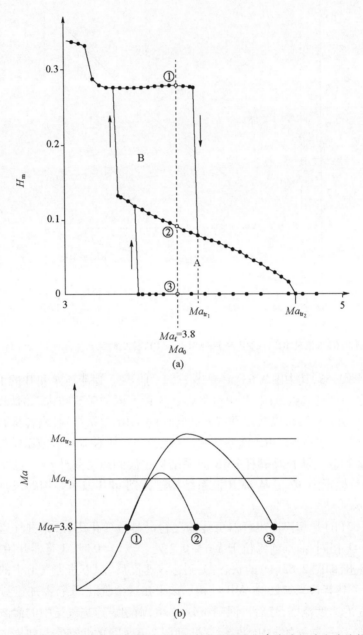

图 2.63   超声速飞行器在相同条件飞行可能产生不同的超声速进气道波系结构示意图

飞行马赫数变化轨迹上,在完全相同的超声速飞行速度下,即 $Ma_f = 3.8$,超声速进气道中可以获得三种不同的激波系结构。前面讲到,参考图 2.57,这些不同的波系结构将产生不同的压力分布,相应地导致气流不同的动力学特性和热力学特性。

参考文献

[1] Azevedo,D. J. & 2 Liu,C. S. ,"Engineering approach to the prediction of shock patterns in bounded high – speed flows",AIAA J. ,31(1),83 – 90,1993.

[2] Ben – Dor,G. ,Shock Wave Reflection Phenomena,Springer – Verlag,New York,NY,USA,1991.

[3] Ben – Dor,G. ,Elperin,T. & Golshtein,E. ,"Monte Carlo analysis of the hysteresis phenomenon in steady shock wave reflections",AIAA J. ,35(11),1777 – 1779,1997.

[4] Ben – Dor,G. ,Elperin,T. ,Li,H. & Vasiliev,E. I. ,"The influence of downstream pressure on the shock wave reflection phenomenon in steady flows",J. Fluid Mech. ,386,213 – 232,1999.

[5] Ben – Dor,G. ,Elperin,T. & Vasilev,E. I. , "Flow – Mach – number – induced hysteresis phenomena in the interaction of conical shock waves – A numerical investigation",J. Fluid Mech. ,496,335 – 354,2003.

[6] Ben – Dor,G. ,Elperin,T. & Vasilev,E. I. ,"Shock wave induced extremely high oscillating pressure peaks", Materials Sci. Forum,465 – 466,123 – 130,2004.

[7] Ben – Dor,G. & Takayama,K. ,"The phenomena of shock wave reflection – A review of unsolved problems and future research needs",Shock Waves,2(4),211 – 223,1992.

[8] Ben – Dor,G. ,Vasiliev,E. I. ,Elperin,T. & Chpoun,A. ,"Hysteresis phenomena in the interaction process of conical shock waves:Experimental and numerical investigations",J. Fluid Mech. ,448,147 – 174,2001.

[9] Burstchell,Y. ,Zeitoun,D. E. ,Chpoun,A. & Ben – Dor,G. ,"Conical shock interactions in steady flows:Numerical study",23rd Int. Symp. Shock Waves,Fort Worth,Texas,U. S. A,2001.

[10] Chpoun,A. & Ben – Dor,G. ,Numerical confirmation of the hysteresis phenomenon in the regular to the Mach reflection transition in steady flows",Shock Waves,5(4),199 – 204,1995.

[11] Chpoun,A. ,Chauveux,F. ,Zombas,L. & Ben – Dor,G. ,"Interaction d'onde de choc coniques de familles opposees en ecoulement hypersonique stationnaire",Mecanique des Fluides/Fluid Mechanics,C. R. Acad Sci Paris,327(1),85 – 90,1999.

[12] Chpoun,A. & Lengrand,J. C. ,"Confermation experimentale d'un phenomene d'hysteresis lors de l'interaction de deux chocs obliques de familles differentes",C. R. Acad. Sci. Paris,304,1,1997.

[13] Chpoun,A. ,Passerel,D. ,Lengrand,J. C. ,Li,H. & Ben – Dor,G. ,"Mise en evidence experimentale et numerique d'un phenomene d'hysteresis lors de la transition reflexion de Mach – reflexion reguliere", C. R. Acad. Sci. Paris,319(II),1447 – 1453,1994.

[14] Chpoun,A. ,Passerel,D. ,Li,H. & Ben – Dor,G. ,"Reconsideration of oblique shock wave reflection in steady flows. Part 1. Experimental investigation",J. Fluid Mech. ,301,19 – 35,1995.

[15] Courant,R. & Friedrichs,K. O. ,Hypersonic Flow and Shock Waves,Willey Interscience,New York,NY, USA,1959.

[16] Emanuel,G. ,Gasdynamics:Theory and Applications,AIAA Education Series,AIAA Inc. ,New York, U. S. A. ,1986.

[17] Fomin, V. M. , Hornung, H. G. , Ivanov, M. S. , Kharitonov, A. M. , Klemenkov, G. P. , Kudryavtsev, A. N. & Pavlov, A. A. , "The study of transition between regular and Mach reflection of shock waves in different wind tunnels", in Proc. 12th Int. Mach Reflection Symp, Ed. B. Skews, Pilanesberg, South Africa, 137 - 151,1996.

[18] Henderson, L. F. , "The reflection of a shock wave at a rigid wall in the presence of a boundary layer", J. Fluid Mech. ,30 ,699 - 722 ,1967.

[19] Henderson, L. F. , "On the refraction of shock waves", J. Fluid Mech. ,198 ,365 - 386 ,1989.

[20] Henderson, L. F. & Lozzi, A. , "Experiments of transition to Mach reflection", J. Fluid Mech. ,68 ,139 - 155 ,1975.

[21] Henderson, L. F. & Lozzi, A. , "Further experiments of transition to Mach reflection", J. Fluid Mech. ,94, 541 - 560 ,1979.

[22] Hornung, H. G. , Oertel, H. Jr. & Sandeman, R. J. , "Transition to Mach reflection of shock waves in steady and pseudo - steady flow with and without relaxation", J. Fluid Mech. ,90 ,541 - 560 ,1979.

[23] Hornung, H. G. & Robinson, M. L. , "Transition from regular to Mach reflection of shock waves. Part 2. The Steady - Flow Criterion", J. Fluid Mech. ,123 ,155 - 164 ,1982.

[24] Ivanov, M. S. , Ben - Dor, G. , Elperin, T. , Kudryavtsev, A. N. , Khotyanovsky & D. V. , "Mach - number - variation - induced hysteresis in steady flow shock wave reflections", AIAA J. ,39(5) ,972 - 974 ,2001.

[25] Ivanov, M. S. , Ben - Dor, G. , Elperin, T. , Kudryavtsev, A. N. & Khotyanovsky, D. V. , "The reflection of asymmetric shock waves in steady flows: A numerical investigation", J. Fluid Mech. ,469 ,71 - 87 ,2002.

[26] Ivanov, M. S. , Gimelshein, S. F. & Beylich, A. E. , "Hysteresis effect in stationary reflection of shock waves", Phys. Fluids ,7 , No. 4 ,685 - 687 ,1995.

[27] Ivanov, M. S. , Gimelshein, S. F. , Kudryavtsev, A. N. & Markelov, G. N. , "Transition from regular to Mach reflection in two - and three - dimensional flows", in Proc. 21st Int Symp Shock Waves, Eds. A. F. P. Houwing, A. Paull, R. R. Boyce, R. R. Xanehy, M. Hannemann, J. J. Kurtz, T. J. MxIntyre, S. J. McMahon, D. J. Mee, R. J. Sandeman & H. Tanno , Panther Publ. , Fyshwick , Australia , II ,813 - 818 ,1998e.

[28] Ivanov, M. S. , Gimelshein, S. F. & Markelov, G. N. , "Statistical simulation of the transition between regular and Mach reflection in steady flows", Computers & Math. with Appl. ,35(1/2) ,113 - 125 ,1998d.

[29] Ivanov, M. S. , Gimelshein, S. F. , Markelov, G. N. & Beylich, A. E. , "Numerical investigation of shock - wave reflection problems in steady flows", in Proc. 20th Int. Symp. Shock Waves, Eds. B. Sturtevant, J. E. Shepherd & H. G. Hornung , World Scientific Pupl. ,1 ,471 - 476 ,1996b.

[30] Ivanov, M. S. , Kharitonov, A. M. , Klemenkov, G. P. , Kudryavtsev, A. N. , Nikiforov, S. B. & Fomin, V. M. , "Influence of test model aspect ratio in experiments on the RR _ MR transition", in Proc. 13th Int. Mach Reflection Symp Ed. G. Ben - Dor, Beer - Sheva, Israel ,3 ,1998a.

[31] Ivanov, M. S. , Klemenkov, G. P. , Kudryavtsev, A. N. , Nikiforov, S. B. , Pavlov, A. A. , Fomin, V. M. , Kharitonov, A. M. , Khotyanovsky, D. V. &, Hornung, H. G. , "Experimental and numerical study of the transition between regular and Mach reflections of shock waves in steady flows", in Proc. 21st Int. Symp. Shock Waves, Eds. A. F. P. Houwing, A. Paull, R. R. Boyce, R. R. Xanehy, M. Hannemann, J. J. Kurtz, T. J. MxIntyre, S. J. McMahon, D. J. Mee, R. J. Sandeman, & H. Tanno, Panther Publ. , Fyshwick, Australia, II, 819 - 824 ,1998b.

[32] Ivanov, M. S. , Markelov, G. N. , Kudryavtsev, A. N. & Gimelshein, S. F. , "Numerical analysis of shock wave

reflection transition in steady flows", AIAA J. ,36(11) ,2079 – 2086 ,1998c.

[33] Ivanov, M. , Zeitoun, D. , Vuillon, J. , Gimelshein, S. & Markelov, G. N. , "Investigation of the hysteresis phe-
nomena in steady shock reflection using kinetic and continuum methods", Shock Waves, 5 (6) , 341 –
346 ,1996a.

[34] Khotyanovsky, D. V. , Kudryavtsev, A. N. & Ivanov, M. S. , "Numerical study of transition between steady reg-
ular and Mach reflection caused by freestream perturbations", in Proc. 22nd Int. Symp. Shock Waves,
Eds. G. J. Ball, R. Hillier & G. T. Roberts, University of Southampton, 2 , 1261 – 1266 , 1999.

[35] Kudryavtsev, A. N. , Khotyanovsky, D. V. , Markelov, G. N. & Ivanov, M. S. , "Numerical simulation of reflec-
tion of shock waves generated by finitewidth wedge", in Proc. 22nd Int. Symp. Shock Waves, Eds. G. J. Ball,
R. Hillier & G. T. Roberts, University of Southampton, 2 , 1185 – 1190 , 1999.

[36] Landau, L. D. & Lifshitz, E. M. , Fluid Mechanics, Pergamon, 1987.

[37] Li, H. & Ben – Dor, G. , "Application of the principle of minimum entropy production to shock wave reflec-
tions. I. Steady flows", J. Appl. Phys. , 80(4) , 2027 – 2037 , 1996.

[38] Li, H. & Ben – Dor, G. , "Oblique – shock/expansion – fan interaction: Analytical solution", AIAA J. , 34,
No. 2 , 418 – 421 , 1996.

[39] Li, H. & Ben – Dor, G. , "A parametric study of Mach reflection in steady flows", J. Fluid Mech. , 341 , 101 –
125 , 1997.

[40] Li, H. , Chpoun, A. & Ben – Dor, G. , "Analytical and experimental investigations of the reflection of asym-
metric shock waves in steady flows", J. Fluid Mech. , 390 , 25 – 43 , 1999.

[41] Liepmann, H. W. & Roshko, A. , 1957, Elements of Gasdynamics, John Wiley & Sons, Inc.

[42] Molder, S. , "Reflection of curved shock waves in steady supersonic flow", CASI Trans. , 4 , 73 – 80 , 1971.

[43] Molder, S. , "Particular conditions for the termination of regular reflection of shock waves", CASI Trans. , 25,
44 – 49 , 1979.

[44] Onofri, M. & Nasuti, F. , "Theoretical considerations on shock reflections and their implications on the evalu-
ations of air intake performance", in Proc. 22nd Int. Symp. Shock Waves, Eds. G. J. Ball, R. Hillier &
G. T. Roberts, Univ. Southampton, 2 , 1285 – 1290 , 1999.

[45] Pant, J. C. , "Reflection of a curved shock from a straight rigid boundary", Phys. Fluids, 14 , 534 –
538 , 1971.

[46] Shapiro, A. H. , The Dynamics and Thermodynamics of Compressible Fluid Flow, II, The Ronald Press Co. ,
New York, N. Y. , U. S. A. , 1953.

[47] Shirozu, T. & Nishida, M. , "Numerical studies of oblique shock reflection in steady two – dimensional
flows", Memoirs Faculty Eng. Kyushu Univ. , 55 , 193 – 204 , 1995.

[48] Skews, B. W. , "Aspect ratio effects in wind tunnel studies of shock wave reflection transition", Shock Wave,
7 , 373 – 383 , 1997.

[49] Skews, B. W. , "Oblique shadowgraph study of shock wave reflection between two wedges in supersonic
flow", in Proc. 13th Int. Mach Reflection Symp. , Ed. G. Ben – Dor, Beer – Sheva, Israel, p. 3 , 1998.

[50] Skews, B. W. , "Three dimensional effects in wind tunnel studies of shock wave reflection", J. Fluid Mech. ,
407 , 85 – 104 , 2000.

[51] Skews, B. W. , Vukovic, S. & Draxl, M. , "Three – dimensional effects in steady flow wave reflection transi-
tion", in Proc. 12th Int. Mach Reflection Symp. , Ed. B. Skews, Pilanesberg, South Africa, 152 – 162 , 1996.

[52]Sternberg,J. ,1959"Triple shock – wave intersections",Phys. Fluids,2(2),178 –206.

[53]Takayama,K. & Ben – Dor,G. ,"The inverse Mach reflection",AIAA J. ,23(12),1853 – 1859,1985.

[54]Teshukov,V. M. ,"On stability of regular reflection of shock waves",Prilk. Mekhanika i Techn. Fizika,2,26 – 33,1989,(in Russian). (Translated to English in Appl. Mech. & Tech. Phys.).

[55]Vuillon, J. , Zeitoun, D. & Ben – Dor, G. , "Reconsideration of oblique shock wave reflection in steady flows. Part 2. Numerical investigation",J. Fluid Mech. ,301,37 –50,1995.

第3章 准稳态流动中的激波反射

当研究一个实验室参照系中以恒定速度传播的激波时,将参考系转换为固定于该运动激波的坐标系,就可以用稳态流概念和理论来研究该运动激波的有关问题。在这种参考系中,激波是稳态的,整个流场则是准稳态的。上述坐标系的变换称为伽利略变换,如图3.1所示。在图3.1(a)中,速度为V_S的等速激波从左向右,向着速度为V_i的气流运动,并在其后诱导出气流速度V_j。在固定于运动激波上的参照系中,各区域内气流的速度如图3.1(b)所示,状态(i)中的气流以速度$u_i = V_S - V_i$朝着静止激波运动,通过激波后,气流速度降低到$u_j = V_S - V_j$。图3.1(b)所示的速度场,实际上是在图3.1(a)所示的速度场上叠加一个与激波速度相等,但方向相反的速度而得到的。图3.1(b)的流场是准稳态的,因此可以用稳态流动理论来处理。

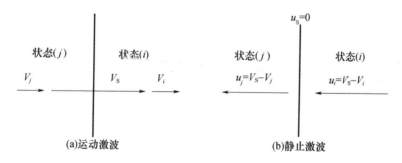

图3.1 伽利略坐标变换示意图

在激波管实验中,对规则反射、单马赫反射、过渡马赫反射和双马赫反射波系结构的实验观测表明,大体上,在这些波系结构上的任何一点,都有一个以反射楔前缘为原点的半径向量r,这些向量r上的点可以被转换到向量Cr上,变成Cr上新的点,其中C是标量常数。这一观测意味着,x、y可以相对于任何点作为原点进行度量,而这个原点可以是以恒定速度相对于反射楔运动的;这样变换后,反射现象不是由x、y和t三个自变量描述,而是用x/t、y/t两个变量来描述。换句话说,这种流动是自相似的,因此,可以将其视为准稳态的。关于这个问题的更多情况,可以参考Jones等(1995)的研究。过去曾有人对这些观测结果的准确性提出过一些疑问,后面的有关章节会讨论这些疑问。

在准稳态流动中分析研究激波反射现象,比在稳态流动中更为困难,原因如下:

(1)在稳态流动中,激波反射过程与任何其他过程无关;但在准稳态流动中,激波反射过程与绕反射楔流动的气流偏转过程相耦合,参考 3.2.2 节。

(2)在稳态流动中,三激波理论,即式(1.14)~式(1.27),足以计算各激波反射结构之间的转换边界,并将结果表达在(Ma_0,ϕ_1)图上,参考图 2.5;但在准稳态流动中,需要分析预测第一个三波点的轨迹角χ,以便将分析结果从(Ma_s,θ_w^c)图的形式(图 1.25)转变为更有物理意义、更实用的(Ma_s,θ_w)图的形式,而(Ma_s,θ_w^c)图与(Ma_0,ϕ_1)图类似,因为$Ma_s=Ma_0\sin\phi_1$,$\theta_w^c=90°-\phi_1$。为了给出这个图的结果,三激波理论的方程需要与χ的表达式一起求解,χ的表达式参考式(3.23)。

(3)在稳态流动中,不规则反射只能是马赫反射一种结构;但在准稳态流动中,不规则反射包括更多类型的激波反射结构。

3.1 "旧"知识

1991 出版的本书第 1 版,总结了当时的知识状态。1995 年,Li 和 Ben – Dor 在一项研究中,引入了另一种分析方法研究准稳态流动中的激波反射现象,这项工作也是编写第 2 版的原因之一。为方便读者理解,本节先总结一下在第 1 版中发表过的激波反射结构的类型、各型反射结构之间的转换准则,本书称之为"旧"知识,而产生于 Li 和 Ben – Dor(1995)之后的研究称为"新"知识。

在激波管内,一道平面入射激波匀速运动,当遇到一个尖前缘平面压缩楔时,激波会在楔面上发生反射。根据不同的入射激波马赫数Ma_s和反射楔角θ_w条件,可以得到不同的反射波系结构。由于激波以恒定速度在直楔上运动,所以反射过程是准稳态的。

3.1.1 反射结构

概括地讲,激波反射结构可以是规则反射或不规则反射。不规则反射可以是冯·诺依曼反射或马赫反射。

马赫反射可以是以下 3 种类型之一:

(1)直接马赫反射,其三波点的运动是远离反射楔面的;

(2)固定马赫反射,其三波点的运动轨迹是平行于反射楔面运动的;

（3）反向马赫反射,其三波点是朝着反射楔面运动的。

当反向马赫反射的三波点落在反射楔面上时,反向马赫反射终止,同时产生一个过渡规则反射结构。在准稳态流动中,所产生的马赫反射永远是直接马赫反射结构。

直接马赫反射结构可以进一步分为三种不同的类型,即单马赫反射、过渡马赫反射、双马赫反射。

依据第一个三波点的轨迹角是否大于第二三波点的轨迹角,双马赫反射可以进一步分为两种不同的类型,即正双马赫反射和负双马赫反射。

可能还有另一种双马赫反射结构,其第二三波点刚好位于反射楔表面上,即终结双马赫反射结构,被认为也是一种可能存在的双马赫反射结构。

图 3.2 是上述各类激波反射结构的关系树,图 3.3 是上述各类激波反射结构的波系结构示意图。图 3.2 中采用了灰色背景的各类反射结构,是准稳态实验中实际观测到的激波反射结构。

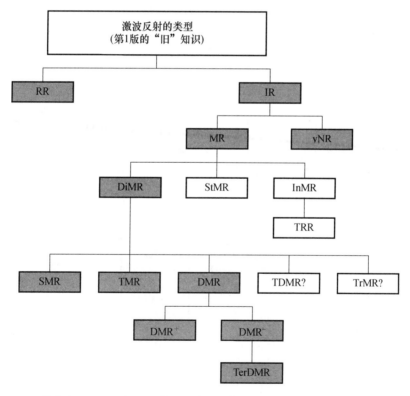

图 3.2　Ben-Dor(1991)第 1 版总结的各类激波反射结构的关系树
（灰色底色,表示准稳态实验观测到的反射类型）

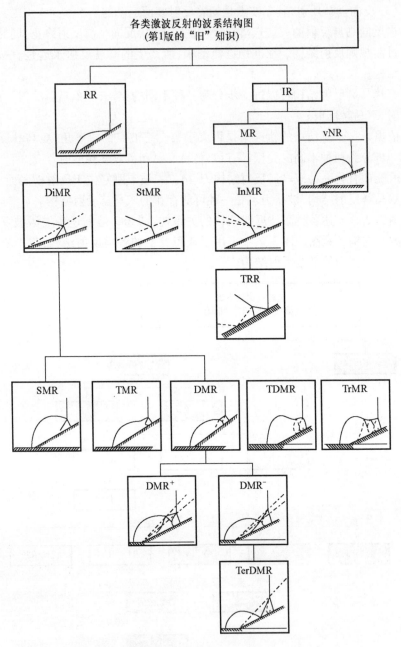

图 3.3 各类激波反射的波系结构图(对应图 3.2)

此外,Ben-Dor 和 Takayama(1986/7)还推断,在某些情况下,在准稳态流动中可能出现另外两种反射结构,即过渡双马赫反射(TDMR)和三马赫反射(TrMR)。过渡双马赫反射结构中,在第二个马赫杆上出现拐点,或在第二个马赫杆上出现曲率反向。

正如第 1 章所述,规则反射和单马赫反射是由 Mach(1878)最先观测到的,过渡马赫反射是由 Smith(1945)最先报道的,双马赫反射由 White(1951)发现并最先报道,直接马赫反射、固定马赫反射和反向马赫反射由 Courant 和 Friedrichs(1948)最先报告。尽管,Ben-Dor(1981)最先提出了正双马赫反射和负双马赫反射存在的可能性,但却是由 Lee 和 Glass(1984)命名的;终结双马赫反射由 Lee 和 Glass(1984)首先报告;冯·诺依曼反射首先由 Colella 和 Henderson(1990)提出。

3.1.2 转换准则

等速平面激波在平直表面上反射产生多种反射结构,这些不同类型反射结构之间的转换准则,有一些已被广泛接受,本书第 1 版 2.3 节,以及 Ben-Dor 与 Takayama(1992)的论文都对这些转换准则做了总结。

关于准稳态规则反射,参考图 3.4(a)、图 3.4(b),在所提议的规则反射结构终止的各种准则中,Hornung 等(1979)的长度尺度准则与准稳态实验数据最相符。该准则的预测表明,在固定于规则反射结构反射点 R(图 3.4(a))的坐标系中,当准稳态规则反射结构的反射点 R 后的流动变成声速时,规则反射终止。即规则反射与不规则反射之间的转换(即 RR $\leftrightarrows$ IR 转换,IR 包括马赫反射和冯·诺依曼反射)条件为

$$Ma_2^R = 1 \tag{3.1}$$

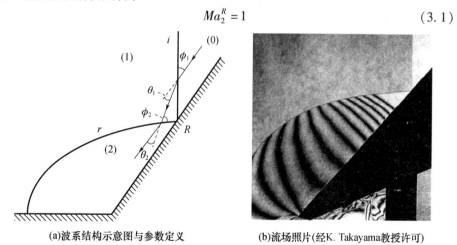

(a)波系结构示意图与参数定义   (b)流场照片(经K. Takayama教授许可)

图 3.4 准稳态规则反射结构

其中,Ma_2^R 为规则反射结构中反射激波后状态(2)的气流相对于反射点 R 的马赫数。只要反射点 R 后的流动是超声速的($Ma_2^R > 1$),拐角产生的信号(扰动)就无法追上反射点 R,即无法与反射点进行某个物理长度范围内的信息交流,因而不可能形成不规则反射结构。不规则反射结构的典型特征就是有限长度的激波(马赫杆),为维持有限长度激波的存在,需要在反射点处存在一个物理长度。图 3.4 提供了一个明显的证据,反射激波在反射点附近有一个直线段,对照图 3.4(b),可以看到产生于拐角的信号(扰动)赶上反射激波的点,反射激波下游的均匀亮区是超声速区,这个超声速区将反射点与拐角处产生的信号隔离开。

一旦拐角处产生的信号追上反射点 R,这些信号与反射点在某个物理长度范围产生交流,就有可能形成以有限长度激波(即马赫杆)为特征的不规则反射结构,事实证明符合这个条件就能够形成不规则反射结构。不规则反射可以是马赫反射(图 3.5),也可以是冯·诺依曼反射(图 3.6),取决于入射激波 i 后状态(1)的气流方向与反射激波 r 之间的夹角 ϕ_2。在马赫反射结构中(图 3.5),3个激波和一个接触间断(通常指滑移线)相交于一点,即三波点 T。只要 $\phi_2 <$ 90° 就形成马赫反射,因此,MR⇄vNR 转换的条件为

$$\phi_2 = 90° \tag{3.2a}$$

当 $\phi_2 = 90°$ 时,即当状态(1)的气流方向垂直于反射激波 r 时,气流通过该反射激波不会发生偏转。因为,反射激波 r 后的流动必须平行于滑移线 s,式(3.2a)给出的条件显然也可以表示为

$$\omega_{rs} = 90° \tag{3.2b}$$

其中,ω_{rs} 为反射激波 r 和滑移线 s 之间的夹角。

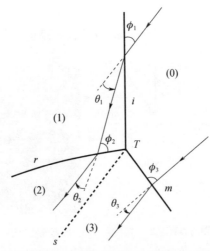

图 3.5　马赫反射中的三激波的交汇结构示意图与参数定义

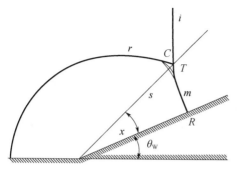

(a)波系结构示意图及参数定义　　　　(b)流场照片(经K. Takayama教授许可)

图 3.6　准稳态冯·诺依曼反射结构

在马赫反射结构的三波点处,马赫杆相对于入射激波的方向发生明显、急剧的变化,参考图 3.5、图 3.7 ~ 图 3.9。但在冯·诺依曼反射中,参考图 3.6 可以看到,马赫杆与入射激波平滑地融合在一起。此外,在马赫反射中,反射激波是一道清晰的激波;但在冯·诺依曼反射中,反射出的是一束压缩波。

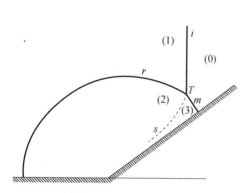

(a)波系结构示意图及参数定义　　　　(b)流场照片(经K. Takayama教授许可)

图 3.7　准稳态单马赫反射

一旦满足产生马赫反射的条件,即 $\phi_2 < 90°$,在马赫反射结构中,反射激波 r 后状态(2)的气流相对于三波点 T 的马赫数 Ma_2^T 就成为决定特定马赫反射类型的主要参数。

只要 $Ma_2^T < 1$,马赫反射结构就是只有一道反射激波的典型的单马赫反射,参考图 3.7,其中,整个反射激波都是弯曲的。这意味着,为了形成某曲率半径,存在一个通讯所需的物理长度,(从角点发出的扰动)通过状态(2)(跨越这段物

理长度),一直传递到三波点 T,而弯曲的反射激波就是从 T 点发出的。气体动力学的知识揭示,只有当 $Ma_2^T < 1$ 时,这个传递路径才是可能的。

当状态(2)中的气流速度相对于三波点 T 变为超声速($Ma_2^T > 1$)时(图 3.7),上述通讯路径被超声速流动区域所阻挡,进而在反射激波上发展出一段直线段激波,该直线段激波终止于一个拐点 K,参考图 3.8,该拐点即拐角扰动追赶到反射激波的那个点。从图 3.8(a)判断,拐点 K 不是一个急剧的间断,而是反射激波的曲率由此点开始反向。因此,单马赫反射结构终止、产生过渡马赫反射结构(图 3.8)的条件为

$$Ma_2^T = 1 \tag{3.3}$$

Shirouzu 和 Glass(1986)基于实验证据(图 3.33),提出了 SMR⇆TMR 转换的一个附加必要条件(但不是充分条件),这个附加条件使基于式(3.3)的转换线发生少许移动。他们的实验表明,在单马赫反射结构中 $\omega_{ir} \leqslant 90°$($\omega_{ir}$ 为入射激波 i 和反射激波 r 之间的夹角)。目前,对于这个实验事实,尚无理论解释。

马赫反射结构一旦在反射激波上形成拐点 K,在反射激波 r 后的状态(2)中,气流相对于拐点 K 的马赫数,即 Ma_2^K(图 3.8),就成为决定反射结构是保持过渡马赫反射结构还是转变为双马赫反射结构的重要参数。只要 $Ma_2^K < 1$,就保持过渡马赫反射结构,其典型特征是由拐点及其附近生成一束压缩波。当反射激波后状态(2)中的气流相对于拐点 K 的马赫数变为超声速,即 $Ma_2^K > 1$,压缩波束就汇聚成一道激波,拐点 K 尖化,成为第二个三波点 T',这时就形成了双马赫反射结构,参考图 3.9。所以,过渡马赫反射结构与双马赫反射结构相互转变(TMR⇆DMR 转变)的条件为

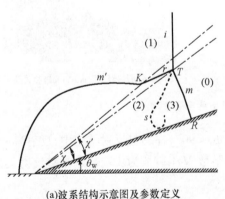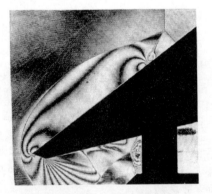

(a)波系结构示意图及参数定义　　(b)流场照片(经K. Takayama教授许可)

图 3.8　准稳态过渡马赫反射

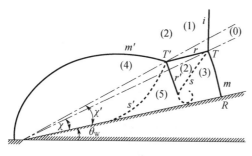 

(a)波系结构示意图及参数定义　　　(b)流场照片(经K. Takayama教授许可)

(因$\chi'>\chi$, 所以DMR是正双马赫反射)

图 3.9　准稳态双马赫反射

$$Ma_2^K = Ma_2^{T'} = 1 \qquad\qquad (3.4)$$

根据上面的表述,这时,过渡马赫反射结构中的拐点 K 和双马赫反射结构的第二个三波点 T' 实际上是同一点。但后面会讲到,根据"新"知识,这两点是不同的!

根据上述理解的 SMR→ TMR →DMR 转换原因的逻辑,Ben − Dor(1978) 提出一个假设,参考图 3.9,如果第二个马赫杆 m' 后状态(4)中的气流相对于第二个三波点变为超声速(即 $Ma_4^T > 1$),就会在反射激波上出现第二个拐点 K'(在此出现第二个曲率反转现象),因此双马赫反射将终止,取而代之的是过渡双马赫反射。过渡双马赫反射也是双马赫反射,在其马赫杆 m' 上有一个拐点 K'。应用上述逻辑,可以进一步推论,如果第二马赫杆 m' 后的流动相对于新拐点变成超声速(即,如果 $Ma_4^K > 1$),那么这个新拐点 K' 可能会变成第三个三波点 T'',这时就是三马赫反射结构。图 3.10 描述的就是推测的上述两个反射结构。如果将上述逻辑进一步扩展下去,可以提出更多的波系结构假设。

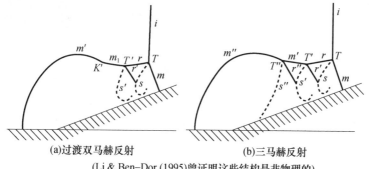

(a)过渡双马赫反射　　　　　　(b)三马赫反射

(Li & Ben-Dor (1995)曾证明这些结构是非物理的)

图 3.10　假设的两种激波反射结构示意图及参数定义

一旦形成双马赫反射结构,根据第一三波点轨迹角χ是否大于第二三波点的轨迹角χ',可以将这种反射结构进一步划分为两种结构,当$\chi > \chi'$时称为正双马赫反射,当$\chi < \chi'$时称为负双马赫反射,参考图3.11。DMR$^+$ ⇆ DMR$^-$的转换准则为

$$\chi = \chi' \tag{3.5}$$

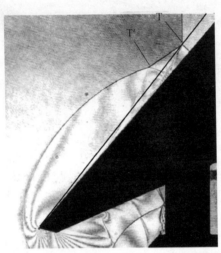

(a)正双马赫反射

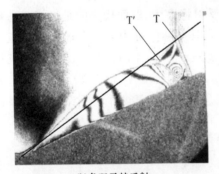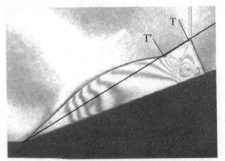

(b)负双马赫反射　　　　　(c)中间状态的双马赫反射(DMR^0)

图3.11　几种双马赫反射的流动结构照片

Lee和Glass(1984)提供了一张照片,展示了双马赫反射结构的第二三波点刚好擦过反射楔面的情况。他们把这种波系结构称为终结双马赫反射,参考图3.12。这种波系结构存在的条件很简单,则

$$\chi' = 0 \tag{3.6}$$

为方便读者,图3.13以关系树的方式归纳了上述所有转换准则。

120

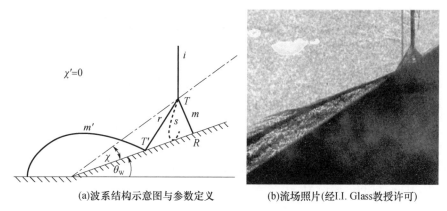

(a)波系结构示意图与参数定义　　　　(b)流场照片(经I.I. Glass教授许可)

(根据气体动力学知识,终结双马赫反射是不可能出现的)

图 3.12　准稳态终结双马赫反射

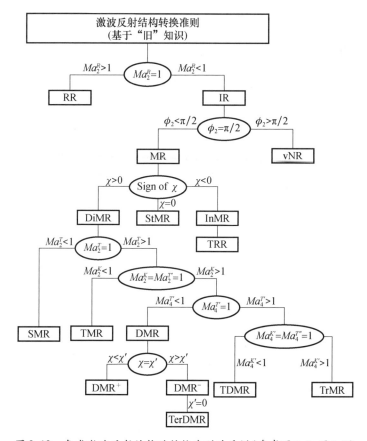

图 3.13　各类激波反射结构的转换准则关系树(参考图 3.2、图 3.3)

3.1.3 第二三波点轨迹与对"旧"知识的评论

结合上述转换准则,求解两激波理论和三激波理论(1.3.1节和1.3.2节),在(Ma_S, θ_W)图上,得到上述各主要激波反射结构(即规则反射、单马赫反射、过渡马赫反射和双马赫反射)的转换边界和所在区域。计算$TMR \leftrightarrows DMR$转换线时,式(3.4)需要将第一三波点T为原点的坐标系变换为第二三波点T'为原点的坐标系,该坐标系变换借助于Law – Glass假设完成,详见Law与Glass(1971)和Ben – Dor(1991)的研究。通过该假设可以计算出两个三波点之间的相对速度$V_{T'}^T$。Law – Glass假设为

$$V_{T'}^T = V_K^T = \frac{\rho_0}{\rho_1} V_S \text{cosec}(\phi_1 + \phi_2 - \theta_1) \tag{3.7}$$

式中:ρ为密度;V_S为入射激波速度;ϕ和θ分别为入射角和反射角。注意,上述计算拐点K位置的变换仅基于反射过程,完全忽略了气流绕过反射楔前缘时的偏转过程导致的角点信号。当"新"知识出现时,本评述的重要性将变得更加清楚。

基于上述Law – Glass假设,下面推导拐点K轨迹角χ_K或第二三波点T'轨迹角χ'的表达式。参考图3.18的参数定义,拐点K和三波点T之间的水平距离为

$$L_K = L_{T'} = L - Ma_1^L a_1 \Delta t \tag{3.8}$$

其中,Ma_1^L为实验室参考系中的入射激波诱导的流动马赫数。类似地,三波点移动的水平距离L可由下式获得

$$L = u_S^L \Delta t = Ma_S a_0 \Delta t \tag{3.9}$$

其中,u_S^L为实验室参考系中的入射激波速度。Δt是从入射激波越过反射楔前缘的时刻开始测量的时间。用式(3.8)除以式(3.9)得

$$\frac{L_K}{L} = \frac{L_{T'}}{L} = 1 - \frac{Ma_1^L a_1}{Ma_S a_0} \tag{3.10}$$

其中

$$\frac{a_1}{a_0} = \frac{\left[2\gamma Ma_S^2 - (\gamma - 1)\right]^{\frac{1}{2}} \left[(\gamma - 1)Ma_S^2 + 2\right]^{\frac{1}{2}}}{(\gamma + 1)Ma_S} \tag{3.11}$$

根据式(3.8),拐点的轨迹角为

$$\chi' = \chi_K = \arctan\left\{\frac{Ma_S a_0\left[\tan(\theta_W + \chi) + \cot \omega_{ir}\right] - Ma_1 a_1 \cot \omega_{ir}}{Ma_1 a_1}\right\} - \theta_W$$

$$\tag{3.12}$$

关于第一三波点轨迹角χ和第二三波点轨迹角χ'的研究情况,本书第1版(Ben – Dor,1991)用了整个2.2节,专门讨论这些角度的问题。尽管,根据"新"

知识,结论与式(3.12)相反,$\chi_K \neq \chi'$,这些角度中的每一个都是用不同模型计算的。尽管如此,从工程的角度来看,第1版2.2节中提供的信息和数据仍然很重要。为此,将第1版2.2节的主要图表列于附录A。

Dewey和van Netten(1991、1995)对第1版中给出的各种反射结构的区域边界提出了严重质疑。他们认为,验证这些边界的实验采用了低密度条件和比较短的楔(约5cm或6cm长),得出误导性的结果。而他们的实验采用长楔(长达20cm),结果表明,在较低的初始压力下,直到楔长度达到20cm或30cm,才实现最终的反射结构。他们还指出,在到达最终状态时,反射结构的变化似乎经历了从规则反射到单马赫反射,再到过渡马赫反射,最后到双马赫反射的过程。因此,如果楔体不够长,很容易弄错最终的反射类型。

Ben – Dor(1991)、Ben – Dor和Takayama(1992)将各反射结构的分析预测的结果(包括条件域范围和转换边界)与实验结果进行了比较,实验结果来自于多种气体(包括O_2、N_2、Ar、空气、CO_2、SF_6和氟利昂)。结果表明,转换线没有足够准确地将各不同反射结构区分开,但从工程角度来看,对于大多数反射结构,可以认为这些转换线相当好地区分了各类反射结构。Ben – Dor与Takayama(1992)认为,两激波理论和三激波理论所依据的假设过于简化,Law – Glass假设也不够准确(后面会讲到),所以,分析预测和实验结果缺乏令人满意的一致性。也有试图放宽某些假设限制的多种尝试,例如,考虑黏性和真实气体效应,但都失败了(详见3.4节)。

3.2 "新"知识

此后各章节内容根据10年前Li和Ben – Dor(1995)的研究撰写。在这项研究中,提出了描述过渡马赫反射结构和双马赫反射结构的分析模型。

3.2.1 引言

前面提到,"旧"知识认为,过渡马赫反射结构中的拐点K、双马赫反射结构中的第二三波点T'是同一点。因此,K和T'的位置用同一个模型解析计算,该模型采用了Law – Glass假设,参考式(3.7)。前面分析过,该分析模型忽略了绕反射楔前缘的流动偏转过程,以及由此产生的拐角扰动与激波反射过程的相互作用,但实际中仍采用了该模型来确定拐点K的位置。

然而,正是拐角产生的主扰动与反射激波间的干扰,决定了反射激波上拐点的位置,所以,Li和Ben – Dor(1995)开发了一个新的分析模型,用以取代Law – Glass假设,来确定过渡马赫反射结构中的拐点K和双马赫反射结构中第二三波

点 T' 的位置。在该模型中,根据"新"知识,这两个点是不同的点,它们在反射激波上的位置由两个不同的理论模型计算。

这种新方法的基础可以追溯到 Law 与 Glass(1971)的研究以及 Ben – Dor(1978)的研究。在这些研究中,整个反射过程被看作是两个子过程的组合:

(1)激波反射过程,即平面激波在反射面上的反射过程;

(2)流动偏转过程,即入射激波诱导的、气流在绕流反射楔时发生偏转的过程。

在 Law 与 Glass(1971)的研究、Ben – Dor(1978)的研究中,将这两个子过程相互作用的整个过程称为激波衍射过程(shock – diffraction process)。这种方法是 30 多年前提出的,但近 20 年一直被忽视,几乎所有的研究人员都局限在他们自己的研究方法中,在研究各种马赫反射结构之间的转换时,仅从激波反射过程得出转换准则。3.1 节所介绍的所有转换准则,以及 Law – Glass 假设的推导,都来自于仅将各种气体动力学知识应用于激波反射过程,完全忽略了流动偏转过程。其结果是,流动偏转过程对各种转换准则可能产生的贡献被彻底忽视了。

后面会讲到,在考虑了流动偏转过程及其与激波反射过程的相互作用后,Ben – Dor 和 Takayama(1992)提出的许多未解之题都得到解决,并且分析预测的转换边界与实验结果取得了更好的一致性。

3.2.2 激波衍射过程

激波衍射过程是激波反射过程和激波诱导的流动偏转过程(即两个子过程)相互作用的结果,参考图 3.14。

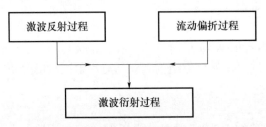

图 3.14 分析准稳态激波反射现象的基本路径框图

图 3.15 是激波反射过程和流动偏转过程相互作用的两个模型概念示意图。激波反射过程是一个马赫反射的过程,马赫反射结构具有一个三波点 T、一个反射激波 r,反射激波 r 延伸到 Q 点,反射激波后的流动状态用(2)表示。为了方便读者和清晰起见,在图 3.15 中没有画出马赫反射结构的其他部分,如滑移线。在实验室坐标系中,入射激波马赫数和入射激波诱导流动的马赫数分别记为 Ma_S 和 Ma_1^L。由流动偏转过程产生的弓形激波 B 一直延伸到 b 点。位于 b 点和

Q 点之间的流动区域,是两个子过程发生相互作用的区域。把反射激波后的压力定义为 p_2,把弓形激波后、靠近 Q 点的压力定义为 p_b。这两个压力的相对值决定着激波反射过程和流动偏转过程之间相互作用的机制:

(1)当 $p_b < p_2$ 时,参考图 3.15(a),向区域(2)传播的是一束膨胀波扰动,膨胀机制填补两点之间的压力间隙;

(2)当 $p_b > p_2$ 时,参考图 3.15(b),向区域(2)传播的是一束压缩波扰动,压缩机制填补两点之间的压力间隙。

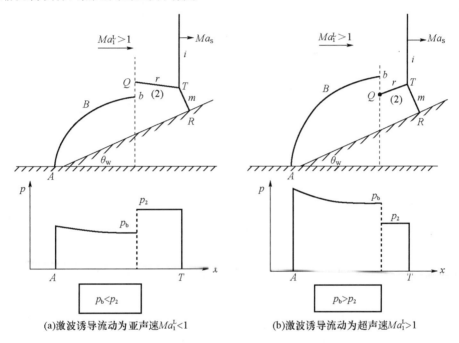

(a)激波诱导流动为亚声速 $Ma_1^L < 1$　　　(b)激波诱导流动为超声速 $Ma_1^L > 1$

图 3.15　激波反射与流动偏转过程相互作用的两种模型(实验室坐标系)

根据 Semenov 和 Syshchikova(1975)的研究,这两种情况之间的边界,即 $p_b = p_2$,在实验室坐标系中,对应激波诱导流动为声速的情况,即 $Ma_1^L = 1$。显然:

(1)当 $Ma_1^L < 1$ 时,$p_b < p_2$,参考图 3.15(a);

(2)当 $Ma_1^L > 1$ 时,$p_b > p_2$,参考图 3.15(b)。

3.2.3　转换准则

1. 拐角扰动与反射结构

在前面介绍"旧"知识时(3.1 节)讲到,绕流反射楔前缘时,流动偏转过程

在拐角诱导出扰动信号,这些拐角扰动对反射结构的过渡准则产生以下两种影响:

(1)只要拐角扰动不能赶上激波反射结构的反射点 R,就形成规则反射结构;

(2)只要拐角扰动能够赶上激波反射结构的三波点 T,就形成单马赫反射结构。

既然拐角扰动是绕流反射楔前缘时的流动偏转过程产生的,那么很明显,当研究规则反射与单马赫反射结构的形成标准和终止标准时,就应考虑这一过程。在"新"知识中,这两个标准(形成标准和终止标准)是相同的。

2. RR⇆IR 转换准则

当拐角产生的扰动能够赶上激波反射结构中的反射点 R 时,规则反射结构就终止。当反射激波后的气流马赫数相对于反射点是亚声速时,就会发生这种情况。因此,RR⇆MR 的转换准则为

$$Ma_2^R = 1 \tag{3.13}$$

根据"旧"知识,不规则反射结构可以是冯·诺依曼反射结构或马赫反射结构。在试图解决冯·诺依曼悖论的试验中,Colella 和 Henderson(1990)最早提出了冯·诺依曼反射的概念,却采用式(3.2a)或式(3.2b)给出 SMR⇆vNR 转换准则,即所接受的转换准则是由三激波理论的解推导出的。因此,冯·诺依曼反射的概念并没有解决冯诺伊曼悖论,冯·诺伊曼悖论指的是在三激波理论没有解的区域,却存在与单马赫反射结构相似的激波反射结构。如 1.3.2 节所述,三激波理论可以分为两部分:

(1)标准三激波理论,$\theta_1 - \theta_2 = \theta_3$;

(2)非标准三激波理论,$\theta_1 + \theta_2 = \theta_3$。

SMR⇆vNR 转换发生在 $\theta_2 = 0°$ 时,即当反射激波垂直于来流时,则

$$\phi_2 = 90° \tag{3.14a}$$

因为反射激波 r 后的流动必须平行于滑移线 s,所以式(3.14a)的条件可以改写为

$$\omega_{rs} = 90° \tag{3.14b}$$

接下来将看到,有这样一个区域,域内的三激波理论没有任何解,但实验证据表明,获得的波系结构类似于单马赫反射或冯·诺伊曼结构。Vasiliev 和 Kraiko(1999)利用欧拉方程的高分辨率数值研究表明,这种结构是一个四波模式(图 3.16),根据他们的数值研究,一束膨胀波跟随在反射激波后面。而早在大约 60 年前 Guderely(1947)就提出了这种结构。Skews 和 Ashworth(2005)最近

研究了弱激波反射域,所研究的无黏跨声速方程的一个解表明,紧靠三激波交点之后,可能存在一个非常小的多波系结构。他们在实验中获得的纹影照片显示,在激波交汇点之后,是一束膨胀波及跟随其后的一道小激波组成的结构;在一些实验的照片中还有迹象表明,可能存在一些更小尺度的结构。

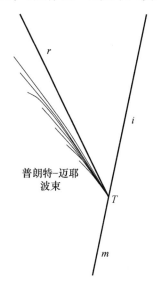

图 3.16　Guderely 反射波系结构示意图

Skews 和 Ashworth(2005)建议,将这种由四波组成的反射模式命名为 Guderley 反射,因为 Guderley(1947)最先提出了这种四波结构假设。Skews 和 Ashworth(2005)在论文的结论中表示,相对于文献中确定的弱激波反射域范围,例如,Olim 和 Dewey(1992)给出的范围,他们的实验只覆盖了这些参数空间的一小部分,因此需要进一步的研究来更好地理解弱激波反射现象。

鉴于上述介绍,以下主要讨论三激波理论有标准解($\theta_1 - \theta_2 = \theta_3$)的情况。其他两种情况,即三激波理论有非标准解($\theta_1 + \theta_2 = \theta_3$)和三激波理论无解的情况,将在 3.2.12 节中讨论。

3.2.4　单马赫反射

正如前面所提到的,由式(3.3)给出的单马赫反射的存在条件仍然有效。该条件是 $Ma_2^T < 1$,意味着拐角产生的扰动能够到达三波点 T,由于扰动能够通过一个物理长度与三波点交互信息,所以单马赫反射结构的整个反射激波呈弯曲状态。而当 $Ma_2^T > 1$,即反射激波后的流动马赫数相对于三波点变为超声速时,单马赫反射结构消失,产生另一种反射结构。单马赫反射结构消失后,可能导致产生过渡马赫反射结构或双马赫反射结构。所以,$SMR \leftrightarrows TMR/DMR$ 的转换准则为

$$Ma_2^T = 1 \tag{3.15}$$

3.2.5　过渡马赫反射或双马赫反射结构的形成

在固定于三波点上的坐标系中,如果反射激波后的流动马赫数变为超声速,即 $Ma_2^T > 1$,这时,超声速区将反射激波的一部分与拐角扰动隔离,于是,三波点 T 附近的反射激波变直,单马赫反射结构消失。

单马赫反射结构消失后,新生成的波系结构取决于激波反射和流动偏转过程之间相互作用的机制和强度。相互作用的机制和强度由压力 p_b 和 p_2 的相对关系决定(图 3.15)。

(1)当 $p_b < p_2$ 时,反射结构为准过渡马赫反射。为了填补 Q、b 两点之间的压力间隙,主扰动以膨胀波束的形式向区域(2)传播,因此,反射激波 r 不会像常规过渡马赫反射结构中的那样出现曲率反转。

(2)当 $p_b > p_2$ 时,形成的反射结构要么是过渡马赫反射结构,要么是双马赫反射结构。究竟会获得哪种具体反射类型,取决于激波反射与流动偏转过程之间的相互作用是强还是弱。如果给定了气体的种类,两个子过程相互作用的强度就取决于入射激波马赫数 Ma_S 和反射楔角 θ_W。

3.2.6　过渡马赫反射

如果激波反射与激波诱导的流动偏转过程之间的相互作用较弱,则产生的波系结构为过渡马赫反射。下面给出过渡马赫反射结构的分析模型,并详细推导控制方程。

在过渡马赫反射结构的情况下,一个分布式的压缩波束向区域(2)传播,并填补 Q、b 两点之间的压力间隙。主扰动是一个压缩波,该扰动在 K 点与反射激波 r 相互作用,使反射激波于该点发生曲率反转。因此,根据这一解释,与式(3.4)相比,在过渡马赫反射结构中,反射激波后状态(2)的流动相对于拐点总是声速状态,即 $Ma_2^K = 1$。在"旧"知识转换准则中,还有 $Ma_2^K < 1$ 的情况,但事实上,这种情况是非物理的。分布式的压缩波束与反射激波 r 相互作用,迫使反射激波弯曲,并产生曲率反转。

1. 过渡马赫反射的分析模型

过渡马赫反射结构的分析模型基于如下假设:

(1)过渡马赫反射结构的波系结构是自相似的;

（2）过渡马赫反射结构的波系结构是稳定的；

（3）气体为理想流体（即 $\mu=0$ 和 $k=0$，μ 为动力学黏度，k 为热传导率）；

（4）气体服从完全气体状态方程。

在过渡马赫反射结构中，在三波点 T 附近，流场由三激波理论给出，三激波理论由 3 个激波之间的斜激波关系构成，包括三波点与滑移线的匹配条件。

根据图 3.17，可以写出以下关系：

$$\theta_j = \arctan\left[2\cot\phi_j\,\frac{(Ma_k\sin\phi_j)^2-1}{Ma_k^2(\gamma+\cos2\phi_j)+2}\right] \tag{3.16}$$

$$p_j = p_k\,\frac{2\gamma(Ma_k\sin\phi_j)^2-(\gamma-1)}{\gamma+1} \tag{3.17}$$

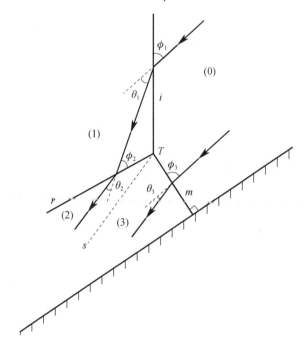

图 3.17　三激波交汇与参数定义示意图

式中：下标 k 和 j 为斜激波前后的流动状态；Ma 为流动马赫数；ϕ_j 为入射气流与斜激波的夹角，气流通过斜激波进入状态（j）；θ_j 为流动偏转角；p 为压力。设 $j=1$，$k=0$，可得到过入射激波 i 的关系；设 $j=2$，$k=1$，可得到过反射激波 r 的关系；设 $j=3$，$k=0$，可得到过马赫杆激波 m 的关系。除了上述公式，还有以下关系式成立：

$$Ma_0 = \frac{Ma_S}{\cos(\theta_W + \chi)} \tag{3.18}$$

$$Ma_1 = \frac{\left\{ 1 + (\gamma - 1)Ma_0^2 \sin^2\phi_1 + \left[\left(\frac{\gamma + 1}{2} \right)^2 - \gamma \sin^2\phi_1 \right] Ma_0^2 \sin^2\phi_1 \right\}^{1/2}}{\left[\gamma Ma_0^2 \sin^2\phi_1 - \frac{\gamma - 1}{2} \right]^{1/2} \left[\frac{\gamma - 1}{2} Ma_0^2 \sin^2\phi_1 + 1 \right]^{1/2}}$$

$$\tag{3.19}$$

$$\phi_1 = \frac{\pi}{2} - (\theta_W + \chi) \tag{3.20}$$

滑移线的匹配条件为

$$p_2 = p_3 \tag{3.21}$$

以及

$$\theta_1 - \theta_2 = \theta_3 \tag{3.22}$$

上述 11 个控制方程(注意,一般性方程式(3.16)和式(3.17)实际上是六个方程),如果假设 Ma_S、θ_W 以及状态(0)的热力学性质是已知的,则有 12 个未知数,即 Ma_0、Ma_1、p_1、p_2、p_3、ϕ_1、ϕ_2、ϕ_3、θ_1、θ_2、θ_3 和 χ。因此,为了得到一套可解的方程组,还需要一个关系式。如果假设马赫杆 m 是直的,并且垂直于反射楔面,则

$$\phi_3 = \frac{\pi}{2} - \chi \tag{3.23}$$

前面提到,在过渡马赫反射结构情况下,拐点 K 是反射激波上的一个点,拐角产生的主扰动信号向区域(2)传播并能够到达该点。

参考图 3.18 的过渡马赫反射的波系结构,图中标示出了主扰动(虚线)。主扰动的源点 O' 位于 QQ' 线与滑移线 s 延长线的交点。QQ' 线的起源点 Q 位于距离 O 点 $L_1 = u_1^{\mathrm{I}} \Delta t$ 处,其中 u_1^{I} 为实验室坐标系中的入射激波诱导的流动速度。QQ' 线垂直于反射激波 r 直线段的延长线,恰好与状态(2)和(1)之间的相对速度(u_2^{I})方向一致。因为,在固定于 O' 上的参考系中,状态(2)的气流处于静止状态,主扰动位于起于原点 O' 的圆弧上,圆弧半径等于 $a_2 \Delta t$。参考图 3.18,主扰动与滑移线相交于 R 点,与反射激波相交于拐点 K 点。从图 3.18 可以看出:

$$\overline{O'T} = u_2^T \Delta t = Ma_2 a_2 \Delta t \tag{3.24}$$

$$\overline{O'R} = \overline{O'K} = a_2 \Delta t \tag{3.25}$$

$$\omega_{ir} = \frac{\pi}{2} + (\theta_W + \chi + \theta_1 - \phi_2) \tag{3.26}$$

$$\omega_{rs} = \phi_2 - \theta_2 \tag{3.27}$$

式中:ω_{ir} 为入射激波 i 和反射激波 r 间的夹角;ω_{rs} 为反射激波 r 和滑移线 s 间的夹角。

将余弦定律应用于三角形 $O'TK$,得

$$(\overline{O'K})^2 = (\overline{KT})^2 - 2\,\overline{KT}\,\overline{O'T}\cos\omega_{rs} + (\overline{O'T})^2 \tag{3.28}$$

将式(3.9)、式(3.24)和式(3.25)代入式(3.28),得

$$\frac{\overline{KT}}{L} = \frac{a_2[Ma_2\cos\omega_{rs} - (1 - Ma_2^2\sin^2\omega_{rs})^{1/2}]}{a_0 Ma_S} \tag{3.29}$$

其中

$$\frac{a_2}{a_0} = \frac{\{[2\gamma Ma_S^2 - (\gamma-1)]\cdot[(\gamma-1)Ma_S^2 + 2]\cdot[2\gamma(Ma_1\sin\phi_2)^2 - (\gamma-1)]\cdot[(\gamma-1)(Ma_1\sin\phi_2)^2 + 2]\}^{1/2}}{(\gamma+1)^2 Ma_S Ma_1\sin^2\phi_2}$$

$$\tag{3.30}$$

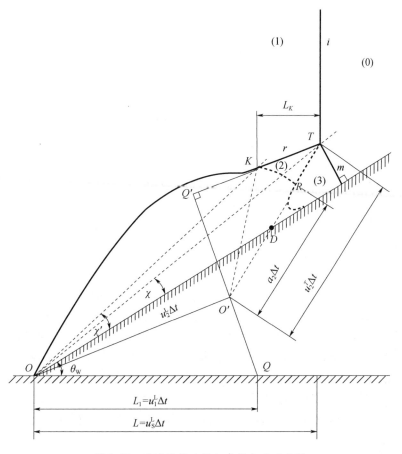

图 3.18　过渡马赫反射与参数定义示意图

在图 3.18 中，拐点 K 滞后于三波点 T 的水平距离 L_K，可以由下式计算获得

$$\frac{L_K}{L} = \frac{\overline{KT}}{L}\cos\left(\omega_{ir} - \frac{\pi}{2}\right) = \frac{\overline{KT}}{L}\sin\omega_{ir} \qquad (3.31)$$

其中，$\dfrac{\overline{KT}}{L}$ 由式（3.29）求出。利用简单的几何关系，可以得到拐点轨迹角 χ_K 的以下表达式：

$$\chi_K = \arctan\left\{\frac{Ma_S a_0 \tan(\theta_W + \chi) + \overline{KT}\sin\omega_{ir}}{Ma_S a_0 - \overline{KT}\cos\omega_{ir}}\right\} \qquad (3.32)$$

回顾一下，在"旧"知识中，拐点轨迹角 χ_K 是借助于 Law - Glass 假设获得的（3.13 节的式（3.7））。即在实验参考系下，过渡马赫反射结构的拐点 K 的水平速度，或双马赫反射结构的第二三波点 T' 的水平速度，等于入射激波诱导的流动速度。在"旧"知识中，拐点轨迹角的表达式是式（3.12）。为了方便读者，在此重复，则

$$\chi_K = \arctan\left\{\frac{Ma_S a_0\left[\tan(\theta_W + \chi) + \cot\omega_{ir}\right] - Ma_1 a_1 \cot\omega_{ir}}{Ma_1 a_1}\right\} - \theta_W \quad (3.33)$$

2. K 点的位置

过渡马赫反射结构的拐点 K 的位置 L_K，可以通过两种不同的方法确定：

（1）最初由 Law 和 Glass（1971）提出，基于 Law - Glass 假设的方法，即式（3.10）；

（2）最初由 Li 和 Ben - Dor（1995）提出的方法，即式（3.31）。

图 3.19 是这两种方法的预测结果与一些实验结果的比较，其中图 3.19（a）是给定反射楔角度 θ_W 的结果，图 3.19（b）是给定入射激波马赫数 Ma_S 的结果。新模型预测的拐点位置 L_K 与实验结果非常吻合，而旧模型（Law - Glass 假设）预测的结果则非常糟糕。Bazhenova 等（1976）曾经根据他们的实验结果得出"Law - Glass 假设在 $\theta_W < 40°$ 时表现更好"的结论，而图 3.19（b）则清晰地表明了相反的结论，在 $\theta_W < 40°$ 的范围，随着 θ_W 的减小，基于 Law - Glass 假设的预测变得更差。参考图 3.19（b），新模型的预测结果表明，当 Ma_S 或 θ_W 减小到对应 TMR→SMR 转换点的数值时，$L_K \rightarrow 0$；而旧模型无法预测这种符合逻辑的特性，例如，在图 3.19（b）中可以看出，对于 $Ma_S = 2.75$，旧模型预测的结果永远是 $L_K/L = 0.277$，与距离转换点条件的远近无关。最后说明一点，对于其他气体（例如，比热比为 1.14、1.29、1.33 和 1.67 的气体），也获得了与图 3.19（a）、（b）相似的结果。

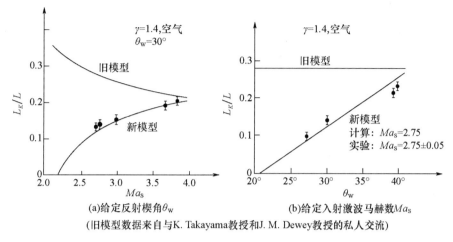

(a)给定反射楔角θ_w　　　　　(b)给定入射激波马赫数Ma_s

(旧模型数据来自与K. Takayama教授和J. M. Dewey教授的私人交流)

图 3.19　过渡马赫反射拐点位置 L_k 与实验结果的比较

3.2.7　双马赫反射

如果激波反射和激波诱导的流动偏转过程之间的相互作用很强,压缩波束将汇聚而形成一道激波 r′。激波 r′ 迫使反射激波 r 产生一个强间断(尖锐拐点),于是拐点就成为第二三波点 T′。由于气体动力学的原因,第二条滑移线作为协调条件出现在这三道激波的汇合点。确定第二三波点 T′ 准确位置的唯一方法是求解双马赫反射结构的整个流场,即求解完整的 Navier－Stokes 方程,这项任务只能由数值方法来完成。

幸运的是,通过使用一些简化的假设,Li 和 Ben－Dor(1995)成功地开发了两个简化分析模型,得到了非常好的预测结果。构造这两个简化模型的基础是这样一个事实,即存在两种不同的双马赫反射波系结构。

这两种马赫反射结构(图 3.20)的差异,在于激波 r′ 与主滑移线 s 相互作用的方式。

(1)在图 3.20(a)的波系结构中,激波 r′ 终止于滑移线 s 上的某处,由于气体动力学的原因,激波 r′ 与滑移线 s 垂直;

(2)在图 3.20(b)的波系结构中,激波 r′ 终止于(或靠近于)滑移线 s 在反射楔面的入射点。在这种情况下,激波 r′ 不一定垂直于滑移线 s。

图 3.21(a)、(b)分别是这两种不同双马赫反射波系结构的实验流场照片。

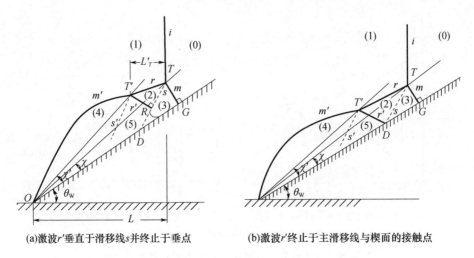

(a)激波r′垂直于滑移线s并终止于垂点   (b)激波r′终止于主滑移线与楔面的接触点

图 3.20　两种可能的 DMR 波系结构

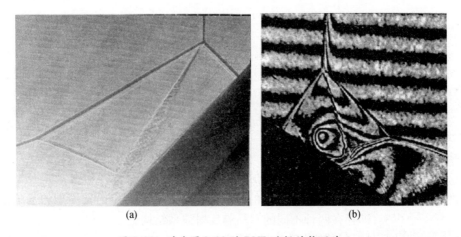

(a)   (b)

图 3.21　对应图 3.20 的 DMR 流场结构照片

1. 双马赫反射的分析模型

根据图 3.20 所示的两种双马赫反射波系结构,建立了分析模型,建模时考虑了以下假设:

(1)双马赫反射的波系结构是自相似的;

(2)第二道反射激波 r′ 是直的(这一假设并不严格,却是合理的,因为相对于其曲率半径,反射激波 r′ 的长度很短)。

情况 I :反射激波 *r*′ 相交并垂直于滑移线 *s*

除上述两个一般假设外,对于这种情况,还假设反射激波 *r*′ 在遇到滑移线 *s* 时不会发生分叉。

图 3.20(a)是这种双马赫反射的波系结构示意图。图 3.22 给出了感兴趣的流场局部的放大图以及一些参数的定义。

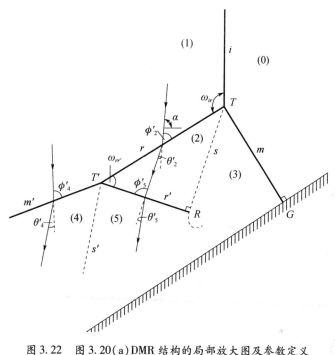

图 3.22　图 3.20(a)DMR 结构的局部放大图及参数定义

将坐标系固定于第二三波点 *T*′上,应用三激波理论,可以写出以下关系式(类似于式(3.16))为

$$\theta'_j = \arctan\left[2\cot\phi'_j \frac{(Ma'_k\sin\phi'_j)^2 - 1}{Ma'_k(\gamma + \cos2\phi_j) + 2}\right] \tag{3.34}$$

式中:下标 k 和 j 为斜激波前后的流动状态;Ma 为流动马赫数;ϕ_j 为与斜激波的夹角(入射角),气流通过斜激波进入状态(j);θ_j 为流动偏转角。上标"′"表示该变量值是相对于第二三波点 *T*′的。设 $j=2$,$k=1$,可得到过激波 r 的关系;设 $j=4$, $k=1$,可得到过激波 m′的关系;设 $j=5$,$k=2$,可得到过激波 r′的关系。

区域(4)和区域(5)的压力可以由下式获得

$$p_j = p_k \frac{2\gamma (Ma'_k\sin\phi'_j)^2 - (\gamma - 1)}{\gamma + 1} \tag{3.35}$$

135

该式与式(3.17)相似,其中,p 为压力。为获得状态(4)的压力,应当设 $j=4,k=1$;为获得状态(5)下的压力应当设 $j=5,k=2$。

滑移线两侧的匹配条件为

$$p_4 = p_5 \qquad (3.36)$$

以及

$$\theta'_2 - \theta'_5 = \theta'_4 \qquad (3.37)$$

注意,运动学特性的变量与参考系有关,这里用上标"'"表示,而热力学特性的变量与参考系无关,所以不标注上标"'"。

式(3.34)和式(3.35)中的 Ma'_1 可以从下式获得

$$Ma'_1 = \left[(Ma_1^L)^2 + \left(\frac{V_{T'}}{a_1} \right)^2 - \frac{2Ma_1^L V_{T'} \cos(\theta_w + \chi')}{a_1} \right]^{1/2} \qquad (3.38)$$

$$V_{T'} = \frac{Ma_s a_0 - V_T^{T'} \sin\omega_{ir}}{\cos(\theta_w + \chi')} \qquad (3.39)$$

$$V_T^{T'} = \frac{V_T \sin(\chi' - \chi)}{\sin(\phi_2 + \chi' - \chi - \theta_1)} \qquad (3.40)$$

$$V_T = \frac{Ma_s a_0}{\cos(\theta_w + \chi)} \qquad (3.41)$$

式中:V_T 和 $V_{T'}$ 分别为实验室参考系中的第一三波点 T 和第二三波点 T' 的速度;$V_T^{T'}$ 为 T 相对于 T' 的速度。其他参数,即 ω_{ir}、a_1、χ、ϕ_2 和 θ_1,可以通过求解第一三波点 T 周围的流场获得,见 3.2.6 节。此外,还可以写出

$$\alpha = \arctan\left[\frac{V_{T'} \sin(\theta_w + \chi')}{V_{T'} \cos(\theta_w + \chi') - Ma_1^L a_1} \right] \qquad (3.42)$$

其中,在固定于 T' 的参考系中,α 是状态(1)的气流相对于水平线的方向,参考图 3.22 的参数定义。α 与入射角 ϕ'_2 的关系为

$$\phi'_2 = \alpha - \left(\omega_{ir} - \frac{\pi}{2} \right) \qquad (3.43)$$

此外

$$\omega_{rr'} = \frac{\pi}{2} - (\phi_2 - \theta_2) \qquad (3.44)$$

$$\phi'_5 = \pi - (\omega_{rr'} + \phi'_2 - \theta'_2) \qquad (3.45)$$

$$Ma'_2 = \frac{\left\{ 1 + (\gamma - 1)(Ma'_1 \sin^2\phi'_2)^2 + \left[\left(\frac{\gamma+1}{2} \right)^2 - \gamma \sin^2\phi'_2 \right] (Ma'_1 \sin^2\phi'_2)^2 \right\}^{1/2}}{\left[\gamma(Ma'_1 \sin^2\phi'_2)^2 - \frac{\gamma-1}{2} \right]^{1/2} \left[\frac{\gamma-1}{2}(Ma'_1 \sin^2\phi'_2)^2 + 1 \right]^{1/2}}$$

$$(3.46)$$

上述系列公式由 16 个等式和 16 个未知量组成,16 个未知量是 ϕ_2'、ϕ_4'、ϕ_5'、θ_2'、θ_4'、θ_5'、p_4、p_5、Ma_1'、Ma_2'、$V_{T'}$、V_T、$V_T^{T'}$、α、$\omega_{rr'}$ 和 χ'。参数 Ma_{S}、Ma_1^{L}、a_0、a_1、θ_{W}、χ、ϕ_2、θ_1、θ_2 和 ω_{ir} 是已知的,它们是从求解第一个三波点 T 附近的流场时得到的,如 3.2.6 节所述。

情况 II:反射激波 r' 与反射楔相交于滑移线 s 的在反射楔上的入射点

图 3.20(b)是这种情况的双马赫反射的波系结构。图 3.23 是感兴趣的局部流场放大图以及流场参数的定义。

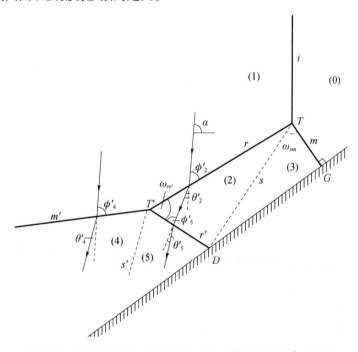

图 3.23　图 3.20(b)的 DMR 波系结构局部放大图与参数定义

从图 3.23 可以看出,第二道反射激波 r' 并未使区域(5)的气流与反射楔面平行,这是因为滑移线 s 与壁面边界层的相互作用生成了一个分离区,第二道反射激波 r' 实际上从未抵达反射楔面,而是被推到分离区上方,请参考 Landau 和 Lifshitz 的论文(1987,第 425 页)。因此,要求位于靠近滑移线入射点 D 的反射激波 r' 后面的气流平行于反射楔面是错误的。然而,考虑到分离区的尺寸(长度)相对于整个波系结构来说很小,可以假设第二道反射激波 r' 与滑移线 s 的交点位于反射楔面上。基于该假设,以下一组关系成立:

$$\overline{DT} = \frac{\overline{GT}}{\cos\omega_{sm}} \tag{3.47}$$

$$\omega_{sm} = \phi_3 - \theta_3 \tag{3.48}$$

$$\overline{GT} = V_T \Delta t \sin\chi \tag{3.49}$$

以及

$$V_T^D = \frac{\overline{DT}}{\Delta t} \tag{3.50}$$

将式(3.47)~式(3.49)代入式(3.50),得

$$V_T^D = \frac{V_T \sin\chi}{\cos(\phi_3 - \theta_3)} \tag{3.51}$$

式中:V_T^D 是 T 点相对于 D 点的速度。应用正弦定律计算三角形 $TT'D$,得

$$\frac{\overline{TT'}}{\sin(\omega_{rr'} + \phi_2 - \theta_1)} = \frac{\overline{DT}}{\sin\omega_{rr'}} \tag{3.52}$$

其中

$$\overline{TT'} = V_T^{T'} \Delta t \tag{3.53}$$

结合式(3.52)和式(3.53)得

$$\omega_{rr'} = \arctan\left[\frac{V_T^D \sin(\phi_2 - \theta_2)}{V_T^{T'} - V_T^D \cos(\phi_2 - \theta_2)}\right] \tag{3.54}$$

式(3.34)~式(3.43)、式(3.45)、式(3.46)与式(3.51)和式(3.54)构成一组 17 个方程的方程组,有 17 个未知数(ϕ'_2、ϕ'_4、ϕ'_5、θ'_2、θ'_4、θ'_5、p_4、p_5、Ma'_1、Ma'_2、$V_{T'}$、V_T、$V_T^{T'}$、α、$\omega_{rr'}$、χ 和 V_T^D)。注意,前 16 个未知数与情况 I 的相同(3.2.7 节)。因此,情况 II 的控制方程组在原则上是可解的。

情况 I 和情况 II 的转换准则

上述两种不同的双马赫反射结构之间的转换准则可以表示为

$$V_T^{T'} \cos(\phi_2 - \theta_2) = V_T^D \tag{3.55}$$

或者可以重写为

$$\frac{\sin(\chi' - \chi)}{\sin(\phi_2 + \chi' - \chi - \theta_1)} = \frac{\sin\chi}{\cos(\phi_3 - \theta_3)} \tag{3.56}$$

2. 第二三波点 T' 的位置

借助于上述两个分析模型,可以确定双马赫反射结构的第二三波点 T' 的位置。由于这两个计算 T' 点位置的模型,不同于在过渡马赫反射结构中计算 K 点位置的模型,因此 T' 与 K 的位置是不同的。但在"旧"知识中,K 和 T' 被视为同一点,它们的位置是使用同一个基于 Law - Glass 假设的模型计算的,完全忽略了流动偏转过程的作用。

　　图 3.24 是新、旧模型的分析预测结果与实验结果的比较,其中的实线是"新"模型的预测结果,虚线是旧模型的预测结果。图 3.24(a)是双马赫反射结构的第二三波点的轨迹角 χ' 与入射激波马赫数 Ma_S 的关系,气体种类是空气(γ = 1.4),图中给出了 θ_W = 30°、40°两个结果。显然,与旧模型相比,新模型的表现要优越得多。当 Ma_S 降到 Ma_S = 6 以下时,旧模型的预测越来越差,而新模型的预测与该范围内的实验结果非常吻合。在 Ma_S > 6 时,两个模型的预测值相互接近,直到它们之间的差异小于实验的不确定度。

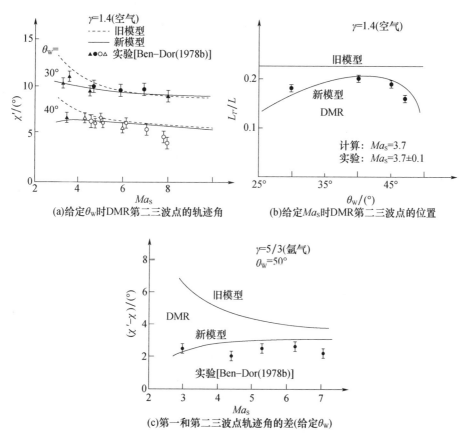

图 3.24　新旧模型预测与实验数据的比较

(实验数据来自于与 K. Takayama 教授和 J. M. Dewey 教授的私人交流)

　　图 3.24(b)是上述两个模型对第二个三波点位置 $L_{T'}$ 随反射楔角 θ_W 变化的预测情况,其中 Ma_S = 3.7,气体是空气。可以看到,基于 Law – Glass 假设的旧模型预测的第二三波点位置与反射楔角无关,与实验结果完全不符;但 Li 与 Ben –

Dor(1995)模型的预测非常好,再现了 $L_{r'}$ 对 θ_W 的强烈依赖性。旧模型预测的 $L_{r'}$ 值为常数,不管双马赫反射结构距离终止条件(或向规则反射转换的条件)有多近,根本不能反映 θ_W 向转换条件靠近(增加)的过程中,$L_{r'}$ 随 θ_W 的增加而减小的规律。

图 3.24(c)是两个模型预测的氩气结果与实验数据的比较,该图是第一三波点与第二三波点轨迹角的差随入射激波马赫数的变化。与旧模型相比,新模型的优势显而易见。旧模型的预测结果是$(\chi' - \chi)$随 Ma_S 的减小而增加,呈现出与实验结果完全不同的趋势。

3.2.8　SMR$\leftrightarrows$PTMR/TMR/DMR 和 TMR$\leftrightarrows$DMR 转换准则与条件域

本节归纳单马赫反射、过渡马赫反射和双马赫反射结构之间的转换条件和要求。单马赫反射结构的终止与准过渡马赫反射、过渡马赫反射和双马赫反射结构的形成,即 SMR$\leftrightarrows$PTMR/TMR/DMR 转换的充分必要条件为

$$Ma_2^T = 1 \tag{3.57}$$

式中:Ma_2^T 为固定于第一三波点 T 的参考系中区域(2)的气流马赫数。

当单马赫反射结构终止时,获得的波系结构取决于入射激波诱导的流动马赫数。如果该流动是亚声速的,则所产生的波系结构是准过渡马赫反射,其反射激波没有曲率反转现象。如果该流动为超声速的,则所产生的波系结构是一个过渡马赫反射或双马赫反射结构。因此,PTMR $\leftrightarrows$ TMR/DMR 转换的转换准则为

$$Ma_1^L = 1 \tag{3.58}$$

式中:Ma_1^L 为入射激波诱导的气流马赫数,即实验室参考系中区域(1)的流动马赫数。

将过渡马赫反射、双马赫反射的区分条件清晰地确定下来,是非常困难的事情。这是因为,顾名思义,过渡马赫反射结构实际上是双马赫反射结构的初级阶段。因此,这两种激波反射结构是兼容的,要区分它们有时是不可能的。大体上可以说,过渡马赫反射结构存在的条件为

$$Ma_2^K = 1 \tag{3.59}$$

式中:Ma_2^K 为固定于拐点 K 的参考系中区域(2)的气流马赫数。

同样,双马赫反射结构存在的条件为

$$Ma_2^{T'} > 1 \tag{3.60}$$

式中:$Ma_2^{T'}$ 为固定于第二三波点 T' 的参考系中区域(2)的流动马赫数。因此,TMR $\leftrightarrows$ DMR 的转换准则为

$$Ma_2^{T'} = 1 \tag{3.61}$$

注意,基于"旧"知识,在确定拐点 K 和第二三波点 T' 的位置时,采用相同的分析模型,因此这两个点是同一点。在"新"知识中,有一个分析模型用于确定过渡马赫反射结构拐点 K 的位置,有两个分析模型用于确定两个不同双马赫反射结构(图 3.20)的第二三波点 T' 的位置。此外,对于所有的过渡马赫反射结构,都是 $Ma_2^K = 1$。

双马赫反射结构一旦形成,有可能是正双马赫反射,也可能是负双马赫反射,取决于第一三波点的轨迹角 χ 是否大于第二三波点的轨迹角 χ'。因此,$DMR^+ \leftrightarrows DMR^-$ 的转换准则为

$$\chi = \chi' \tag{3.62}$$

前面讲过,Lee 与 Glass(1984)的一张照片,参考图 3.12(b),捕捉到双马赫反射结构的第二三波点刚好掠过反射面的情况,他们将该波系结构称为终结双马赫反射。这种波系结构存在的条件很简单,则

$$\chi' = 0 \tag{3.63}$$

这里需要提醒注意的是,基于气体动力学的知识,不可能出现类似于图 3.12 所示的波系结构,即第二三波点不可能位于反射面上。

3.2.9　三马赫反射

如前所述,在"旧"知识框架内,为了确定过渡马赫反射结构终止、双马赫反射结构开始形成的条件,即为了建立 $TMR \leftrightarrows DMR$ 的转换准则,Ben–Dor(1978)、Ben–Dor 与 Takayama(1992)应用气体动力学逻辑推测,如果第二三波点 T' 后面的流动马赫数相对于第二三波点变成超声速,即 $Ma_4^{T'} > 1$,则可能在激波 m' 上形成第二个拐点 K',参考图 3.10(a)。如果该区域的气流相对于第二个拐点 K' 变成超声速的,即如果 $Ma_4^{K'} > 1$,则第二个拐点最终会演变成第三三波点 T'',从而形成一个三马赫反射结构,参考图 3.10(b)。

通过应用简单的热力学和气体动力学概念,Li 与 Ben–Dor(1995)证明,上述条件无法满足,所以,三马赫反射结构假设是非物理的,也就是说,三马赫反射结构是不可能产生的。

3.2.10　"新"知识的总结

根据目前的知识,图 3.25 绘制了各类激波反射结构的关系树,其中灰色的代表准稳态实验中观察到的激波反射结构。该图取代了图 3.2,图 3.2 是20 世纪 90 年代中期之前知识的总结,对比两图,读者会发现"旧"知识与"新"知识的差异。应当注意的是,在图 3.25 中,给出的是部分激波反射结构的总

结,该图只包括了三激波理论标准解的区域,即 $\theta_1 - \theta_2 = \theta_3$ 的情况。实际上,在图 3.25 中的"vNR/VR/GR"名下还有分叉,涉及的是三激波理论的非标准解和三激波理论没有解的情况,关于这两个条件域中的激波反射结构,将在3.2.12 节阐述。

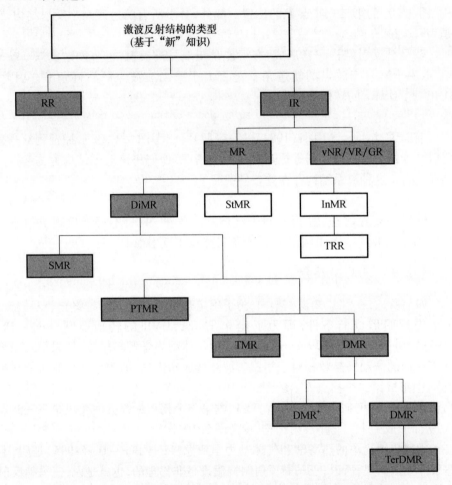

图 3.25   基于"新"知识的三激波理论标准解各类激波反射结构关系树

类似于图 3.13,图 3.26 给出各类激波反射结构之间的转换准则演化树。对照图 3.13,读者会发现"旧"知识与"新"知识的差异。三激波理论的非标准解和三激波理论没有任何解的区域内的激波反射结构,可以参考图 3.31 的补充部分。

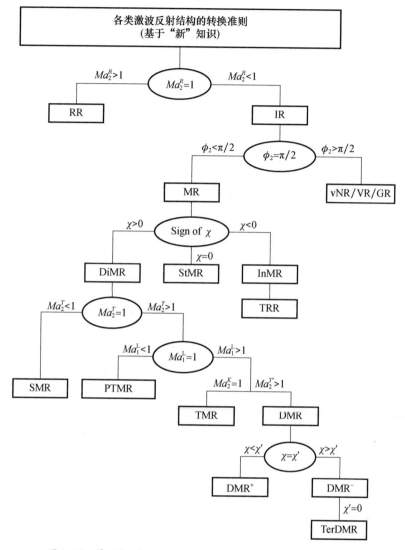

图 3.26　基于"新"知识的各类激波反射结构转换准则关系树

3.2.11　条件域与转换边界

图 3.27 用 (Ma_S, θ_W) 图给出了空气的单马赫反射结构的条件域（A 区）、准过渡马赫反射结构的条件域（B 区）、过渡马赫反射结构的条件域（C 区）和双马赫反射结构的条件域（D 区）。注意到，在过渡马赫反射结构的条件域内，即 C 区内，处处 $Ma_2^K = 1$。A 区与 B、C 区的分隔线由式（3.57）给出，即 $Ma_2^T = 1$。C 区

与 D 区的分隔线由式(3.61)给出,即 $Ma_2^T = 1$。转换线由 $Ma_2^T = 1 + \varepsilon$ 计算得出,其中 $\varepsilon \to 0$。之所以不计算 $Ma_2^T = 1$ 的线,是因为这个要求实际上意味着激波 r' 不是激波,因此,为了保证激波 r' 仍然是激波,采用了条件 $Ma_2^T = 1 + \varepsilon$。过渡马赫反射结构条件域和双马赫反射结构条件域的分隔线的准确位置取决于 ε 值的选择,图 3.27 中的线,选择 $\varepsilon = 0.01$。更大的 ε 值会使转换线进一步向双马赫反射结构的条件域移动。

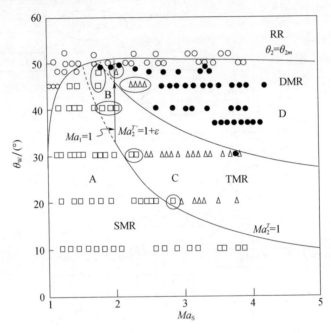

图 3.27　基于"新"知识计算的转换线与实验数据的对照验证

　　因为过渡马赫反射和双马赫反射结构的存在意味着激波诱导的流动应该是超声速的,参考式(3.58),转换线 $Ma_2^T = 1$ 和 $Ma_2^T = 1$ 终止于 $Ma_S = 2.07$,其 $Ma_1^L = 1$。

　　考察图 3.27 发现,在双马赫反射结构的条件域中,有 5 个过渡马赫反射的实验结果。这可能是误导,因为在过去,只有显示出激波 r',才把波系结构定义为双马赫反射;而在波系结构中明显出现清晰的尖锐拐点但未显示出激波 r' 的波系结构,都被定义成了过渡马赫反射。然而,根据气体动力学的知识(Courant 与 Friedrichs,1948),意味着应有其他激波和滑移线填补了激波上的尖锐拐点。因此,无论激波 r' 是否显现,所有具有尖锐拐点的波系结构都是双马赫反射结构。在准过渡马赫反射结构的条件域内也存在少量的单马赫反射波系结构,这并不奇怪,因为单马赫反射和准过渡马赫反射的波系结构在外观上是相同的,而且,在对这些实验进行分类时,准过渡马赫反射尚不为人所知。

3.2.12 弱激波反射的条件域

不规则反射的解域通常分为 4 个子域:

(1)马赫反射域,在该子域内,三激波理论(1.3.2 节)有一个标准解($\theta_1 - \theta_2 = \theta_3$),对应一个马赫反射结构。

(2)冯·诺依曼反射域,在该子域内,三激波理论有非标准解($\theta_1 + \theta_2 = \theta_3$),每一个解对应一个 vNR 反射结构。

(3)Guderley 反射域,在该子域内,三激波理论没有任何解,但实验证据表明,获得的波系结构与马赫反射结构相似。这个矛盾曾经称为冯·诺依曼悖论。

(4)Vasilev 反射域,是介于 vNR 域和 GR 域之间的一个区域,在该子域内,存在一个尚未完全理解的反射结构,称为 Vasilev 反射结构。

冯·诺依曼反射域、Vasilev 反射域和 Guderley 反射域的典型特征是弱激波和小反射楔角,所以许多研究者称之为弱激波反射域。

后文会讲到,三激波理论的数学标准解产生马赫反射结构,而三激波理论的非标准解产生两种情况,一种情况为物理解,另一种情况为非物理解。物理解产生冯·诺依曼反射结构;而非物理解可以产生两种不同类型的反射结构,即 Guderley 反射结构或 Vasilev 反射结构。在 Vasilev 反射结构中,马赫杆和接触间断之间的流动是亚声速的,并且在这一小片区域内,三波点处存在无穷大梯度的对数奇点(a logarithmic singularity);在反射激波和膨胀扇之间的小片区域内也出现类似情况。

图 3.28 是上述三种激波反射结构的波系示意图。

在冯·诺依曼反射中,反射激波和马赫杆后的所有流动区域都是亚声速的。因此,三波点被嵌在具有对数奇点的亚声速流动中(除了反射激波的入流)。在 Vasilev 反射中,在三波点下游有一小片超声速区域(白色区域),位于滑移线与反射激波之间,里面有一个普朗特—迈耶膨胀扇。在 Guderley 反射结构中,在三波点下游有两个超声速区:一个与 Vasilev 反射的超声速区类似,位于滑移线与反射激波之间,内部有一个普朗特—迈耶膨胀扇;另一个位于滑移线和马赫杆之间。即在 Guderley 反射结构中,在三波点附近有两小片亚声速区域,一片位于反射激波后,另一片位于马赫杆后;而 Vasilev 反射结构中,在三波点附近只有一小片亚声速区域,位于反射激波后。因此,vNR、VR 和 GR 的区别在于,在三波点附近的下游区域具有不同数量的小片超声速区域,而且具有对数奇点。这些小片区域的尺寸很大,尺寸越大,奇异点的特征尺寸越小,所以,冯·诺依曼反射结构的奇点尺寸小于 Vasilev 反射结构的奇点尺寸,Vasilev 反射结构的奇点尺寸又

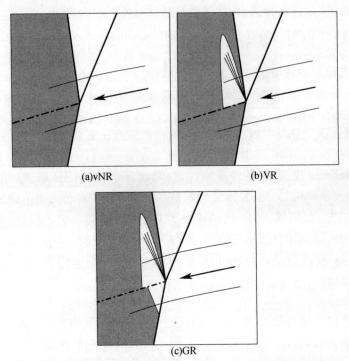

(a)vNR   (b)VR

(c)GR

图 3.28　三种弱激波反射(vNR,VR,GR)的波系结构示意图

(灰色为亚声速区)

小于 Guderley 反射结构的奇点尺寸。

　　用 (p,θ) 激波极曲线(极曲线的知识参考 1.4 节)可以描述激波反射结构的演变。图 1.19(a) ~ 图 1.19(c)给出了与脱体条件有关的三种重要的 $(p_i/p_0,\theta_i^T)$ 极曲线解,这种极曲线解的方式也称为 $I-R$ 极曲线组合。图 1.19(a)的 $I-R$ 极曲线组合表示,在固定于三波点的坐标系上,状态(2)气流的净偏转角小于状态(1)的气流。来自于三波点轨迹上方的状态(0)气流,首先通过入射激波转向反射楔面,然后经过反射激波转向远离反射楔面的方向,其结果是 $\theta_2^T = \theta_3^T < \theta_1^T$。这种情况意味着 $\theta_1 - \theta_2 = \theta_3$,参考式(1.28a),这是三激波理论的一个"标准"解。图 1.19(b)中的 $I-R$ 极曲线组合是另一个不同的解,可以看出,气流首先通过入射激波流向反射楔面,之后通过反射激波,但没有偏离反射楔面,而是进一步向反射楔面偏转,从而导致 $\theta_2^T = \theta_3^T > \theta_1^T$,这种情况意味着 $\theta_1 + \theta_2 = \theta_3$,参考式(1.28b),这是三激波理论的一个"非标准"解。注意,在这种波系结构中,反射激波直接作用于气流。图 1.19(c)是介于标准解和非标准解之间临界情况的 $I-R$ 极曲线组合,可以看到,气流通过反射激波根本不发生偏转,即 $\theta_2 = 0$,因

此 $\theta_2^T = \theta_3^T = \theta_1^T$。在这种情况下,三激波理论的边界条件简化为 $\theta_1 = \theta_3$。通过反射激波后的气流不发生偏转这一事实,意味着反射激波垂直于状态(1)的来流,即 $\phi_2 = 0$。根据 Colella 与 Henderson(1990)的研究,这个条件实际上是从马赫反射到冯·诺依曼反射的转换准则(即 MR⇆vNR 转换,参考式(3.14a)和式(3.14b),以及相关文字内容)。与图 1.19(a)~图 1.19(c)3 个 $I-R$ 极曲线组合相对应的波系结构参考图 1.20,图中清晰地描述了各种情况下气流经反射激波后偏转方向的差异。

Colella 与 Henderson(1990)的研究得出以下结论:

(1)当三激波理论控制方程的解得到标准解,即 $\theta_1 - \theta_2 = \theta_3$,则激波反射结构为马赫反射结构;

(2)当三激波理论控制方程的解得到非标准解,即 $\theta_1 + \theta_2 = \theta_3$,则激波反射结构为冯·诺依曼反射结构。

虽然第一个结论是正确的,但第二个结论只是部分正确,因为在某些情况下,三激波理论确实有一个非标准解,但该解是非物理解。因此,上述第二个结论应修改为:

当三激波理论控制方程的解得到非标准解,即 $\theta_1 + \theta_2 = \theta_3$,若该解为物理解,则激波反射结构为冯·诺依曼反射结构。

需要注意的是,冯·诺依曼反射结构的概念是 Colella 和 Henderson(1990)提出的,他们认为这个反射结构概念解决了冯·诺依曼悖论,即类似马赫反射的结构出现在三激波理论没有解的条件下。但本处的结论与之相矛盾,冯·诺依曼反射结构不是发生在三激波理论没有解的情况下(即当 I 极曲线和 R 极曲线根本不相交时),而是对应三激波理论的一个非标准解,即 $\theta_1 + \theta_2 = \theta_3$ 条件下。三激波理论的标准解产生马赫反射结构,条件是 $\theta_1 - \theta_2 = \theta_3$。

当三激波理论提供了标准解和非标准的物理解时,情况已经很清楚了。但仍然存在两种其他情况:

(1)三激波理论确实提供了一个非标准解,该解为非物理解。

(2)三激波理论确实没有任何解(即 I 极曲线和 R 极曲线不相交)。但实验结果表明,在该条件域中产生的波系结构却类似于冯·诺依曼反射结构或马赫反射结构。这才是冯·诺依曼悖论。

实际上,这个悖论在 60 多年前就被 Guderley(1947)解决了,他推测,除了上述众所周知的三道激波交汇于同一个点(即三波点)的结构外,有些情况下,在这个结构中,还多出一束很小的普朗特—迈耶膨胀扇。因此,这种结构不只是三道激波的交汇,而是四波交汇结构,即三道激波和一束膨胀波的结构。由于这个原因,三激波理论未能描述这种反射结构并不奇怪,因为三激波理论从未打算模

147

拟四波交汇的情况。根据 Skews 与 Ashworth(2005)的建议,该反射结构以 Guderley 命名,称为 Guderley 反射,图 3.16 是这种结构的波系示意图。

然而,事实证明,上述内容仍然没有提供激波反射现象的全貌,因为,在冯·诺依曼条件域和 Guderley 条件域之间的某些情况下,这两种反射结构都不可能产生,而是存在另一种波系结构。

这个结论可以通过分析 $I-R$ 极曲线组合随互补楔角 θ_w^C 减小的演化情况获得。参考图 3.29,给定 $Ma_S = 1.47$, $\gamma = 5/3$,互补楔角($\theta_w^C = 90° - \phi_1$)从位于马赫反射条件域的初始值 41° 开始减小,分析 θ_w^C 分别为 38.2°、34.5°、33.9°、32.5°、31.8° 以及最终的 30° 的 $I-R$ 极曲线组合演化情况。

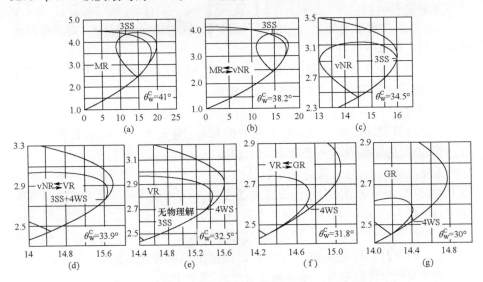

图 3.29 激波反射结构类型随 θ_w^C 演化的 $I-R$ 极曲线图

(空心圆圈—声速点;$Ma_S = 1.47$, $\gamma = 5/3$)

图 3.30(a)~图 3.30(g)是图 3.29(a)~图 3.29(g)7 种 $I-R$ 极曲线组合的局部放大图,在所有激波极曲线上,声速点都标记为空心圆圈。图 3.30(a)给出了 $\theta_w^C = 41°$(即 $\phi_1 = 49°$)的 $I-R$ 极曲线组合。I 极曲线和 R 极曲线相交得到的是三激波理论的标准解(即 $\theta_1 - \theta_2 = \theta_3$),因此这个组合产生的激波反射是马赫反射结构。图 3.30(a)还表明,I 极曲线和 R 极曲线在它们的强解段(即在亚声速段)相交。因此,在生成的马赫反射结构中,三波点附近、滑移线两侧的流动是亚声速的,即 $Ma_2 < 1$ 且 $Ma_3 < 1$。意味着,在准稳态的情况下,这个 $I-R$ 极曲线组合是一个单马赫反射结构。

148

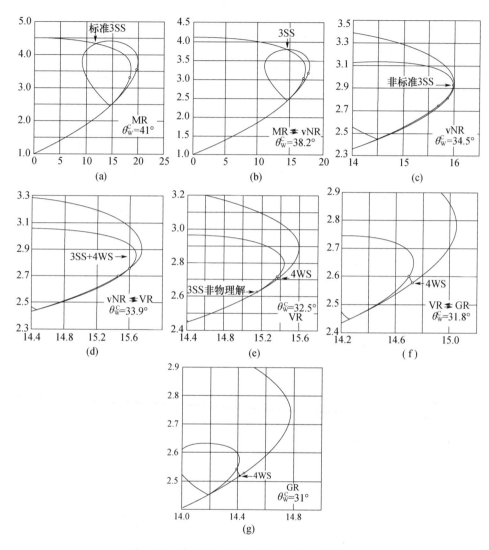

图 3.30 对应图 3.29 放大的 $I-R$ 极曲线组合

（空心圆圈—声速点）

当 $\theta_{\mathrm{w}}^{\mathrm{C}}$ 减小到 $38.2°$（$\phi_1 = 51.8°$）时，对应 $\theta_2 = 0$ 的情况，即 $\theta_1 \pm \theta_2 = \theta_3$ 或 $\theta_1 = \theta_3$，参考图 3.30(b)。事实上，这是一个马赫反射结构终止、冯·诺依曼反射结构开始产生的条件，即 MR⇆vNR 转换点（Colella 与 Henderson，1990）。图 3.30(b) 还表明，这时 $Ma_2 < 1$ 且 $Ma_3 < 1$。图 1.20(c) 是与这种情况相对应的波系结构。

图 3.30(c)是 $\theta_{\mathrm{w}}^{\mathrm{c}} = 34.5°$(即 $\phi_1 = 55.5°$)的 $I-R$ 极曲线组合。I 极曲线和 R 极曲线的交点得到一个三激波理论的非标准解(即 $\theta_1 + \theta_2 = \theta_3$),因此,形成冯·诺依曼反射结构。图 3.30(c)还表明,I 极曲线和 R 极曲线是在亚声速段相交的,所以,在形成的冯·诺依曼反射结构中,滑移线两侧的流动均为亚声速,即 $Ma_2 < 1$ 且 $Ma_3 < 1$。这种情况的波系结构参考图 3.28(a)。

当 $\theta_{\mathrm{w}}^{\mathrm{c}}$ 减小到 $\theta_{\mathrm{w}}^{\mathrm{c}} = 33.9°$(即 $\phi_1 = 56.1°$)时,获得图 3.30(d)所示的情况。此时,I 极曲线的亚声速段恰好相交于 R 极曲线的声速点。在这种情况下,$Ma_2 = 1$、$Ma_3 < 1$。后文将讲到,这种情况是一个分界条件,超过该条件时,三激波理论是有一个解的,但该解为非物理解。因此,这是冯·诺依曼反射结构终止、开始产生 Vasilev 反射结构的条件。Vasilev 反射的波系结构参考图 3.28(b)。图 3.30(d)的情况既然是冯·诺依曼反射结构终止、开始产生 Vasilev 反射结构的条件,因此就是 vNR $\leftrightarrows$ VR 转换点。同时,从此开始、超越该条件后,三激波理论的解不再是物理解,因此它应该被另一个理论所取代,也就是四波理论(4WT),即该情况标记为 3ST $\leftrightarrows$ 4WT。

当 $\theta_{\mathrm{w}}^{\mathrm{c}}$ 进一步减小到 $32.5°$(即 $\phi_1 = 57.5°$)时,得到图 3.30(e)所示的情况。可以看到,I 极曲线和 R 极曲线仍然相交,即三激波理论仍然有解。然而,极曲线在它们的弱解部分相交,说明滑移线两侧的流动均为超声速,即 $Ma_2 > 1$、$Ma_3 > 1$。这个解意味着,状态(3)的流动是超声速并指向反射楔面的,这不是物理解。而四波理论的极曲线组合给出 Vasilev 反射结构,图中显示的是将状态(3)I 极曲线上的亚声速状态与状态(2)R 极曲线上的声速点连接起来。Vasilev 反射结构的波系参考图 3.28(b),可以看到,一个普朗特—迈耶膨胀扇存在于两个非超声速流动区域之间。当然,普朗特—迈耶膨胀扇不能存在于均匀的亚声速流动中,但在特定情况下,当膨胀扇前存在强烈的非均匀汇聚流动时,可以产生普朗特—迈耶膨胀扇。设想有两条邻近的流线,它们之间的流动类似于拉瓦尔喷管内的流动,在膨胀扇的边界处是"喷管"的最小横截面。

当 $\theta_{\mathrm{w}}^{\mathrm{c}}$ 减小到 $\theta_{\mathrm{w}}^{\mathrm{c}} = 31.8°$($\phi_1 = 58.2°$)时,得到图 3.30(f)中的解。此时,$I$ 极曲线和 R 极曲线不再相交,三激波理论无解。根据 Vasilev(1999)的四波理论,I 极曲线和 R 极曲线的声速点是桥接起来的,因此,$Ma_2 = 1$、$Ma_3 = 1$。实际上,在该条件下 Vasilev 反射结构终止、开始产生 Guderley 反射结构,即该条件是 VR $\leftrightarrows$ GR 转换条件。

当 $\theta_{\mathrm{w}}^{\mathrm{c}}$ 进一步减小到 $31°$($\phi_1 = 59°$)时,得到图 3.30(g)所示的情况。I 极曲线和 R 极曲线不相交,三激波理论无解。根据 Vasilev(1999)的四波理论,I 极曲线和 R 极曲线在 $Ma_2 = 1$ 和 $Ma_3 > 1$ 处桥接,形成 Guderley 反射结构,参考图 3.28(c)。普朗特—迈耶膨胀扇负责从状态(2)到状态(3)的过渡。

表 3.1 对上述 $Ma_S = 1.47$、$\gamma = 5/3$ 条件下反射类型随 θ_W^C 而演变的情况以及各类反射结构之间的转换准则进行了总结。

表 3.1　反射过程随 θ_W^C 的演变小结（$Ma_S = 1.47$、$\gamma = 5/3$）

$\theta_W^C(\phi_1)$	状态（2）的马赫数	状态（3）的马赫数	反射结构
$\theta_W^C = 41°(\phi_1 = 49°)$	$Ma_2 < 1$	$Ma_3 < 1$	MR
$\theta_W^C = 38.2°(\phi_1 = 51.8°)$	$\phi_2 = 90°$		MR $\rightleftarrows$ vNR
$\theta_W^C = 34.5°(\phi_1 = 55.5°)$	$Ma_2 < 1$	$Ma_3 < 1$	vNR
$\theta_W^C = 33.9°(\phi_1 = 56.1°)$	$Ma_2 = 1$		vNR $\rightleftarrows$ VR 及 3ST $\rightleftarrows$ 4WT
$\theta_W^C = 33.4°(\phi_1 = 56.6°)$	$Ma_2 < 1$	$Ma_3 < 1$	VR
$\theta_W^C = 31.8°(\phi_1 = 58.2°)$	$Ma_3 = 1$		VR $\rightleftarrows$ GR
$\theta_W^C = 31°(\phi_1 = 59.0°)$	$Ma_2 = 1$	$Ma_3 > 1$	GR

图 3.31 是上述各类（弱）激波反射结构的转换准则关系树。

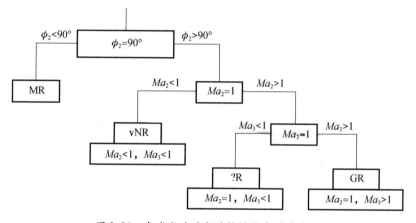

图 3.31　各类激波反射结构转换准则关系树

根据前面的讨论,图 3.32(a)、图 3.32(b) 用 (Ma_S, θ_W^C) 图的形式,分别给出双原子气体 $(\gamma = 7/5)$ 和单原子气体 $(\gamma = 5/3)$ 的不同激波反射结构之间的条件域和转换边界。线 1 为 MR $\rightleftarrows$ vNR 转换线,即 $\phi_2 = 90°$ 线,在该线的上方 $\phi_2 < 90°$,是马赫反射区;线 2 为 vNR $\rightleftarrows$ VR 转换线,在这条线上 $Ma_2 = 1$,这条线还是三激波理论有无物理解的分界线,即 3ST $\rightleftarrows$ 4WT 分界线。线 3 为 VR $\rightleftarrows$ GR 转换线,即 $Ma_3 = 1$ 线。线 4 为 $Ma_1 = 1$ 的线,在这条线的下方,入射激波后的气流为亚声速,该区内不能发生激波反射现象,所以有时称为无反射(NR)域。无反射域仅存在于 (Ma_S, θ_W^C) 图中,在 (Ma_S, θ_W) 图上没有这个区域(回想一下,$\theta_W^C = \theta_W + \chi$,其中 χ 为三波点轨迹角)。线 5 将 (Ma_S, θ_W^C) 图分为两个区域,在该线的上方,

151

三激波理论至少有一个解(但不一定是物理解);在该线的下方,三激波理论没有任何解。因此,在线 2 和线 5 之间,三激波理论有一个非物理解。冯·诺依曼悖论存在于由线 2 和线 4 所限定的域内。Guderley(1947)提出了四波概念,解决了由线 3 和线 4 之间条件域中的悖论(三道激波和一道膨胀波),该域中的反射现象为 Guderley 反射,参考图 3.28(c)。在由线 2 和线 3 界定的域中发生的是 Vasilev 反射,参考图 3.28(b)。

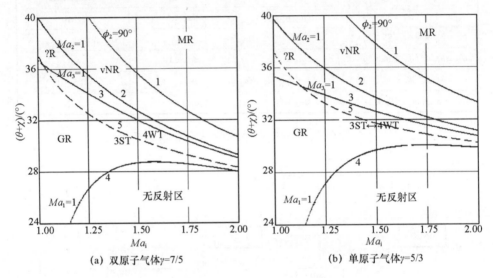

(a) 双原子气体 $\gamma=7/5$ (b) 单原子气体 $\gamma=5/3$

图 3.32   各类激波反射的条件域和转换边界(Ma_S, θ_w^C)图

1—MR $\leftrightarrows$ vNR 转换线($\phi_2 = 90°$);2—vNR $\leftrightarrows$ VR 转换线/三激波理论物理解分界线($Ma_2 = 1$);

3—VR $\leftrightarrows$ GR 转换线($Ma_3 = 1$);4—$Ma_1 = 1$ 线,其下方是无反射区,即入射激波后是亚声速;

5—此线以上三激波理论至少有一个数学解(未必是物理解),此线之下三激波理论无数学解。

总之,马赫反射域位于线 1 的上方;冯·诺依曼反射域位于线 1 和线 2 之间;Vasilev 反射域位于线 2 和线 3 之间;Guderley 反射域位于线 3 和线 4 之间;无反射域位于线 4 的下方。三激波理论在线 5 上方的条件域中至少有一个解(不必是物理解),在线 5 下方的条件域中没有解。

3.3   总结与评论

分析预测与实验获得的各类激波反射结构之间的转换线的比较表明,一般来说,各种气体的(Ma_S, θ_w)图,为实验人员提供了良好的工程结果,无论预测分析采用的是"旧"知识(第 1 版 2.4.3 节,Ben-Dor,1991)还是"新"知识。

图 3.33 是实验测量的氮气、氩气、二氧化碳和空气的单马赫反射、过渡马赫反射结构在 (ω_{ir}, Ma_{S}) 图上的分布,可以看到,除二氧化碳的一个数据以外,其他过渡马赫反射结构的实验数据均满足条件 $\omega_{ir} > 90°$,这些实验结果很好地证明,$\omega_{ir} > 90°$ 是 SMR $\leftrightarrows$ TMR/DMR 转换的必要条件。氮气和空气的几个单马赫反射实验数据位于 $\omega_{ir} = 90°$ 的上方,如果这些结构不是准过渡马赫反射,那么 $\omega_{ir} \geqslant 90°$ 可能不是充分条件。这些明显的证据完全是实验观察的结果,既不包括计算也不包括假设。如果将计算的 $\omega_{ir} = 90°$ 转换线添加到 (Ma_{S}, θ_{w}) 图上,并不能有助于更好地区分单马赫反射域和过渡马赫反射域,例如,参考本书第 1 版的图 2.41 ~ 图 2.45 及讨论,其中的图 2.42(a)、图 2.42(c)、图 2.43(c)、图 2.43(e) 和图 2.44(b) 证明,计算出的 $\omega_{ir} = 90°$ 线有时可能将违反 $Ma_2^T = 1$ 转换线的 SMR 实验数据放在符合转换条件的条件域内。在另外计算 $\omega_{ir} \geqslant 90°$ 的要求时,符合 $Ma_2^T = 1$ 转换线的 SMR 实验数据却没有一个被挪入 TMR 域。但对于许多 TMR 实验数据则不然,一开始,根据 $Ma_2^T = 1$ 条件要求这些数据处于 TMR 条件域,但根据 $\omega_{ir} = 90°$ 条件计算却应处于 SMR 域,参考第 1 版图 2.43(a)、图 2.43(f)、图 2.44(a)、图 2.44(b)、图 2.45(a) 和图 2.45(c)。这一矛盾的结果清楚地表明,在 ω_{ir} 的分析计算中被引入了误差,3.4.4 节将证明,无黏三激波理论确实无法准确预测三波点 T 附近各间断结构之间的夹角。因此推测,如果 $\omega_{ir} = 90°$ 转换线的计算考虑了黏性,则可期望获得与实验结果更为吻合的分析结果。

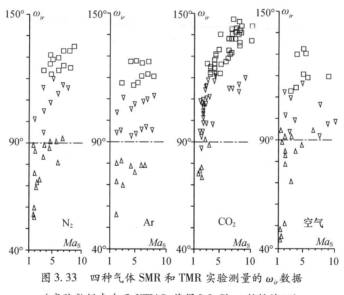

图 3.33 四种气体 SMR 和 TMR 实验测量的 ω_{ir} 数据

(实验数据来自于 UTIAS,获得 I. I. Glass 教授许可)

$\triangle$—SMR; $\triangledown$—TMR; $\square$—DMR。

第 1 版的图 2.41 ~ 图 2.45 还表明，Ma_2^T 转换线在明确区分过渡马赫反射域和双马赫反射域方面不够准确，可能是在计算三波点轨迹角 χ、χ' 以及第二三波点 T' 相对于第一三波点 T 的运动时，使用了过于简化的假设。正如预期的那样，根据"新"知识所做的修改，获得了更好的一致性。

单原子和双原子气体在实验条件下可以假设它们是完全气体，分析和实验之间也获得了相当好的一致性。但更复杂气体(如二氧化碳、Freon – 12 和 SF_6)的实验结果，却与完全气体的分析结果不一致。主要原因可能是这些气体在室温下已经被激发，导致过激波后的气流处于非平衡态，因此，无论是完全气体解还是实际气体的平衡流态解都不能再现实验结果，这些解最多可以看作是实际解的上下限。实验中，双马赫反射的结果出现在规则反射条件域内的事实表明，RR⇆IR 转换线的计算应采用更符合实际情况的假设。这条转换线是通过求解规则反射结构反射点 R 附近的流场而获得的，由于反射点 R 位于反射楔面上，因此，对于准确计算这条转换线，传热和黏性的作用可能很重要。然而，事实证明(第 1 版图 2.41 ~ 图 2.45)，真实气体效应和黏性使 RR⇆IR 转换线向下移动，与第 1 版图 2.44(a)、图 2.44(b)的虚线所要求的方向相反。因此，为了获得更精确的 RR⇆IR 转换线，传热可能是应该补充考虑的作用机制。

所有的 TDMR 实验(第 1 版图 2.44 和图 2.45)都位于预测的范围之外，这一事实清楚地表明，$\chi' = 0$ 转换线的计算不够精确。可能又是由于没有正确处理真实气体效应的作用方式，即采用了平衡态假设，而不是采用非平衡态模型，以及计算 χ' 时采用了过于简化的假设。另外，$\chi' = 0$ 条件使第二三波点位于反射楔面上，意味着，如果想要得到更真实的 $\chi' = 0$ 转换线，可能就不应该忽略黏性和传热效应。

总之，在此之前所介绍的两激波和三激波理论未能准确预测准稳态流动中的两激波和三激波反射结构，主要有以下两个原因：

(1)两激波和三激波理论所依据的一些假设不合理；

(2)在实验设置中，还有一些其他作用因素决定着激波管中的激波反射结构，这些因素影响了实际获得的两激波和三激波结构。

接下来，将分析这两个主要原因。在可能的情况下，对两激波和三激波理论进行修正。

3.4 完全气体无黏两激波理论和三激波理论的修正

两激波、三激波理论预测结果与实验结果的比较清楚地表明，为了提高预测精度、获得与实验数据更相符的预测结果，必须对这些理论进行修正。

两激波和三激波理论所依据的主要假设有：

(1)流场是稳态的；

(2)在规则反射结构的反射点和马赫反射结构的三波点处，间断结构是直的，即每对相邻间断结构之间的流动区域是均匀的；

(3)流体满足完全气体状态方程($p = \rho RT$)；

(4)流体是无黏的($\mu = 0$)；

(5)流体是不导热的($k = 0$)；

(6)三波点后的接触间断是一道滑移线，即滑移层是无限薄的。

下面将讨论这些假设的有效性。在可能的情况下，放宽假设限制，提出修正的模型。

3.4.1　非稳态效应

两激波和三激波理论中假设，在规则反射结构的反射点和马赫反射结构的三波点附近，流场是稳态(定常)的。严格来讲，如果用这些理论来研究稳态流动中的激波反射结构，比如，在风洞中获得的激波反射，完全可以满足"稳态"的要求。

然而，在激波管的实验中，流动不是稳态的。但 20 世纪 40 年代早期的实验观测证明，在这种情况下，研究激波反射结构所用的两激波和三激波理论是合理的。实验结果表明，反射结构是自相似的，因此流场可以看作是准稳态的。

然而，在研究第一个三波点的形成问题时，根据实验研究，对马赫反射结构的自相似特性假设的有效性提出了一些质疑。Reichenbach(1985)和 Schmidt(1989)提供的实验证据表明，三波点不是在反射楔的前缘形成的，而是在距反射楔面一定距离处形成的。此外，他们还发现，在反射楔面的三波点成形位置附近，三波点轨迹不是直线。因此，马赫反射结构在其早期阶段，不可能有一个自相似的结构；但在三波点轨迹发展为直线时，可能马赫反射结构就获得了自相似特性。Dewey 和 van Netten(1991 和 1995)通过实验证明，反射结构的演化确实不是自相似的，但是，他们所有的实验结果都表明，如果等待的时间足够长，最终形成的反射结构的三波点轨迹的反向延长线会经过反射楔的前缘。

3.4.7 节将进一步评述准稳态流中反射结构的自相似性问题。

3.4.2　非直间断结构

两激波和三激波理论假设，在规则反射结构的反射点和马赫反射结构的三波点处，间断结构是直的。这一假设意味着，任意两个相邻间断结构之间的流动是均匀的。

在规则反射情况下,参考图3.4,只要反射点后的气流相对于反射点是超声速的,即 $Ma_2^R > 1$,这一假设就是合理的,因为入射激波 i 和反射激波 r 分割的是超声速流动。在这种情况下,当采用两激波理论计算规则反射结构反射点附近的流场特性时,"反射点附近的间断为直线"的假设不应给预测带来任何误差。

然而,三激波理论却不同。虽然马赫反射结构的三波点 T 的入射激波 i 总是直的,但马赫杆 m 和滑移线 s 在三波点附近却总是弯曲的,参考图3.7~图3.9。因此,基于三激波理论预测三波点附近结构时,"间断结构为直线"的假设就给预测引入了一个固有误差。

此外,仅当 $Ma_2^R > 1$,即仅在过渡马赫反射(图3.8)、准过渡马赫反射和双马赫反射结构(图3.9)条件下,仅在第一三波点附近,反射激波 r 是直的。在单马赫反射结构中(图3.7),第一三波点 T 附近的反射激波是弯曲的,因为单马赫反射结构仅存在于 $Ma_2^R < 1$ 时。当采用三激波理论来计算单马赫反射三波点附近的流动特性时,这一事实将在预测中进一步引入固有误差。

类似地,双马赫反射结构的第二三波点 T' 附近的间断结构(图3.9、图3.21)并不都是直的。第二个马赫杆 m' 和第二道滑移线 s' 都是弯曲的。因此,在计算预测双马赫反射结构第二三波点附近的流动特性时,"间断结构为直线"的假设给预测结果引入了一个固有的误差。

3.4.3 真实气体效应

当激波在气体中传播时,气体分子的平动和转动自由度被激发到一种新的平衡态,完成这种激发所需的距离称为松弛长度,一般情况下,松弛长度等于几个平均自由程,与激波的波阵面厚度的量级相当。其他内部自由度则需要更长的时间(或距离)才能达到平衡。因此,在分析气体动力学的激波现象时,松弛长度的作用是非常重要的。如果内部自由度的松弛长度远大于现象的特征长度,内部自由度可视为冻结状态,即保持激波之前的状态。如果内部自由度的松弛长度比现象的特征长度短得多,则可以假定,在激波波阵面后,气体立刻处于平衡状态,注意,这只是一个简化的假设,因为气体只在与松弛长度量级相当的距离处获得近似平衡的状态。当松弛长度与现象的特征长度量级相当时,气体处于非平衡状态,在这种情况下,冻结解和平衡解可以看作是真实非平衡解的边界,是两种极限情况。

对于一个给定的反射现象,虽然没有一个直接的规则来选择其特征长度,但在有些情况下,特征长度是非常明显的,其选择是非常简单的。对于 TMR $\rightleftarrows$ DMR 转换问题(根据反射激波后气流相对于第二三波点的马赫数 $Ma_2^{T'}$ 判断是否发生转换),可将第一三波点 T 和第二三波点 T' 之间的距离视为特征长度,这是因为第二三波点附近的气流状态取决于入射激波后的松弛区长度。

图 3.34 是双马赫反射结构在给定反射楔上 3 个不同位置的情况,在入射激波后分别标示出振动松弛长度 l_v 和离解松弛长度 l_d。这些松弛长度仅依赖于入射激波马赫数及其上游的气流特性,图 3.35 给出的是氮气、氧气、二氧化碳的振动松弛长度与入射激波马赫数的关系。然而,激波反射的波系结构是随时间呈线性增长的。

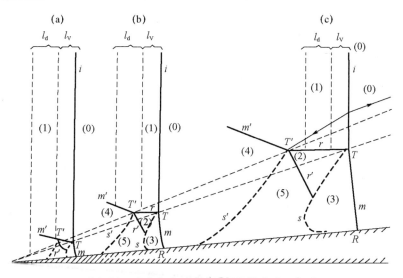

图 3.34　真实气体效应对 DMR 影响的示意图

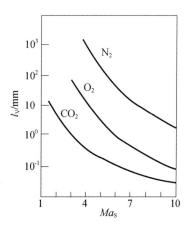

图 3.35　振动松弛长度与入射马赫数的关系
$(p_0 = 15\text{Torr}, T_0 = 300\text{K})$

当入射激波位于位置(a)时,第二三波点 T' 仍处于振动自由度尚未达到平衡、离解自由度却仍处于冻结态的区域内(一般假定,离解自由度的激发只有在振动达到平衡后才开始)。因此,如果需求解第二三波点附近的流场,则气流从状态(1)接近第二个三波点的过程应作为非平衡流动处理。随后,入射激波到达位置(b)。在这个位置,第二三波点 T' 位于振动松弛区以外,因此 T' 的流动已经处于振动平衡状态。然而,离解自由度此时已经被激发,还没有达到平衡。所以,在这种情况下,对第二三波点 T' 附近流场的处理方法就与位置(a)不同。当入射激波到达位置(c)时,第二三波点 T' 已经位于离解松弛区之外,气流从状态(1)接近第二三波点 T' 的流动已经处于离解平衡状态。

上述图示和讨论清楚地表明,为精确求解第二三波点附近的流场,各种松弛长度具有重要作用。很明显,第二三波点附近的流场取决于第二三波点 T' 与入射激波 i 之间距离的连续变化情况,或者取决于入射激波在反射楔面上的位置。

注意,相对于入射激波,第二三波点是向后移动的,而第一三波点是入射激波的一部分,因此,在第一三波点附近,所有的内部自由度都是冻结的,保持着激波前的状态。因此,求解第二三波点附近的流场必须考虑真实气体效应,但求解第一三波点附近的流场时,可以采用冻结流求解方法。也就是说,SMR⇆TMR/DMR 转换准则(即 $Ma_2^T = 1$),应当是状态(1)、(2)和(3)区为冻结流的转换准则;而 TMR⇆DMR 转换准则(即 $Ma_2^{T'} = 1$),则取决于状态(1)气流的热力学状态,该热力学状态又取决于入射激波在反射楔上的位置。

前面的讨论证明,对于双马赫反射结构,在求解第二三波点附近的流场时,特征长度的选取很明显。在其他情况下,比如规则反射结构或单马赫反射结构,特征长度的选取比较困难。然而,只要是求解规则反射结构反射点 R 附近流场,或马赫反射结构的第一个三波点 T 附近的流场,"气流是冻结态"的假设就是合理的,气流各内部自由度保持其激波前的受激水平。对于氩气、氮气、氧气和空气,在室温条件下可以假设为完全气体,在规则反射结构的反射点附近,或在马赫反射结构的第一三波点附近,应作为完全气体对待。而 Freon-12、SF_6 和 CO_2,在室温条件下已被激发,在规则反射结构的反射点附近、马赫反射结构的第一三波点附近,应处理为当地激发水平上的冻结流。

上述讨论还表明,即使在单一反射结构情况下,也不可能确定一个单一的特征长度。例如,双马赫反射情况下,在处理两个三波点附近的结构时,应考虑两个不同的特征长度,两个特征长度可能相差几个量级。此外,内部自由度不会以图3.34 所示的简化方式松弛,离解松弛不会等到振动平衡后才开始,而是更早的时候就开始了;在某些情况下,振动自由度和离解自由度都没有完全激发起来;当温度足够高时,电子激发和电离使问题进一步复杂化。还有更复杂的情况,那就是,松弛过程本身并没有一个精确的长度,因为松弛过程要达到最终的平衡状态,所需的长度比松弛长度要大得多。通常,松弛长度的定义是,气流特性达到其平衡值的 $1-1/e$ 倍所需的距离,理论上获得平衡状态所需的长度是无穷远。

上述讨论表明,获得真正的非平衡解可能过于复杂。因此,在模拟真实气体行为时,一种常见的做法是,假设最活跃的自由度处于平衡态,即振动、离解、电子激发或电离的平衡态。这种真实气体模型应看作是实际现象的一个边界或极限,也就是说完全气体模型是另一个边界或极限。关于内部自由度激发假设的更详细讨论,可以参考 Shirouzu 与 Glass(1986)和 Glaz 等(1988)的论文。

图 3.36(a)是基于"旧"知识绘制的氮气不同类型激波反射结构条件域的 (Ma_S, θ_w^C) 图,包括完全气体态的氮气(实线)和离解平衡态的氮气(虚线)。在真实气体模型中假设,在反射结构中,气体处处都处于离解平衡。在相对较低的入射激波马赫数下,由于振动自由度的激发,非完全气体氮气(离解平衡态的氮气)的转换线偏离了完全气体态的转换线。在较高的入射激波马赫数(即较高的温度)条件下,每个压力条件的真实气体边界线清晰地分裂为四条线(编号1~4,每一条对应不同的初始压力 p_0),这种分裂缘于离解自由度的激发,初始压力越低,偏离相应条件完全气体线越远。由于离解松弛依赖于压力和温度,振动松弛不依赖于压力,只依赖于温度,因此,在初始压力不同而初始温度相同的情况下,在较低马赫数时转换线汇聚到一条线上。图 3.36(a)清楚地表明,对于给定的 Ma_S 和 θ_w,产生的反射结构取决于气体的热力学状态。如果气体可以假设为离解平衡态,那么在较高的入射激波马赫数条件下,反射现象也取决于初始压力。例如,在 $Ma_S = 10$、$\theta_w^C = 44°$ 条件下,如果 $p_0 < 1\text{Torr}$,就应该预计出现规则反射结构;如果 $p_0 > 1000\text{Torr}$,就应该预计出现双马赫反射结构。然而,由于实际的流动很可能不是离解平衡状态,从图 3.36(a)中可以看到,对于 $Ma_S = 10$、$p_0 = 1\text{Torr}$,当 $\theta_w^C = 42.6°$ 时无法得到规则反射结构,而当 $\theta_w^C = 50.1°$ 时不可能得到马赫反射结构。在 $42.6° < \theta_w^C < 50.1°$ 范围内,根据气体(氮气)的实际热力学状态,可以获得规则反射结构或双马赫反射结构。

图 3.36(b)是基于"旧"知识绘制的氩气不同类型激波反射的 (Ma_S, θ_w^C) 图。除了平动自由度外,单原子气体还有其他两个自由度,即电子激发和电离。由于电离自由度的激发,电离平衡态氩气的转换线偏离完全气体氩气的转换线。图中给出不同的初始压力 p_0 的 4 条转换线(编号 1~4),初始压力越低,偏离相应条件完全气体线越远。与依赖于压力和温度的电离松弛不同,电子激发松弛只依赖于温度,因此,在初始压力不同而初始温度相同的情况下,4 条转换线(在一

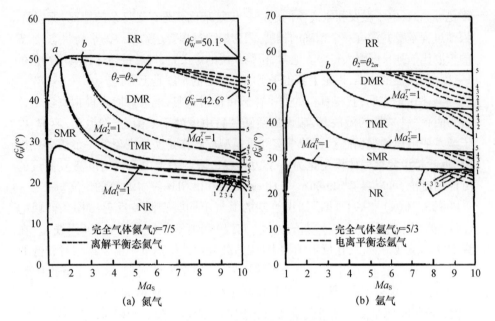

图 3.36　各激波反射类型的条件域与转换边界(Ma_S,θ_W^C)图

非完全气体:$1—T_0 = 300K, p_0 = 1\ Torr; 2—T_0 = 300K, p_0 = 10\ Torr;$

$3—T_0 = 300K, p_0 = 100\ Torr; 4—T_0 = 300K, p_0 = 1000\ Torr$。

定马赫数条件下)汇聚到一条线上。

图 3.36(a)、(b)均表明,真实气体效应导致转换线偏离完全气体转换线,真实气体的转换线向反射楔角更小的方向偏移。初始压力越低,开始发生偏移的入射激波马赫数越小。

3.4.4　黏性效应

两激波理论和三激波理论分析模型中的假设之一就是流体是无黏的,但这个假设是不符合实际的,所有的实际流体都有一定的黏度。无论是规则反射还是马赫反射条件下,黏性使流体与反射楔面之间产生动量交换;在马赫反射结构中,也是因为黏性的存在,滑移线两侧的流体之间会产生动量交换。

下面分别讨论黏性对规则反射和马赫反射结构的影响。

1. 黏性对规则反射结构的影响

图 3.37(a)是黏性条件下激波在平直表面上形成的规则反射结构示意图。总体上看,图 3.37(a)与图 3.4 相似,不同的是,黏性条件下,图 3.37(a)中增加了边界层 $\delta(x)$。在固定于反射点 R 的坐标系上看,该边界层 $\delta(x)$ 是状态(2)的

160

气流沿反射面发展起来的,反射点 $R(x=0)$ 是边界层增长发展的起点。边界层是黏性效应占主导地位的流动区域,在这个区域中,黏性效应不应被忽略。

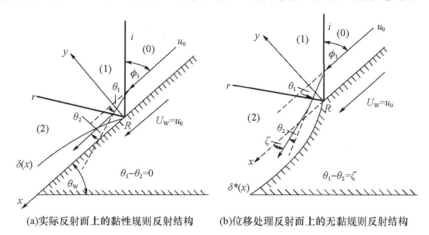

(a)实际反射面上的黏性规则反射结构　　(b)位移处理反射面上的无黏规则反射结构

图 3.37　黏性规则反射结构与无黏化(移位)处理示意图

图 3.37(a)提示,如果保留规则反射结构的边界条件 $\theta_1-\theta_2=0$,参考图 1.13,则状态(2)的气流不能视为无黏,而是要用完全 Navier – Stokes 方程组求解状态(2)的流动。状态(1)和状态(0)中的流动却是另外的情况,在状态(0),气体和反射楔面之间没有摩擦,因为在固定于反射点 R 的坐标系中,气体和反射楔面以相同的速度移动;状态(1)的气流与反射楔面是隔开的(不接触)。因此,状态(0)和状态(1)的气流仍然可以假设为无黏,在这些流动区域不需要求解完全 Navier – Stokes 方程组。

有一种简单的方法去克服上述困难,即边界层位移技术。采用边界层位移技术,使反射楔面的几何形状发生改变(移位),同时也使其上方的气流可以视作无黏。Hornung 与 Taylor(1982)最早提出将这一技术用于激波反射研究的想法,当时他们正试图解决冯·诺依曼悖论,即规则反射结构存在于其理论预测极限之外一定范围的现象。将边界层位移技术用于规则反射结构研究的思想见图 3.37(b),反射点 R 后的反射楔面经位移量 $\delta^*(x)$ 处理(得到一个移位后的虚拟反射面)。$\delta^*(x)$ 可以按经典流体力学教科书的方法,如 Shames(1982),由 $\delta(x)$ 简单计算。图 3.37(b)表明,由于反射楔面的移位,$\theta_1-\theta_2 \neq 0$,反射激波后的气流不再平行于原真实反射楔面,而是以一个角度 ζ 流向原反射楔面。原则上可以从 $\delta^*(x)$ 求得 ζ,但 ζ 无法由一个简单、直接的过程获得。图 3.38 绘制出了 $\delta^*(x)$,反射点 R 为边界层发展的起始点(即在 R 点 $x=0$),边界层位移厚度的一般表达式为 $\delta^*(x)=Ax^\alpha$,其中 $\alpha < 1$,参考 Shames(1982)的研究工作。因此,

在 $x=0$ 处 $\mathrm{d}\delta^*/\mathrm{d}x \to \infty$,所以在 $x=0$ 处,ζ 不能等于 $\mathrm{d}\delta^*/\mathrm{d}x$,因为气流不可能光滑地完成 $90°$ 的突然转弯。为从 $\delta^*(x)$ 计算出 ζ,Shirouzu 与 Glass(1982)建议了两种方法。

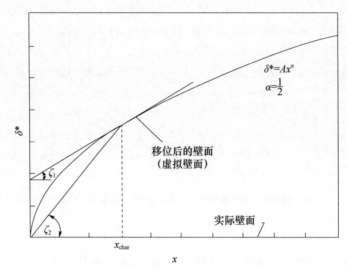

图 3.38　平直壁面上层流边界层位移厚度剖面与位移角度定义示意图

(1)在特征距离 x_{char} 处,位移边界的斜率为

$$\zeta_1 = \arctan\left[\frac{\mathrm{d}\delta^*}{\mathrm{d}x}\right]_{x_{\mathrm{char}}} \tag{3.63a}$$

(2)在特征距离 x_{char} 处,位移边界的平均斜率为

$$\zeta_2 = \arctan\left[\frac{\delta^*}{x}\right]_{x_{\mathrm{char}}} \tag{3.63b}$$

在这两种推荐的方法中,为确定 ζ,都需要选择一个特征长度。Shirouzu 与 Glass(1982)建议使用平均斜率法,并选用 $x_{\mathrm{char}}=1\,\mathrm{mm}$,他们认为这是最现实的选择,因为这是实验图像上可实际分辨的最小长度。但无论是他们还是其他人,都没有在研究规则反射结构时采用上述方法评估边界层的 $\delta(x)$,并最终获得 ζ。实际被采用的是式(1.5)～式(1.12),连同取代式(1.13)的边界条件式(3.64),通过赋予 ζ 不同的值,迫使 RR$\leftrightarrows$IR 转换线向更低的 θ_{w} 移动。

$$\theta_1 - \theta_2 = \zeta \tag{3.64}$$

图 3.39 是采用上述方法获得的空气的结果。可以清楚地看到,通过赋予 ζ 非零值,RR$\leftrightarrows$IR 转换线移动到了较低的楔角处。ζ 越大,RR$\leftrightarrows$IR 转换线偏移越远。这种偏移与是否考虑真实气体效应无关,所以,很明显,利用边界层位移的

概念,可以解释为何在无黏两激波理论预测的 RR⇆IR 转换线以下,还会出现规则反射结构。

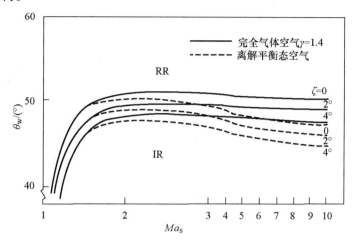

图 3.39　RR⇆IR 转换线与边界层位移厚度角的关系

——冻结态空气;------离解平衡态空气。

边界层位移概念意味着,如果要求解一个考虑黏性的解,就必须考虑气流在真实反射面上的实际流动情况。然而,如果希望使用无黏方法,就必须假设气流流过一个假想的反射面,如图 3.40 所示,该假想的反射面在反射点 R 处的斜率发生了变化。

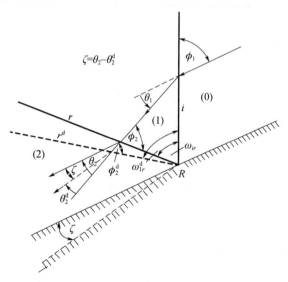

图 3.40　位移处理后的 RR 反射激波 r 示意图

为了进一步证明边界层位移概念的有效性,Shirouzu 与 Glass(1982)指出,黏性效应也是导致两激波理论预测的入射激波和反射激波之间的夹角 ω_{ir} 与实验测量值不一致的原因,参考图 3.40,如果气流流过一个假想的楔面,反射的激波 r(实线)应该取一个新的方向 r^{d}(虚线),因为需要使流动只偏转一个更小的角度 θ_2^{d}(由于 $\theta_2 - \theta_2^{\mathrm{d}} = \zeta$,故 $\theta_2^{\mathrm{d}} < \theta_2$)。

图 3.41 是实验测得的氩气反射激波角 ω_r 与边界层位移角之间的关系,清楚地说明了这种效应,其中 ω_r 是反射激波和反射楔面之间的夹角,$\omega_r = 180° - \phi_1 - \omega_{ir}$。图中将实验结果与两激波理论预测的若干 ζ 取值的结果($\zeta = 0°$、$1°$ 和 $2°$)进行了比较。如果 $\zeta = 0°$,即适用无黏两激波理论的情况,预测的 ω_r 值比实验测量结果高约 $2.6°$。对于 $\zeta = 2°$,是考虑黏性效应的情况,其结果与实验测量值吻合得很好。

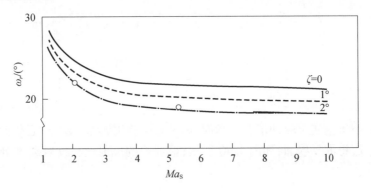

图 3.41　反射激波角与边界层位移角的关系($\theta_{\mathrm{W}} = 60°$,氩气)

尽管 Shirouzu 与 Glass(1982)和其他人都没有系统地尝试如何从反射面边界层剖面 $\delta(x)$ 获得正确的 ζ 值(在图 3.41 中,正确的值是 $\zeta = 2°$),但这些研究无疑证明了一个事实,即:欲采用两激波理论精确地求解规则反射结构,就应该考虑黏性效应。

Wheeler(1986)的研究进一步说明,采用无黏两激波理论预测时,在 RR⇆IR 转换线以下一定范围,总是存在规则反射结构,可能就是由于黏性效应的作用。他的实验表明,实际的 RR⇆IR 转换线与无黏双激波理论预测的转换线之间的偏差,随着初始压力 p_0 的下降而增加,这种趋势与边界层理论一致。

2. 黏性对马赫反射结构的影响

图 3.42 表明,在马赫反射情况下,黏性效应不仅在反射楔面上占主导地位,

在滑移线的两侧也占主导地位。沿反射楔面的黏性效应与三波点 T 附近流场的求解没有关系,但确实会产生一些影响,因为反射楔面的黏性效应会影响反射点 R 附近的流场,而马赫杆根部就在反射点 R 处与反射楔面相接触。由于马赫杆后的流动为亚声速,在固定于三波点 T 的参考坐标系中,沿反射面发展的边界层的扰动可以传递到三波点,并对其产生影响。Dewey 与 McMillin(1985)在实验中观察到,马赫杆的根部并不完全垂直于反射楔面,首次报道了边界层影响马赫杆根部的事实。他们的观测可以用前面提到的论点来解释,如果假设气流是无黏的,就不会与真实反射楔面存在相互作用,因此气流通过马赫杆根部的零偏转条件就是正确的。相反,如果假设气流是黏性的,它应该被要求流过一个假想的、产生了位移的反射面,在该假想的反射面上,马赫杆的根部应该是倾斜的。遗憾的是,迄今为止还没有谁做过分析工作,来研究马赫杆根部的非垂直性及其对三波点附近流场的影响。

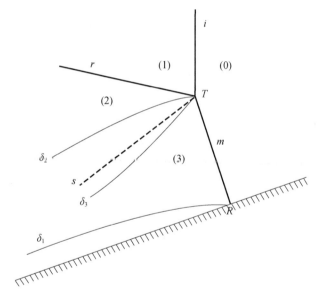

图 3.42　与马赫反射结构相关的各边界层示意图

滑移线两侧的黏性效应可能对三波点附近的流场有重要影响,基于这个理解基础,才能利用三激波理论,对 SMR⇆TMR/DMR 和 TMR⇆DMR 转换准则以及四大间断结构(入射激波 i、反射激波 r、马赫杆 m 和滑移线 s)之间的夹角进行正确预测。

图 3.43(a)是适用于无黏三激波理论的情况。滑移线上方和下方的气流都是均匀的,速度分别为 U_2、U_3,在滑移线处,速度场存在间断。然而

图 3.43(a)所示的情况是非物理的,因为所有流体都有一定的黏度。图 3.43(b)是黏性流动的流场结构示意图,由于滑移线两侧的流体存在动量交换,从而形成了从 U_2 到 U_3 的平滑过渡。已经证明,无黏三激波理论不能用来处理这种情况,需要求解完全 Navier – Stokes 方程组才能获得状态(2)和状态(3)的流场。

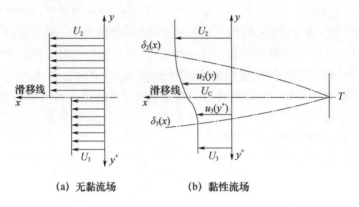

(a) 无黏流场   (b) 黏性流场

图 3.43   马赫反射结构中滑移线两侧流场示意图

如果仍然希望使用无黏三激波理论的模型,那么可以采用前面介绍的边界层位移厚度技术,Ben – Dor(1987)相当成功地实现了这项技术。参考图 3.44,其左侧是重新绘制的图 3.43(b)所示的实际速度剖面,只是将滑移线两侧的速度剖面分开绘制,滑移线以上的速度剖面是图 3.44(a),滑移线以下的速度剖面是图 3.44(b)。如果要在状态(2)和状态(3)使用均匀流剖面假设,则滑移线应移位。根据速度剖面的形状,滑移线上方状态(2)中流场的位移厚度为正,滑移线下方状态(3)中流场的位移厚度为负。然而,这两部分气流沿着一个共同的面在流动,即沿滑移线流动,因此,滑移线上方和下方的位移厚度必须满足条件 $\delta_2^* = \delta_3^*$。

在详细研究中,Ben – Dor(1987)对比了三波点处各间断结构之间的夹角,也就是 ω_{ir}、ω_{im} 和 ω_{rs},正如预测的那样,无黏三激波理论的结果与实验测量结果相差太大,无法用实验的不确定性来解释。然后,计算了滑移线两侧的边界层 δ_2 和 δ_3,这些边界层厚度用于求得相应的位移厚度 δ_2^* 和 δ_3^*。通过给予 $\delta_2^* = \delta_3^*$ 这个条件,得到了假想(移位)滑移线的方向,然后,利用假想滑移线的方向来定义状态(2)和状态(3)中的假想气流流线方向(无黏模型假设:假想气流流线平行于假想滑移线)。随后,使反射激波和马赫杆移位,移位后的反射激波和马赫杆产生上述假想流场所需的气流偏折角。这样处理以后,分析预测所得的结果

166

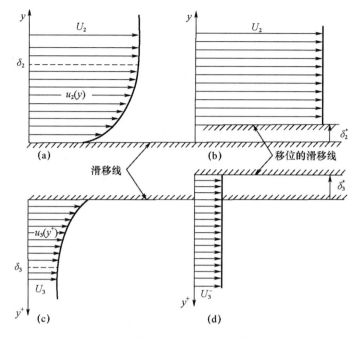

图 3.44　滑移线两侧的位移厚度定义

与实验结果完全吻合。注意,为了获得滑移线的角位移,必须从分析中获得位移厚度角,位移厚度角类似于规则反射情况下的 ζ 角。为了得到这一角度,需要一个特征长度。Ben-Dor(1987)发现,最合适的特征长度与入射激波厚度的量级相同。

表 3.2 总结了 Ben-Dor(1987)研究的氮气马赫反射结构的数据,条件是 $Ma_S = 2.7$、$\phi_1 = 39.9°$、$T_0 = 296K$、$p_0 = 760Torr$。结果表明,无黏完全气体三激波理论预测的 ω_{ir} 约比实验记录的值(图 3.45)大 5°,而 ω_{rs} 约比实验值小 5°。采用上述边界层位移技术(黏性)模型时,理论与实验结果吻合得非常好。表 3.2 还表明,当三激波理论不考虑黏性效应,但假设在三波点附近空气处于转动—振动平衡态,也提供了比无黏完全气体理论更好的 ω_{ir}、ω_{im} 和 ω_{rs} 预测值。然而,如图 3.35 所示,氮气在 $Ma_S = 2.71$ 时的振动松弛长度超过 1m,意味着,三波点附近的气流必须看作冻结态,即 $\gamma = 1.4$。所以,考虑真实气体效应而获得的更好一致性必须视为偶然。从表 3.2 还可以明显看出,当三激波理论同时考虑黏性效应和真实气体效应时,ω_{ir}、ω_{im} 和 ω_{rs} 的预测结果比较差,三激波理论模型分别考虑黏性和真实气体效应时,ω_{ir}、ω_{im} 和 ω_{rs} 的预测结果更好。

表 3.2　实验结果与改进的三激波理论预测结果的比较

模型类型	ω_{ir}	ω_{im}	ω_{rs}
实验结果	$118°\pm1°$	$132°\pm1°$	$32°\pm1°$
无黏完全气体三激波理论模型	$123.19°$ ($+5.19°$)	$132.74°$ ($+0.74°$)	$27.16°$ ($-4.84°$)
滑移线黏性效应修正完全气体三激波理论模型	$118.02°$ ($+0.02°$)	$131.70°$ ($-0.30°$)	$32.32°$ ($+0.32°$)
真实气体(转动—振动平衡态)无黏三激波理论模型	$117.32°$ ($-0.68°$)	$131.95°$ ($-0.05°$)	$29.81°$ ($-2.19°$)
真实气体(转动—振动平衡态)+滑移线黏性效应修正三激波理论模型	$120.04°$ ($+2.04°$)	$130.70°$ ($-1.30°$)	$27.09°$ ($-4.91°$)
$Ma_S=2.71,\theta_W=47°,T_0=296K,p_0=760Torr$			

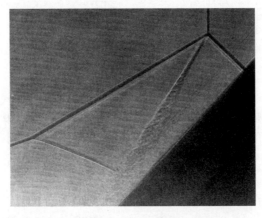

图 3.45　DMR 滑移线结构放大照片

($Ma_S=2.71,\theta_W=47°,T_0=296K,p_0=760Torr$)

(经东京大学流体科学研究所激波研究中心 K. Takayama 教授许可)

　　上述对比表明,要计算三波点附近的流场,就应该考虑黏性效应。但遗憾的是,据作者所知,上述三激波理论黏性修正模型尚未被用于评估 SMR⇌PTMR/TMR/DMR 和 TMR⇌DMR 转换线,以及这些反射结构转换的其他要求。

　　在需要求解第二三波点附近的流场时,也必须采用上述考虑黏性效应的三波点附近流场的处理方法,因为第二三波点的滑移线两侧间也会发生动量交换。

　　Wheeler(1986)通过实验发现,初始压力影响着马赫反射结构中的马赫杆高度。由于 δ 和 δ^* 均与 $p_0^{-0.5}$ 呈正相关,较低的初始压力导致更严重的黏性效应,

168

因而,较低的初始压力条件下的实际马赫杆高度小于无黏三激波理论的预测值。

Ben – Dor(1987)发现,入射激波厚度是评估滑移层位移角 ζ 最合适的特征长度,而入射激波厚度也与 p_0 相关,因为平均自由程 λ 与 p_0^{-1} 成正比。Wheeler(1986)的实验结果可以作为 Ben – Dor(1987)对 x_{char} 选择的验证。

3.4.5　特殊反射面

了解边界层对 RR⇆IR 转换线的影响方式,能够成功解释实验获得的规则反射结构始终处于无黏两激波理论预测的理论转换线以下的事实,这也是人们研究楔面激波反射的动力。反射楔的表面条件也产生这种影响,因为表面条件可以增加或减小边界层的增长速率。以下将讨论一些这方面的研究。

1. 粗糙的反射面

如果反射楔面上有一定的粗糙度,边界层的增长速率可以得到提高。图 3.46(a)、(b)是粗糙平直反射面上的规则反射和过渡马赫反射的阴影照片。Ben – Dor 等(1987)用实验和分析的方法,详细研究了表面粗糙度对 RR⇆IR 转换的影响,图 3.47 是氮气的相关研究结果。实验结果表明,对于给定的入射激波马赫数,表面粗糙度的存在,使得 RR⇆IR 的转换楔角减小,粗糙度越大,转换楔角越小。这种表现与黏性对规则反射结构的影响一致,因为粗糙度导致边界层增长速率的增加,进而导致位移边界层增长速率的增加,即在所需特征长度条件下具有更大的 ζ 值(3.4.4 节)。

(a)规则反射(Ma_S=2.74,θ_W=43°)　　(b)过渡马赫反射(Ma_S=2.30,θ_W=39°)

图 3.46　粗糙反射面上的反射结构阴影照片

(T_0 =283.5K,p_0 ≈760Torr,空气)

(经东京大学流体科学研究所激波研究中心 K. Takayama 教授许可)

Ben－Dor 等(1987)发展了一个分析模型,该模型可以预测平直粗糙面上超声速可压缩流的边界层增长,然后,使反射表面以类似于 3.4.4 节所述的方式偏移(边界层位移技术)。再利用与入射激波厚度量级相同的特征长度,得到 ζ 角的值,将 ζ 用于双激波理论,采用修正的边界条件,即式(3.54)。采用上述方法获得的分析结果见图 3.47,可以看到,在 $1 < Ma_S \leqslant 2$ 范围内,实验结果与分析预测结果之间完全一致。在 $Ma_S > 2$ 的范围内,分析预测没有再现实验结果。Ben－Dor等(1987)推测,在 $Ma_S < 2.068$ 条件下,对于空气,入射激波后激波诱导的流动为亚声速;而在 $Ma_S > 2.068$ 条件下,入射激波后激波诱导的流动为超声速。这一事实有可能对反射过程产生影响,但目前尚不理解其作用机制。图 3.47也清楚地表明,实验获得的规则反射结构始终处于无黏两激波理论预测的理论极限以下。其中,对于光滑的楔面,实验记录的转换楔角也位于使用无黏完全气体两激波理论计算的相应 RR⇋IR 转换线下方。根据这些发现,以及不存在完全光滑的表面这一事实,必须得出一个结论,即:无论表面粗糙度有多小,表面粗糙度确实对反射面上边界层的增长速率有一定的影响,而边界层影响了实际的激波反射结构,就像前面讨论的那样。

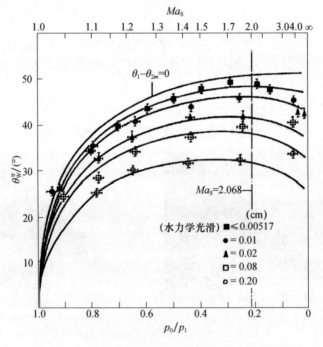

图 3.47　RR⇋IR 转换线与反射楔面粗糙度的关系
(与实验结果的比较,氮气)

关于表面粗糙度对准稳态激波反射现象的影响问题,还需要说明两点:

(1)在使用式(3.63b)时,发现最合适的特征长度的量级与入射激波的厚度相同。这与 3.4.4 节介绍的结果惊人地相同,即:在无黏三激波理论中考虑黏性效应时,发现最合适的特征长度也是这个数量级。尽管有一点是不同的,在无黏三激波理论中考虑黏性效应时,假设边界层是层流的;而在粗糙反射面上,假设边界层是湍流的。这些发现可能表明,在激波反射现象中,当使用边界层位移技术考虑黏性效应修正时,不论用于什么条件下,总是应该将入射激波的厚度作为特征长度。

(2)另一个令人印象深刻的是,Ben – Dor 等(1987)在实验中使用了锯齿形粗糙元,而 Reichenbach(1985)在其实验中使用了不同形状的粗糙元,结果表明,在相同的粗糙元高度条件下,反射结构类型发生改变的转换楔角的偏移量相同。图 3.48 给出了 Ben – Dor 等(1987)使用的锯齿形粗糙元、Reichenbach(1985)使用的台阶和立方体粗糙元,以及这些粗糙元高度 ε 的定义。Reichenbach(1985)将粗糙反射面的转换楔角与光滑反射面的转换楔角之比定义为 η,将实验结果绘制为(η,ε)图,图 3.49 就是 Reichenbach(1985)和 Ben – Dor 等(1987)实验结果的(η,ε)图。从图 3.49 可以清楚地看出,影响转换楔角的主要因素是粗糙元的高度 ε,而不是粗糙元的形状。Reichenbach(1985)在实验研究中,还测量了马赫杆高度 H_m 与反射楔前缘至其根部的距离 L_G 的关系,图 3.50 是台阶形粗糙元的实验测量结果。结果表明,在反射楔的前缘处,即在 $L_\mathrm{G}=0$ 处,没有形成三波点,而是在距前缘一定距离的反射楔面上出现。Reichenbach(1985)进一步发现,随着入射激波马赫数的减小,开始形成三波点的所需的反射楔长度(从反射楔前缘到楔面上马赫杆根部的距离)增大。尽管存在这种非自相似效应,但 Dewey 与 van Netten(1991、1995)认为,如果等待的时间足够长,最终形成的反射结构(在后续发展过程中),其三波点的轨迹的反向延长线会返回到反射楔的前缘。

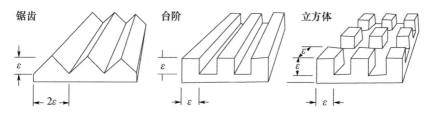

图 3.48 各种壁面粗糙单元及其参数定义

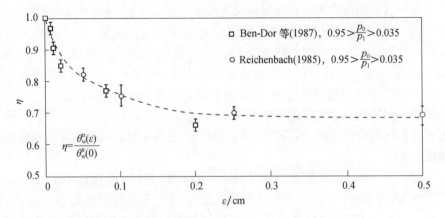

图 3.49 粗糙壁面与光滑壁面 RR⇆IR 转换角之比与粗糙单元高度的关系

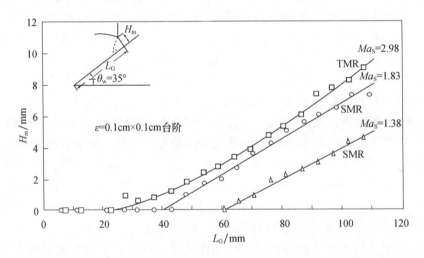

图 3.50 粗糙壁面 MR 实验测量的马赫杆高度与距楔前缘距离的关系

2. 开孔反射面

Friend(1958)最早研究了平面激波在开孔平板上的反射现象,后来,Onodera (1986)重新开展了实验研究。在平板上开孔产生的影响,应该与粗糙壁面的效果相似。在粗糙壁面的情况下,采用边界层位移技术后,反射点后气流的新方向与移位后的假想反射楔面平行,移位后的反射楔面位于真实反射楔面的下方,就像流场中的部分流体经过真实的反射楔面被抽吸出去。当在平板上开孔时,也是类似效果,部分气体经平板上的孔,从流场中被抽走。图 3.51 是 Onodera (1986)获得的典型流场照片,实验条件是 $Ma_S = 2.93$、$\theta_W = 33°$、开孔率 0.355

172

（开孔面积与总表面积之比），从图中可以清晰地看到,沿着反射楔面产生非常复杂的小波结构,这些小波结构与粗糙表面上的规则反射、马赫反射结构中产生的小波结构类似,参考图 3.46(a)、(b)。

图 3.51　开孔平板上空气的马赫反射结构的干涉照片
（$Ma_S = 2.93, \theta_W = 33°$,开孔率 0.355）

（经东京大学流体科学研究所激波研究中心 K. Takayama 教授许可）

目前,关于平面激波在开孔平板上的反射现象,还没有足够的实验数据,所以在目前这个阶段还没有太多要说的。从图 3.51 能够得出的最鼓舞人心的结论也许就是,马赫反射似乎是以预期的方式对楔面开孔做出了响应。参考第 1 版的图 2.26,在 $Ma_S = 2.93$、$\theta_W = 33°$ 条件下,实验测量的第一三波点轨迹角为 $\chi = 8°$;再看图 3.51 开孔平板上的反射结构数据,在初始条件相同时,$\chi = 6°$。这意味着,三波点位置比较低,向规则反射的转换发生在更小的楔角条件下。如果的确如此,那么,平面激波在开孔平板上反射时,气体的抽吸效应对 RR⇆IR 转换的影响机制,与粗糙壁面对平面激波反射的影响情况类似。

Wheeler(1986)的研究表明,边界层高度的增加导致马赫杆高度的降低,这一观察结果进一步证实,开孔反射面对激波反射现象的影响与黏性效应的影响相似。

3. 开缝反射面

Onodera 与 Takayama(1990)通过实验和分析的方法,研究了开有狭缝的反射面上的反射现象。实验使用了三种不同的模型,模型 A 和 B 的狭缝是敞开的（像多孔板那样）,而模型 C 的狭缝是关闭的。模型 A、B 和 C 分别有 58、36 和 36 个狭缝,模型 A、B 和 C 的开孔率(即开孔面积与总表面积之比)分别为 0.34、

0.40 和 0.40。

图 3.52 是开缝壁面上的规则反射结构和流场中各区速度向量的示意图。在实验室参考坐标系中,沿开缝反射面流动的气流的速度有两个分量,即 V_2^L 和 V_4^L,V_2^L 平行于反射面,V_4^L 垂直于反射面。

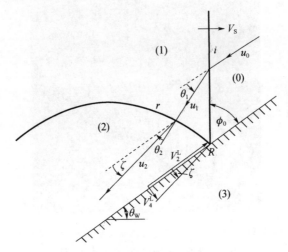

图 3.52　开缝壁面上的规则反射结构与各速度向量示意图

当使用边界层位移技术来考虑黏性效应时,规则反射结构的边界条件是式 (1.13)和式(3.64)。在前面各节探讨的各因素作用下,规则反射结构边界条件在上述各式基础上发生一些变化。与这些变化相似,Onodera 与 Takayama (1990)建议,对于开缝的表面,规则反射结构的边界条件应为

$$\theta_1 - \theta_2 = \zeta \tag{3.65}$$

他们还论证了 ζ 与 V_2^L 和 V_4^L 的关联关系为

$$\tan\zeta = \psi \frac{V_2^L}{V_4^L} \tag{3.66}$$

式中:ψ 为气流通过多孔区时的流量系数。

遗憾的是,他们没有追寻这个想法,完成开缝表面的 RR⇆IR 转换的计算分析,只是在实验观测的基础上提出了以下经验方法。参考图 3.53,这是开缝斜楔(模型 A)表面上形成的规则反射结构全息干涉图,实验条件是激波马赫数 $Ma_S = 2.96$、楔角 $\theta_w = 44°$。他们注意到,参考图 3.52,斜激波是由开缝壁面下方区域(3)内的接触间断驱动的,如果将反射面与接触间断之间的夹角定义为 ζ',那么根据 Onodera 与 Takayama(1990)的研究,有

$$\zeta = \xi' \zeta' \tag{3.67}$$

174

其中, ξ' 为实验匹配系数。Onodera 和 Takayama(1990)根据实验数据经验确定模型 A 和模型 B 的匹配系数分别为 0.61 和 0.55。

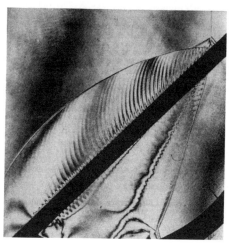

图 3.53　开缝楔面上规则反射结构的全息干涉照片

($Ma_\mathrm{S} = 2.96, \theta_\mathrm{w} = 44°$)

图 3.54 是开缝斜楔表面获得的 RR⇆IR 转换的实验结果与经验关系结果的比较。图中的结果表明,预测的模型 A、B、C 的转换线与相应的实验结果吻合得很好;在强入射激波条件下,模型 A 和 B 的转换楔角接近,在中等强度入射激波时,两者相差约 5°。结果还表明,模型 B 和模型 C 的转换楔角几乎相同,因此可以得出结论,转换楔角与狭缝是敞开的还是封闭的没有关系。

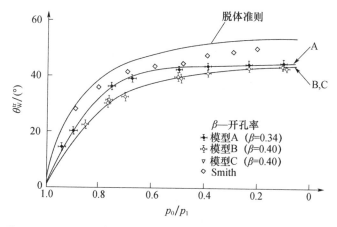

图 3.54　开缝斜楔表面 RR⇆IR 的经验转换线与实验结果的比较

(经日本 Tohoku 大学流体科学研究所激波研究中心 K. Takayama 教授许可)

图 3.54 还表明,转换楔角取决于开孔率,开孔率越大,转换楔角的减幅越大。然而,对于入射激波马赫数为 $Ma_S > 1.5$(即 $p_0/p_1 < 0.4$)的情况,转换楔角与开孔率的关系似乎可以忽略不计,因为这时模型 A、B 和 C 获得的转换楔角都是大约 43.5°。

4. 多孔材料反射面

自 20 世纪 80 年代初以来,激波与多孔材料楔的相互作用一直是一个反复出现的研究课题。激波与多孔介质的相互作用的有关研究涉及两种类型的多孔材料——可压缩多孔材料和刚性多孔材料。Li 等(1995)和 Malamud 等(2003)总结了刚性多孔材料楔体上激波反射研究的物理方法,Malamud 等(2005)总结了可压缩泡沫楔体上激波反射研究的物理方法。

当斜激波与多孔层相互作用时,可能形成规则反射结构,也可能形成不规则反射结构。当斜激波与固壁相互作用时,这两种类型激波反射的解已经很清楚了。然而,当斜激波与多孔材料层相互作用时,气相可以穿透多孔层,所以,波系结构会发生改变。此外,在多孔材料层内部,可能产生更多的波系和间断结构(例如,一道透射斜激波或压缩波、一道滑移流)。

Kobayashi 等(1995)提出了两种分析模型,用于描述多孔材料斜楔上的规则反射结构。然而,他们只解决了那个与实际不相符的分析模型,其中忽略了纯气体和多孔材料层之间的耦合作用;他们提出的那个更符合实际情况的分析模型,是由 Li 等(1995)求解并完成分析的。图 3.55 是刚性多孔介质上规则反射结构的符合实际的分析模型,在该模型中,一道入射激波在多孔层上移动,两者在多孔材料壁面相遇时,产生两道激波。第一道是反射激波,是固相介质与气相介质相互作用的产物;第二道是透射到多孔层气相中的激波。此外,由于部分质量被迁移到多孔层中,还形成了接触间断结构。

Li 等 (1995)发展了一个分析模型,用于求解刚性多孔介质层上的斜激波规则反射流场,多孔介质内部的气相控制方程与多孔介质外部的气相方程相似。通过与 Kobayashi 等(1995)和 Skews(1994)的实验数据进行比较,验证了分析模型的预测。该分析模型求解 17 个控制方程,可以获得流体相的各流动参数、反射角以及流体经过激波、多孔介质壁面后的速度向量偏转角。在分析模型中,采用声速准则预测 RR⇆MR 的转换。

Malamud 等(2003)提出了一个描述多孔材料壁面上马赫反射结构的分析模型,参考图 3.56。在多孔介质的外面,形成一个马赫杆和一条滑移线,在这种情况下,至少形成一个均匀流区。正因为如此,与多孔介质壁面的规则反射结构相比,马赫反射结构的物理描述要复杂得多,多孔介质壁面的马赫反射结构包含了 5 个或更多的均匀流区,而规则反射结构中只有 4 个。由于对多孔介质壁面上

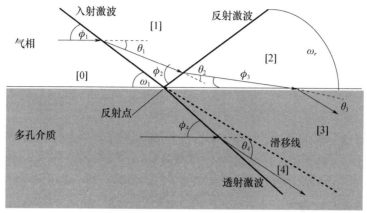

图 3.55　多孔介质壁面上的规则反射结构物理模型

状态[0]—入射和透射激波上游；状态[1]—入射激波下游；状态[2]—反射激波下游；

状态[3]—从状态[2]进入多孔介质的流动；状态[4]—透射激波下游；

接触间断(滑移线)分割状态[3]和状态[4]。

马赫反射的物理现象尚未完全理解，所以无法对其进行简化，因此，很难为多孔介质壁面上的马赫反射结构建立一种分析模型。于是，为了用数值方法预测多孔介质壁面上的各种反射现象的流场，Malamud 等(2003)开发了一个二维模型。

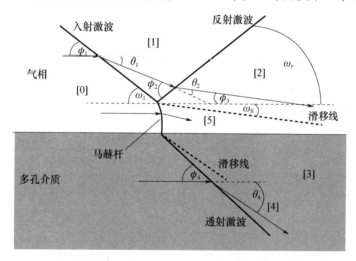

图 3.56　刚性多孔材料上的马赫反射结构示意图

状态[0]—入射和透射激波上游；状态[1]—入射激波下游；状态[2]—反射激波下游；

状态[3]—从状态[5]进入多孔介质的流动；状态[4]—透射激波下游；状态[5]—马赫杆下游；

多孔材料内部的接触间断(滑移线)分割状态[3]和状态[4]；

始于三波点的接触间断(滑移线)分割状态[2]和状态[5]。

对刚性多孔表面的准稳态规则反射结构进行了数值模拟,其结果与 Li 等(1995)的二维分析模型的预测结果进行了比较,结果表明,两者吻合良好。数值模拟预测结果与 Kobayashi 等(1995)的二维实验数据也做了对比,验证了物理模型和数值代码的有效性。此外,二维数值模拟预测结果与 Skews(1994)实验数据之间的对比,证明了该数值程序对于规则反射和不规则反射结构的预测均有效。尽管,该数值程序对于规则反射和不规则反射结构的预测,曾用多孔材料外部的流场进行过验证,但这一次是针对斜激波与多孔材料斜楔相互作用问题,首次完成了对多孔材料内部的流场特性的预测,同时也是首次求解多孔表面的不规则反射结构的成功尝试。

5. 非固体反射面

使用非固体反射面(即液体反射面)时,情况完全不同,边界层的发展不同于在固壁楔面上的发展情况。有以下两方面的原因:

(1)与固体反射面不同,液体(比如水)的反射面极其光滑;

(2)气体与液体表面的黏性干扰也与气体与固体表面的黏性干扰不同。

Takayama 等(1989)、Takayama 与 Ben-Dor(1989)和 Henderson 等(1990),对平面激波在水面上的反射情况进行了实验研究。激波在水面上的反射是通过一个可以在竖直平面上倾斜的特殊激波管实现的,利用这项技术,可以调整激波管的倾角,以获得任何所需的水楔面角。图 3.57 给出了实验测量的水和固体表面的转换楔角,以及由分离准则得到的 RR$\leftrightarrows$IR 转换线,可以看到,在 $1.47 \leqslant Ma_S \leqslant 2.25$(即 $0.174 \leqslant \xi \leqslant 0.425$)条件下,水楔上的实际转换楔角与分离准则预测的结果极其吻合,没有出现规则反射结构始终处于 RR$\leftrightarrows$IR 转换线以下的现象。然而,在 $1 < Ma_S \leqslant 1.47$(即 $0.425 < \xi \leqslant 1$)条件下,情况相反,固壁楔反射面和水反射面上的实验结果都表明,规则反射结构总出现在理论预测极限以下。在 $1.47 \leqslant Ma_S \leqslant 2.25$(即 $0.174 \leqslant \xi \leqslant 0.425$)范围,与固体反射面上的转换楔角相比,水反射面上的实际转换楔角与无黏理论预测的转换线的一致性更好。

这种特殊行为的原因可能在于,空气的 SMR$\leftrightarrows$TMR 转换线与 RR$\leftrightarrows$IR 转换线在 $Ma_S \approx 1.5$($\xi \approx 0.4$)处相交。因此,在 $Ma_S < 1.5$($\xi > 0.4$)范围,规则反射结构的终止导致单马赫反射结构的产生;而在 $Ma_S > 1.5$($\xi < 0.4$)范围,规则反射的终止导致过渡马赫反射结构的产生。在过渡马赫反射结构的三波点附近,反射激波后的气流相对于三波点是超声速的($Ma_2^T > 1$),因此,三波点与沿反射面产生的压力信号是隔离的。然而,在单马赫反射结构中,反射激波后的气流相对于三波点是亚声速的($Ma_2^T < 1$),因此,沿反射面产生的压力信号可以到达三波点并对其产生影响。

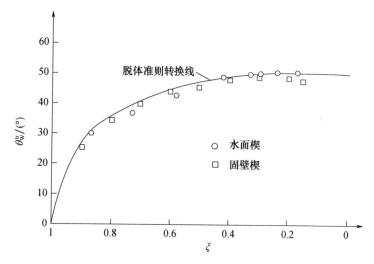

图 3.57　水面楔与固壁楔上 RR⇆IR 转换线与实验结果的比较

3.4.6　热传导效应

热传导也可能会对规则反射结构的反射点和马赫反射结构的三波点附近的流场解产生不可忽略的影响,热传导效应可能是过渡双马赫反射结构的实验结果总是出现在 RR⇆DMR 理论转换线之外的原因,参考本书第 1 版 2.4.3 节和 2.4.4 节。

假设气体为理想流体,即 $\mu = 0$、$k = 0$,就是在两激波理论和三激波理论中强制假设了温度间断,即沿反射楔面(通常是室温)和沿滑移线的温度场不连续。图 3.58(a)和 3.58(c)根据三激波理论的假设,绘制了马赫反射结构的滑移线两侧和反射楔面上马赫杆后的温度剖面。然而,在现实中,由于热传导的存在,温度分布必然是渐进变化的,如图 3.58(b)、图 3.58 (d)所示,这种变化发生在热边界层(δ_T)内部。在热边界层外部,温度场是均匀的,热传导可以忽略不计。然而,要精确求解流场,就必须考虑热边界层内的热传导引起的热量交换。根据普朗特数(Pr)的差异,热边界层(δ_T)可以小于或大于运动边界层(速度边界层)厚度 δ。

在求解三波点附近流场时,考虑或不考虑热传导因素的作用,影响到 SMR⇆PTMR/TMR/DMR 和 TMR⇆DMR 的转换线。在考虑热传导的条件下求解出的马赫杆根部流场,为 Dewey 与 McMillin(1985)的实验观察提供了参考,即马赫杆不垂直于反射楔面。在规则反射结构中(图 3.37),热传导效应对于反

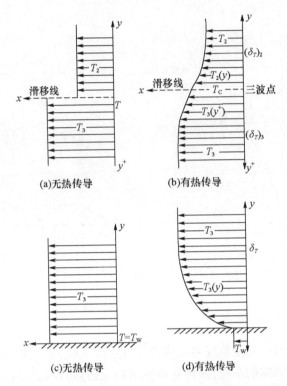

(a)无热传导 (b)有热传导

(c)无热传导 (d)有热传导

3.58 滑移线两侧和马赫杆根部下游温度场示意图

射点 R 后的状态(2)可能很重要,(2)区的情况是高温气体流过冷的反射楔面,反射楔面的初始温度是室温。

下面的两个例子说明,在规则反射和马赫反射中,由于假设了温度间断而产生的热通量的量级。对于氮气的规则反射,在 $Ma_S = 4.68$、$\phi_1 = 30°$、$T_0 = 300K$、$p_0 = 15.31\text{Torr}$ 条件下,无黏两激波理论预测的结果是,温度为 $T_2 = 2907K$ 的气流流过壁温 $T_w = 300K$ 的反射楔面。对于氮气的马赫反射,在 $Ma_S = 2.71$、$\phi_1 = 39.9°$、$T_0 = 296K$、$p_0 = 760\text{Torr}$ 条件下,无黏三激波理论预测的结果是,$T_2 = 920.6K$、$T_3 = 1305K$。氮气的热传导率在 920K 时为 $0.064\text{W}/(\text{m}\cdot\text{K})$;在 1305K 时为 $0.084\text{W}/(\text{m}\cdot\text{K})$。若假设其平均值为 $0.074\text{W}/(\text{m}\cdot\text{K})$,则意味着横穿滑移线的热通量约为 $4.3\times10^7\ \text{W/m}^2$(假设滑移线的厚度与入射激波的厚度相当,约为 10 倍的平均自由程,即大约为 $6.6\times10^{-7}\ \text{m}$)。在高温气流流过反射楔的情况下,由于温差更大(例如,上述马赫反射结构中温差为 $\Delta T = 1005K$,规则反射结构中温差为 $\Delta T = 2607K$),热通量可能更高。除了温差更大外,对流传热也随温度的升高而增强,进而进一步增大热通量。

180

遗憾的是,还从来没有进行过计及热传导的两激波或三激波理论的分析。因此,本阶段还不可能对热传导的影响进行定量评估。然而,根据黏性效应和真实气体效应均导致了 RR⇆IR 转换线向较低的反射楔角偏移的事实,以及实验记录的过渡双马赫反射总是位于无黏、无热传导完全气体两激波理论计算的 RR⇆IR 转换线上方的事实,可以推测,考虑热传递效应之后,有可能使 RR⇆IR 转换线向较高的反射楔角偏移。

3.4.7　非无限薄接触间断

Skews(1971、1971/2)、Zaslavskii 与 Safarov(1973)的研究提示,无黏三激波理论不能正确地预测三波点处 4 个间断结构之间的夹角,可能是由于接触间断的边界条件选择不当造成的。如 1.3.2 节所述,在三激波理论中,如果假设三波点附近的接触间断无限薄,即接触间断是一条滑移线,实际上就是假设滑移线两侧的流动是平行的,即

$$\theta_1 - \theta_2 = \theta_3 \tag{3.68}$$

Skews(1971/2)提出一个替代假设,接触间断可能是角形的接触区,而不是无限薄的滑移线。其实,最早是 Courant 与 Friedrichs(1948)提出了这种波系结构的可能性。

考察一下双马赫反射结构三波点的放大图(图3.45),可以发现,接触间断似乎确实是发散的。如果确是如此,那么根据 Skews(1971/2)的假设,式(3.68)应改为

$$\theta_1 - \theta_2 = \theta_3 - \zeta \tag{3.69}$$

式中:ζ 为角形接触区的发散角,参考图 3.59(b)。

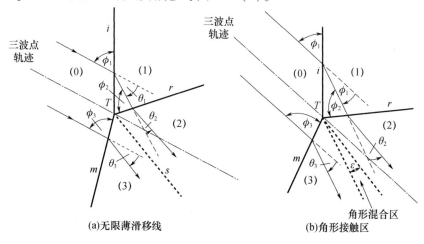

(a)无限薄滑移线　　　(b)角形接触区

图 3.59　不同滑移层假设的马赫反射波系结构

在 Deschambault's（1984）的一份全面报告中，以及 Rikanati 等（2006）最近的研究中，可以找到更多的、清晰显示了扩张形接触间断的马赫反射结构的照片，流场照片显示，Kelvin-Helmholtz 剪切流不稳定性的小尺度增长，是引起滑移层增厚的原因。

Ben-Dor（1990）遵循 Skews（1971/2）假设，分析了图 3.45 的照片，其中 ζ 的测量值为 $\zeta = 4°$。表 3.3 总结了 Ben-Dor（1990）对氮气的研究结果，条件是 $Ma_S = 2.71, \phi_1 = 39.9°, T_0 = 296K, p_0 = 760Torr$。结果表明，使用无限薄接触间断（即滑移线）假设时，无黏完全气体三激波理论预测的 ω_{ir} 比测量值大 5°，预测的 ω_{rs} 比测量值小 5°。

表 3.3　实验测量角度(图 3.45)与改进三激波模型预测结果的比较

模型类型	ω_{ir}	ω_{im}	ω_{rs}
实验结果	118° ± 1°	132° ± 1°	32° ± 1°
滑移线假设的三激波理论 （无黏完全气体）	123.19° （+5.19°）	132.74° （+0.74°）	27.16° （−4.84°）
假设 $\zeta = 4°$ 的三激波理论 （无黏完全气体）	123.25° （+5.25°）	133.95° （+1.95°）	30.311° （−1.89°）
假设 $\zeta = 4°$ 的三激波理论 （振动松弛状态的无黏气体）	117.38° （−0.62°）	133.19° （+1.19°）	31.65° （−0.35°）
$Ma_S = 2.7, \phi_1 = 39.9°, T_0 = 296K, p_0 = 760Torr$			

从表 3.3 可以明显看出，使用角形发散接触间断假设的分析预测并不比使用滑移线的分析预测好多少。与采用滑移线假设的结果相比，采用 4° 角形发散接触间断假设时，三激波理论获得的 ω_{ir} 和 ω_{im} 还稍差，而获得的 ω_{rs} 的值却好得多。

如果把完全气体的假设换掉，假设气体处于振动平衡态，分析预测的结果就相当好。该模型的分析预测值与实测值之间的差异，处于实验的不确定度范围内。然而，正如 3.4.4 节提到的，在计算三波点附近的流场时，考虑真实气体效应是不合理的。

上述结果还意味着，马赫反射的激波极曲线解（图 1.16）是错误的。图 3.60 是 $\zeta \neq 0$ 条件下的马赫反射激波极曲线解，其中，状态（2）和状态（3）位于同一条等压线上，但它们被角形接触区的扩张角 ζ 分割开。

最近，Rikanati 等（2006）的研究表明，Kelvin-Helmholtz 剪切流不稳定性的小

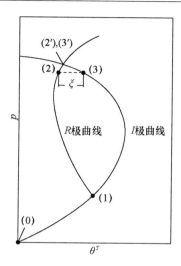

图 3.60　具有角形接触区的马赫反射结构 (p,θ) 图解

尺度增长是造成滑移线增厚的原因。先前报道的大尺度 Kelvin-Helmholtz 不稳定性增长率(Rikanati 等(2003))与完全气体三激波理论相结合,被应用于滑移层不稳定性增长率的分析预测。通过更多补充的实验研究,所建议模型的预测结果得到验证。在实验中,在很宽的入射激波马赫数和反射楔角范围,对不稳定性增长率进行了测量。结果表明,当雷诺数范围 $Re > 2 \times 10^4$ 时,实验结果与模型预测的结果吻合得非常好。Rikanati 等(2006)的研究第一次证明,可以采用著名的 Kelvin-Helmholtz 不稳定性大尺度模型,模拟流体动力学流动中的二次湍流混合现象。

3.4.8　非自相似效应

在讨论非稳态效应时(3.4.1 节),曾给出一些评论,认为准稳态流动中与激波反射有关的流场不可能是自相似的。

许多研究者对自相似这一假设进行了实验验证。然而,基于前面关于黏性、传热和真实气体效应的讨论,人们不禁要怀疑,糟糕的实验分辨技术是否会导致关于自相似行为的错误结论? 由上述 3 种效应产生的 3 个流动区域,即运动边界层、热边界层和松弛区,都是非自相似的。运动边界层厚度仅取决于雷诺数,热边界层厚度同时取决于雷诺数和普朗特数,松弛长度仅取决于入射激波马赫数。因此,在固定于规则反射结构反射点或马赫反射结构三波点的参考坐标系中,当波系结构随时间增长时,这 3 个量(即速度边界层厚度、温度边界层厚度、松弛长度)保持不变。于是,必然得出这样的结论:“在实际的准稳态流动中,激波反射现象不可能是自相似的"。

为了进一步证明这一结论,参考图 3.61,图中描述了激波后松弛区流场内的 4 个参数(密度、压力、流速和温度)。从 R - H 方程可以得到激波下游紧靠波阵面区域(波阵面厚度为 L_1)的所有流动条件,称为冻结跃迁条件,一旦达到这些条件,气体的内部自由度就会被激发(只要温度 T_{1f} 足够高),从而导致气流密度、压力的进一步增加,导致流速的进一步下降以及温度的显著降低,这些变化在接近松弛区末端时(L_2)趋近平衡值。很明显,流场的特性取决于当地与激波波阵面的距离。再看图 3.34,双马赫反射结构位于平直楔面三个不同位置上的情况,双马赫反射结构的第二三波点最初与第一三波点相邻,随着反射结构沿楔面传播,第二三波点逐渐远离第一三波点。状态(1)气流的特性是持续变化的,从紧靠入射激波后的冻结值持续变化到一个平衡值,而状态(1)的气流将要流经第二三波点;同样,第二道反射激波 r',面对着区域(2)不断变化的气流特性。因此,很明显,只要第二三波点处于入射激波和反射激波后的松弛区内,就会遇到不同的气流特性,也就是说,第二三波点附近的流动不可能自相似,于是,4 个间断结构的方向必然随时间持续变化,以适应气流特性的持续变化。

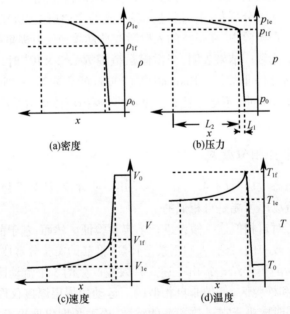

图 3.61 稳态正激波后因内部自由度松弛导致的流动特性变化示意图

上述论证对于第一三波点不适用,因为第一三波点总是面对冻结流条件。但是,尽管第一三波点的波系结构特性看起来像是自相似的,但其周围的流场却是随着时间而变化的,这些流场的变化呈现非自相似特性。为更好地理解马赫反射结构的这种特性,可以参考 Ben – Dor 与 Glass(1978)早期的数值模拟研究,数值模拟获得的规则反射和单马赫反射结构与实验获得的反射结构进行了对比,采用不同数值方法预测的波系结构与实验记录的波系结构几乎相同,但等密度线(密度等值线)的形状却不同。因此,必须得出这样的结论:波系结构看起来自相似,并不一定意味着与之相关的流场也是自相似的。如果确实如此,那么,实验实际记录的反射结构相对于反射楔面的位置,对于确定反射结构的波系结构细节,可能有一定的影响。

关于三波点形成的实验揭示了一个事实,三波点不能在反射楔的前缘处生成,这个事实提示,马赫反射结构在反射发生之初不是自相似的,只有反射结构移动到楔面的下游某处,才能演化到趋近自相似的阶段。

只有用数值方法求解非完全气体的完全 Navier – Stokes 方程,才能放松自相似性假设的要求。由于尚未对此进行研究,很难评估各种反射结构的转换线在 (Ma_s, θ_w^C) 或 (Ma_s, θ_w) 图上如何移动。前面介绍过,过渡双马赫反射的实验结果总是处于理论预测的 RR⇆IR 转换线上方,所以,需要一种机制来修正预测理论,使修正预测的 RR⇆IR 转换线向更大的楔角移动,也许考虑非自相似效应的修正,能够使修正的转换线获得所需方向的移动。还应注意,过渡双马赫反射实验是在高马赫数、重气体条件下获得的,在这种情况下,真实气体效应无疑起着重要作用。因此,第二三波点在松弛区移动时,沿途遇到不同特性的气流,这一事实可能是导致 TMR⇆DMR 和 DMR⇆TDMR 转换线的预测与实验结果不符的机制。

3.5　其他问题

如前所述(3.2.1 节和 3.2.2 节),当平面入射激波与平直楔面相互作用时,会发生两个子过程:

(1)激波反射过程;

(2)激波诱导的流动偏转过程。

激波衍射过程的完整现象,是这两个子过程相互作用的结果(图 3.15)。

前面各章节详细介绍了对激波反射过程的预测,下面简要介绍流动偏转过程和激波衍射过程。

3.5.1　流动偏转的两个条件域

在激波管中,当一个平面激波向着一个反射楔传播时,激波扫过后,会在其后诱导出一股气流。根据入射激波马赫数的不同,该气流可以是亚声速的,也可

以是超声速的。被入射激波诱导出亚声速气流时,被诱导的气流马赫数根据式(3.70)计算得

$$Ma_1^L = \frac{V_{10}}{A_{10}} = 1 \qquad (3.70)$$

其中,V_{10}和A_{10}(只取决于入射激波马赫数Ma_S)由下式给出:

$$V_{10} = \frac{2(Ma_S^2 - 1)}{(\gamma + 1)Ma_S} \qquad (3.71)$$

$$A_{10} = \frac{\gamma + 1}{\gamma - 1}\frac{1}{Ma_S}\left[\left(\frac{2\gamma}{\gamma - 1}Ma_S^2 - 1\right)\left(Ma_S^2 + \frac{2}{\gamma - 1}\right)\right]^{1/2} \qquad (3.72)$$

对于氮气和氩气,极限的入射激波马赫数分别为 2.068 和 2.758。

如前所述(1.2 节和图 1.6),如果激波诱导的气流是亚声速的,气流以亚声速转弯流过楔的拐角;如果激波诱导的气流是超声速的,气流流经楔的拐角时需要借助于激波。在后一种情况下,根据激波诱导气流的马赫数和反射楔角的匹配情况,激波可以是附体激波,也可能是脱体激波,参考图 1.6(b)、图 1.6(c)。

图 3.62(a)和图 3.62(b)是氮气和氩气的气流偏转方式(脱体激波或附体激波)的分区(Ma_S,θ_w)图,实线表示完全气体,虚线表示离解平衡态氮气和电离平衡态氩气。

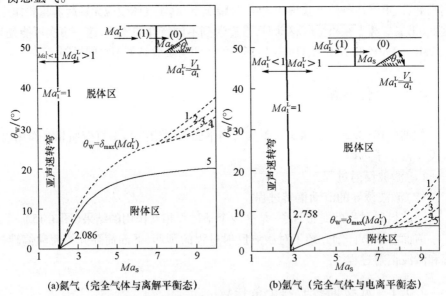

(a)氮气(完全气体与离解平衡态)   (b)氩气(完全气体与电离平衡态)

图 3.62　各类偏转过程的条件域与转换线(M_S,θ_w)图

非完全气体(虚线 1~4)——$p_0 = 1,10,100,1000$Torr($T_0 = 300$K);

完全气体(实线)——氮气 $\gamma = 7/5$;氩气 $\gamma = 5/3$。

首先考察激波诱导的气流为超声速的区域(即在实验室坐标系中 $Ma_1^L > 1$),$\theta_W = \delta_{\max}(Ma_1^L)$ 线将该区域一分为二,其中 $\delta_{\max}(Ma_1^L)$ 是 $Ma_1^L > 1$ 的超声速气流经斜激波可产生的最大偏折角。

根据 1.2 节中的讨论,可以得出如下结论:

(1)如果 $\theta_W < \delta_{\max}(Ma_1^L)$,则使气流方向发生偏折的激波附体于反射楔前缘;

(2)如果 $\theta_W > \delta_{\max}(Ma_1^L)$,则使气流方向发生偏折的激波脱体。这种情况下,随着时间的推移,脱体激波持续地向来流方向运动,因为整个波系结构随时间而增长。

对于 $Ma_1^L < 1$ 的区域,似乎应出现亚声速转弯,参考图 1.6(a),但现实并非如此。这时的情况是,激波诱导的亚声速流动面临着边界条件的突然变化,当激波到达反射楔前缘时,气流才突然接触到反射楔(1.2 节关于图 1.8(b)的讨论),于是在该区域也产生脱体激波,于是 $Ma_1^L < 1$ 的区域在图 3.62 中是脱体区的一部分。

3.5.2 激波衍射条件域

图 3.63 的 (Ma_S, θ_W) 图是将氮气、氩气的类似于图 3.27 的信息叠加在图 3.62 上的结果,即激波衍射过程的条件域和转换边界。图 3.63 清楚地表明,四类强激波反射(即规则反射、单马赫反射、过渡马赫反射和双马赫反射),都可以在反射楔前缘处出现附体或脱体激波,产生附体激波的反射结构有时要求很高的入射激波马赫数。而准过渡马赫反射总是伴随脱体的反射激波,因为形成准过渡马赫反射需要 $Ma_1^L < 1$ 的条件。从 (Ma_S, θ_W) 图中还可以看到,与氩气相比,氮气在反射楔前缘产生附体激波的条件域更大,因此,一般来说,比热比 γ 较小的气体,更容易获得具有附体激波的反射结构。

此外,真实气体效应使各反射类型之间的转换线向较小的楔角偏移,使附体/脱体转换线向更大的楔角偏移。因此,当气体的内部自由度被激发时,更容易获得具有附体激波的反射结构。提醒一下,内部自由度激发的结果是使 γ 减少。

图 3.64 和图 3.65 分别是带有附体反射激波的规则反射结构的干涉照片和带有附体反射激波的单马赫反射结构的阴影照片。为了比较,读者可分别参考图 3.4 和图 3.7,考察带有脱体反射激波的规则反射结构和单马赫反射结构流场。

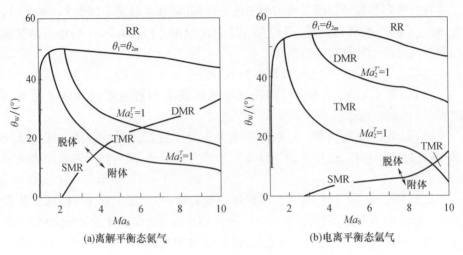

(a)离解平衡态氮气　　　　　　　　(b)电离平衡态氩气

图 3.63　各类激波衍射过程的条件域及转换边界(Ma_S,θ_W)图

($T_0 = 300K, p_0 = 15Torr$)

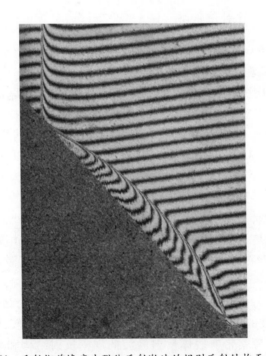

图 3.64　反射楔前缘产生附体反射激波的规则反射结构干涉照片

(空气,$T_0 = 296.4K, p_0 = 15Torr ; Ma_S = 9.9, \theta_W = 47°$)

(经多伦多大学空间研究所 I. I. Glass 教授许可)

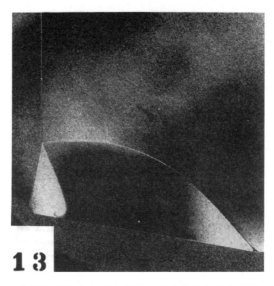

图 3.65　反射楔前缘产生附体反射激波的单马赫反射结构阴影照片

（空气，$T_0 = 296.6K$，$p_0 = 15Torr$；$Ma_S = 4.73$，$\theta_w = 10°$）

（经多伦多大学空间研究所 I. I. Glass 教授许可）

3.5.3　稳态和准稳态反射条件域的对比

之前提到过（1.5.5 节），准稳态流动中的 RR⇆IR 转换线与稳态流动中的 RR⇆IR 转换线是不同的。图 3.66 以 (Ma_0, ϕ_1) 图的形式，对比了离解平衡态氮气在稳态流动与准稳态流动中的转换线的差别。在准稳态流动情况下，Ma_0 和 ϕ_1 由以下关系式获得

$$Ma_0 = Ma_S / \cos\theta_w^C$$

$$\phi_1 = 90° - \theta_w^C$$

在图 3.66 中，准稳态流的转换线是由上述关系，从 (Ma_S, θ_w^C) 图（如图 3.36 (a)）转换线换算获得的。

图 3.66 表明，存在一个很大的区域，其中的反射类型，即规则反射或马赫反射，取决于流动的类型，即稳态流或准稳态流。与稳态流相比，规则反射的条件域在准稳态流动中更大。在稳态流中，马赫反射始终是一个单马赫反射结构；而在准稳态流动中，马赫反射的条件域进一步划分为单马赫反射、准过渡马赫反射、过渡马赫反射和双马赫反射的条件域。

189

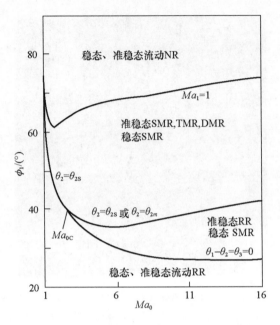

图 3.66　稳态流与准稳态流中的 RR 与 MR 条件域(Ma_0, ϕ_1)图
(离解平衡态氮气,$T_0 = 300\mathrm{K}, p_0 = 15\mathrm{Torr}$)

参考文献

[1] Bazhenova, T. V. , Fokeev, V. P. & Gvozdeva, L. G. , "Regions of various forms of Mach reflection and its transition to regular reflection", Acta Astro. , 3, 131 – 140, 1976.

[2] Ben – Dor, G. , "Regions and transitions on nonstationary oblique shock – wave diffractions in perfect and imperfect gases", UTIAS Rep. 232, Inst. Aero. Studies, Univ. Toronto, Toronto, Ont. , Canada, 1978.

[3] Ben – Dor, G. , "Relation between first and second triple point trajectory angles in double Mach reflection", AIAA J. , 19, 531 – 533, 1981.

[4] Ben – Dor, G. , "A reconsideration of the three – shock theory for a pseudo – steady Mach reflection", J. Fluid Mech. , 181, 467 – 484, 1987.

[5] Ben – Dor, G. , "Structure of the Contact Discontinuity of Nonstationary Mach Reflections", AIAA J. , Vol. 28, pp. 1314 – 1316, 1990.

[6] Ben – Dor, G. , Shock Wave Reflection Phenomena, Springer – Verlag, New York, NY, USA, 1991.

[7] Ben – Dor, G. & Glass, I. I. , "Nonstationary oblique shock wave reflections: Actual isopycnics and numerical experiments", AIAA J. , 16, 1146 – 1153, 1978.

[8] Ben – Dor, G. , Mazor, G. , Takayama, K. & Igra, O. , "The influence of surface roughness on the transition from regular to Mach reflection in a pseudosteady flow", J. Fluid Mech. , 176, 336 – 356, 1987.

[9] Ben – Dor, G. & Takayama, K. , "The dynamics of the transition from Mach to regular reflection over concave

cylinders", Israel J. Tech. ,23 ,71 – 74 ,1986/7.

[10] Ben – Dor, G. & Takayama, K. , "The phenomena of shock wave reflection – A review of unsolved problems and future research needs", Shock Waves,2(4) ,211 – 223 ,1992.

[11] Colella, P. & Henderson, L. F. , "The von Neumann paradox for the diffraction of weak shock waves", J. Fluid Mech. ,213 ,71 – 94 ,1990.

[12] Courant, R. & Friedrichs, K. O. , Hypersonic Flow and Shock Waves, Wiley Interscience, New York ,1948.

[13] Deschambault, R. L. , "Nonstationary oblique – shock – wave reflections in air", UTIAS Rep. 270, Inst. Aero. Studies, Univ. Toronto, Toronto, Ont. , Canada ,1984.

[14] Dewey, J. M. & McMillin, D. J. , "Observation and analysis of the Mach reflection of weak uniform plane shock waves. Part 1. Observation", J. Fluid Mech. ,152 ,49 – 66 ,1985.

[15] Dewey, J. M. & van Netten, A. A. , "Observations of the iinitial stages of the Mach reflection process", Proc. 18th Int. Symp. Shock Waves, Ed. K. Takayama, Springer – Verlag ,227 – 232 ,1991.

[16] Dewey, J. M. & van Netten, A. A. , "Non – self – similarity of the initial stages of Mach reflection", Proc. 20th Int. Symp. Shock Waves, Ed. B. Sturtevant, J. E. Shepherd & H. G. Hornung ,1 ,399 – 404 ,1995.

[17] Friend, W. H. , "The interaction of plane shock wave with an inclined perforated plate", UTIAS Tech. Note 25 , Inst. Aero. Studies, Univ. Toronto, Toronto, Ont. , Canada ,1958.

[18] Glaz, H. M. , Colella, P. , Collins, J. P. & Ferguson, E. , "Nonequilibrium effects in oblique shock – wave reflection", AIAA J. ,26 ,698 – 705 ,1988.

[19] Guderley, K. G. , "Considerations on the structure of mixed subsonic/supersonic flow patterns", Tech. Rep. F – TR – 2168 – ND, Wright Field, USA ,1947.

[20] Henderson, L. F. , Ma, J. H. , Sakurai, A. & Takayama, K. , "Refraction of a shock wave at an air – water interface", Fluid Dyn. Res. ,5 ,337 – 350 ,1990.

[21] Hornung, H. G. , Oertel, H. Jr. & Sandeman, R. J. , "Transition to Mach reflection of shock waves in steady and pseudo – steady flows with and without relaxation", J. Fluid Mech. ,90 ,541 – 560 ,1979.

[22] Hornung, H. G. & Taylor, J. R. , "Transition from regular to Mach reflection of shock waves. Part 1. The effect of viscosity on the pseudo – steady case", J. Fluid Mech. ,123 ,143 – 153 ,1982.

[23] Jones, D. M. , Martin, P. M. & Thornhill, C. K. , "A note on the pseudostationary flow behind a strong shock diffracted or reflected at a corner", Proc. Roy. Soc. Lond. , Ser. A209 ,238 – 248 ,1951.

[24] Kobayashi S. , Adachi T. & Suzuku T. , "Regular reflection of a shock wave over a porous layer: Theory and experiment", Shock Waves @ Marseille IV, Eds. R. Brun, R. & L. Z. Dumitrescu, Springer ,175 – 180 ,1995.

[25] Landau, L. D. & Lifshitz, E. M. , Fluid Mechanics ,2nd Ed. , p. 425 , Pergamon Press, Oxford, England ,1987.

[26] Law, C. K. & Glass, I. I. , "Diffraction of strong shock waves by a sharp compressive corner", CASI Trans. , 4 ,2 – 12 ,1971.

[27] Lee, J. – H. & Glass, I. I. , "Pseudo – stationary oblique – shock – wave reflections in frozen and equilibrium air", Prog. Aerospace Sci. ,21 ,33 – 80 ,1984.

[28] Li, H. & Ben – Dor, G. , "Reconsideration of pseudo – steady shock wave reflections and the transition criteria between them", Shock Waves,5(1/2) ,59 – 73 ,1995.

[29] Li, H. , Levy, A. & Ben – Dor, G. , "Analytical prediction of regular reflection over rigid porous surfaces in pseudo – steady flow", J. Fluid Mech. ,282 ,219 – 232 ,1995.

[30] Mach, E. , "Über den verlauf von funkenwellen in der ebeme und im raume", Sitzungsbr. Akad. Wiss. Wien,

191

78,819 - 838,1878.

[31] Malamud,G. ,Levi - Hevroni D. & Levy A. , "Head - on collision of a planar shock wave with deformable porous foams", AIAA J. ,43(8) ,1776 - 1783,2005.

[32] Malamud,G. ,Levi - Hevroni D. & Levy A. , "Two - dimensional model for simulating the shock wave inter-action with rigid porous materials", AIAA J. ,41(4) ,663 - 673,2003.

[33] Olim,M. & Dewey,J. M. , "A revised three - shock solution for the Mach reflection of weak shock waves", Shock Waves,2,167 - 176,1992.

[34] Onodera,H. , "Shock propagation over perforated wedges", M. Sc. Thesis, Inst. High Speed Mech. , Tohoku Univ. ,Sendai,Japan,1986.

[35] Onodera,H. & Takayama,K. , "Shock wave propagation over slitted wedges", Inst. Fluid Sci. Rep. ,1,45 - 66,Tohoku Univ. ,Sendai,Japan,1990.

[36] Reichenbach,H. , "Roughness and heated layer effects on shock - wave propagation and reflection - Exper-imental results", Ernst Mach Inst. , Rep. E24/85, Freiburg, West Germany,1985.

[37] Rikanati,A. ,Alon,U. & Shvarts,D. , "Vortex - merger statistical - mechanics model for the late time self - similar evolution of the Kelvin - Helmholtz instability", Phys. Fluids,15(12) ,3776 - 3785,2003.

[38] Rikanati,A. ,Sadot,O. ,Ben - Dor,G. ,Shvarts,D. ,Kuribayashi,T. & Takayama,K. , "Shock - wave Mach - reflection slip - stream instability: A secondary small - scale turbulent mixing phenomenon", Physical Review Letters,96,174503:1 - 174503:4,2006.

[39] Schmidt,B. , "Structure of Incipient Triple Point at the Transition from Regular Reflection to Mach Reflec-tion", in Rarefied Gas Dynamics: Theoretical and Computational Techniques, Eds. E. P. Muntz, D. P. Weaver & D. H. Campbell, Progress in Astronautics and Aeronautics,118,597 - 607,1989.

[40] Semenov,A. N. ,Syshchikova,M. P. , "Properties of Mach reflection in the interaction of shock waves with a stationary wedge", Comb. Expl. & Shock Waves,11,506 - 515,1975.

[41] Shames,I. H. ,Mechanics of Fluids, McGraw Hill,2nd Ed. ,1982.

[42] Shirouzu,M. & Glass,I. I. , "An assessment of recent results on pseudo - steady oblique shock - wave reflec-tion", UTIAS Rep. 264, Inst. Aero. Studies, Univ. Toronto, Toronto, Ont. , Canada,1982.

[43] Shirouzu,M. & Glass,I. I. , "Evaluation of assumptions and criteria in pseudostationary oblique shock - wave reflections", Proc. Roy. Soc. Lond. , Ser. A406,75 - 92,1986.

[44] Skews,B. W. , "The flow in the vicinity of a three - shock intersection", CASI Trans. ,4,99 - 107,1971.

[45] Skews,B. W. , "The effect of an angular slipstream on Mach reflection", Dept. Note, McMaster Univ. , Hamil-ton,Ont. , Canada,1971/2.

[46] Skews B. W. , "Oblique reflection of shock waves from rigid porous materials", Shock Waves,4,145 - 154,1994.

[47] Skews,B. & Ashworth J. T. , "The physical nature of weak shock wave reflection", J. Fluid Mech. ,542,105 - 114,2005.

[48] Smith, L. G. , "Photographic investigation of the reflection of plane shocks in air", OSRD Rep. 6271, Off. Sci. Res. Dev. , Washington, DC. , U. S. A. , or NORC Rep. A - 350,1945.

[49] Takayama,K. & Ben - Dor, G. , "Pseudo - steady oblique shock - wave reflections over water wedges", Exp. in Fluids,8,129 - 136,1989.

[50] Takayama,K. ,Miyoshi,H. & Abe,A. , "Shock wave reflection over gas/liquid interface", Inst. High Speed

192

Mech. Rep. ,57,1 – 25,Tohoku Univ. ,Sendai,Japan,1989.

[51] Vasilev,E. & Kraiko,A. ,"Numerical simulation of weak shock diffraction over a wedge under the von Neumann paradox conditions",Comp. Math. & Math. Phys. ,39,1335 – 1345,1999.

[52] Wheeler,J. ,"An interferometric investigation of the regular to Mach reflection transition boundary in pseudo – stationary flow in air",UTIAS Tech. Note 256,Inst. Aero. Studies,Univ. Toronto,Toronto,Ont. ,Canada,1986.

[53] White, D. R. , " An experimental survey of the Mach reflection of shock waves ", Princeton Univ. , Dept. Phys. ,Tech. Rep. II – 10,Princeton,N. J. ,U. S. A. ,1951.

[54] Zaslavskii, B. I. & Safarov, R. A. , " Mach reflection of weak shock waves from a rigid wall ", Zh. Prik. Mek. Tek. Fiz. ,5,26 – 33,1973.

第4章　非稳态流中的激波反射

在稳态流动(第2章)和准稳态流动(第3章)中,激波反射现象的流场基本上取决于两个独立变量,在稳态流动中是 x 和 y,在准稳态流动中是 x/t 和 y/t。而在本章的非稳态流问题中,流场取决于 x、y 和 t3 个参数,因此,对非稳态流反射现象的分析研究就更加困难。

除此困难以外,准稳态激波反射研究所遇到的所有困难,在非稳态激波反射情况下也是同样存在的。

非稳态激波反射基本上可以通过以下方法之一获得:

(1)以恒定速度传播的激波在非直表面上反射;

(2)以非恒定速度传播的激波在平直表面上反射;

(3)以非恒定速度传播的激波在非直表面上反射。

4.1　等速激波在非直反射面上的反射

如果反射楔面不是直的,而是弯曲的(凹曲面或凸曲面),入射激波根部与反射楔面相接触的点为 R(即反射点,图 1.8(a)),那么反射点 R 的速度只在水平方向上(即入射激波速度)是恒定的,而在垂直方向上,反射点 R 的速度不是恒定的(而在平直的反射面上反射时,反射点 R 在垂直方向上的速度也是恒定的)。

因此,如果将参考系固定于反射点 R 上,那么,来流的入射角 ϕ_1 将随着激波的传播而持续变化。此外,由于 $Ma_0 = Ma_S/\sin\phi_1$,很明显,来流马赫数 Ma_0 也会持续变化。

4.1.1　凹柱面上的激波反射

1. 概述

当平面入射激波遇到一个凹柱面时,在柱面上形成规则反射结构还是马赫反射结构,取决于初始楔角和入射激波的马赫数。利用第 3 章的准稳态激波反射理论,可以确定起始反射的类型。

第 4 章 非稳态流中的激波反射

例如,参考图 3.27,如果在图上绘制一条等 Ma_S 线(在 Ma_S 轴上的给定位置绘制一条垂直线),那么,由该直线与转换线相交而获得的转换边界数量取决于所选的 Ma_S 值。例如,对于氮气,如果 $Ma_S < 2.07$,则等马赫数线与 RR⇆SMR 和 SMR⇆PTMR 两条转换线相交。在 $Ma_S > 2.07$ 范围,等马赫数线与 SMR⇆TMR、TMR⇆DMR 以及 DMR⇆RR 三条转换线相交。

考察一个最一般的情况,即可以包括全部 4 种反射类型(SMR、TMR、DMR 和 RR)的情况,这时,入射激波马赫数 $Ma_S > 2.07$,将这相应的 3 个转换楔角定义为 $\theta_W[\text{SMR⇆TMR}]$、$\theta_W[\text{TMR⇆DMR}]$ 和 $\theta_W[\text{DMR⇆RR}]$。参考图 4.1 的 4 个凹柱楔构型,它们都有相同的曲率半径 R,但具有不同的初始楔角(即柱楔前缘的斜率不同)。4 个凹柱楔构型的初始楔角分别是:

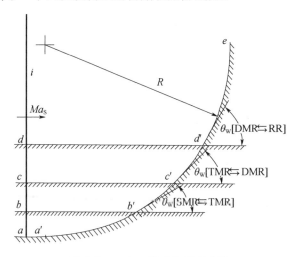

图 4.1　四个凹柱面构型示意图

(1)对于楔 $aa'e$,初始楔角为 $\theta_W^{\text{initial}} = 0$;

(2)对于楔 $bb'e$,初始楔角为 $\theta_W^{\text{initial}} = \theta_W[\text{SMR⇆TMR}]$;

(3)对于楔 $cc'e$,初始楔角为 $\theta_W^{\text{initial}} = \theta_W[\text{TMR⇆DMR}]$;

(4)对于楔 $dd'e$,初始楔角为 $\theta_W^{\text{initial}} = \theta_W[\text{DMR⇆RR}]$。

对于上述 4 个凹柱楔,初始楔角 $\theta_W^{\text{initial}}$ 在以下范围内时,分别形成相应的激波反射结构:

(1)$0 < \theta_W^{\text{initial}} < \theta_W[\text{SMR⇆TMR}]$ 时,形成的起始反射是单马赫反射结构;

(2)$\theta_W[\text{SMR⇆TMR}] < \theta_W^{\text{initial}} < \theta_W[\text{TMR⇆DMR}]$ 时,形成的起始反射是过渡马赫反射结构;

(3)$\theta_W[\text{TMR⇆DMR}] < \theta_W^{\text{initial}} < \theta_W[\text{DMR⇆RR}]$ 时,形成的起始反射是双马

赫反射结构；

(4)$\theta_{\mathrm{W}}[\mathrm{DMR} \leftrightarrows \mathrm{RR}] < \theta_{\mathrm{W}}^{\mathrm{initial}} < 90°$时,形成的起始反射是规则反射结构。

如果起始反射是马赫反射结构(即 $\theta_{\mathrm{W}}^{\mathrm{initial}} < \theta_{\mathrm{W}}[\mathrm{DMR} \leftrightarrows \mathrm{RR}]$),那么,当激波沿着凹柱楔移动时,经历的楔角是不断增大的,最终迫使马赫反射结构转变为规则反射结构。但是,如果起始反射是一个规则反射结构(即 $\theta_{\mathrm{W}}^{\mathrm{initial}} > \theta_{\mathrm{W}}[\mathrm{DMR} \leftrightarrows \mathrm{RR}]$),那么,规则反射结构将持续存在。

上述讨论表明,根据初始楔角的值,凹柱楔上的起始反射可以是单马赫反射、过渡马赫反射、双马赫反射或规则反射(如果入射激波马赫数足够高):

(1)如果起始反射是单马赫反射结构,随着激波在凹柱楔上的移动,反射结构将首先转变为过渡马赫反射,然后转变为双马赫反射,最后转变为规则反射结构。

(2)如果起始反射是过渡马赫反射结构,随着激波在凹柱楔上的移动,则反射结构首先转变为双马赫反射,然后转变为规则反射结构。

(3)如果起始反射是双马赫反射结构,随着激波在凹柱楔上的移动,反射结构将转变为规则反射结构。

(4)如果起始反射是一个规则反射结构,随着激波在凹柱楔上的移动,则反射结构将保持规则反射状态。

图 4.2 是凹柱面上的 4 种反射结构(SMR、TMR、DMR 和 RR)的波系结构照片。

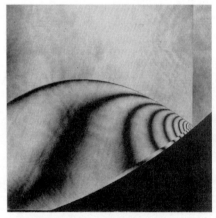 

(a)凹柱面上的SMR全息干涉图　　　　　　(b)凹柱面上的TMR阴影照片
(空气，Ma_{s}=1.7、T_0=290K、p_0=760Torr)　　(空气，Ma_{s}=2.19、T_0=291.3K、p_0=760Torr)

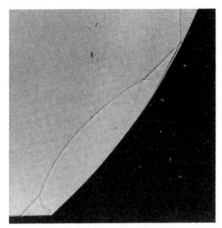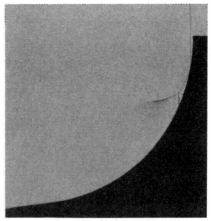

(c)凹柱面上的DMR阴影照片　　　　　　　(d)凹柱面上的RR阴影照片
（空气，Ma_S=3.02、T_0=292.4K、p_0=760Torr)　　（空气，Ma_S=2.1、T_0=290K、p_0=760Torr)

图 4.2　凹柱面上的 4 种反射结构（SMR、TMR、DMR 和 RR）的波系结构照片
（经日本 Tohoku 大学流体科学研究所激波研究中心 K. Takayama 教授许可）

2. MR→RR 转换

（1）主要影响因素。

如 4.1.1 节所述，如果入射激波在凹柱楔（前缘）上最初形成的是马赫反射结构，随着入射激波在凹柱楔上的移动，波系最终会演变为规则反射结构。

经过大量的实验研究，Takayama 和 Sasaki(1983)表明，除了入射激波马赫数 Ma_S 以外，MR→RR 转换楔角 θ_W^{tr} 还取决于凹柱楔的曲率半径 R 和初始楔角 $\theta_W^{initial}$。图 4.3 是他们的实验研究结果，图中还给出了稳态流动中的 MR$\leftrightarrows$RR 转换线（AB 线）和准稳定流动中的 MR$\leftrightarrows$RR 转换线（AC 线）。

很明显，实验记录的所有转换楔角都位于稳态激波反射 RR$\leftrightarrows$MR 转换线（AB 线）以上。但是，随着曲率半径的增大，实验记录的转换楔角减小，趋近于稳态流动的 RR$\leftrightarrows$MR 转换线。类似地，实验结果还表明，转换楔角随初始楔角的增大而减小，图 4.4 是两个入射激波马赫数条件下的转换楔角 θ_W^{tr} 随初始楔角 $\theta_W^{initial}$ 变化的关系。Ma_S =1.6 的实验结果揭示，随着初始楔角 $\theta_W^{initial}$ 的增加，转换楔角 θ_W^{tr} 呈非线性连续减小。实线是手绘的 $\theta_W^{tr} - \theta_W^{initial}$ 拟合关系，由于 θ_W^{tr} 不能小于 $\theta_W^{initial}$，因此该线必须终止于 $\theta_W^{tr} = \theta_W^{initial}$ 的点，对于 $Ma_S = 1.6$，在该点（$\theta_W^{tr} = \theta_W^{initial}$ 的点）的初始楔角条件下，形成的起始反射为规则反射结构。对于 $Ma_S = 3.1$ 的条件，也有类似的行为，然而，由于该条件缺乏足够的实验数据，手绘的 $\theta_W^{tr} - \theta_W^{initial}$ 拟合关系不足为信。还应注意到，实验结果提示，当曲率半径趋于无穷大（$R \to \infty$）时，实验获得的转换楔角趋近于稳态流动的转换线。

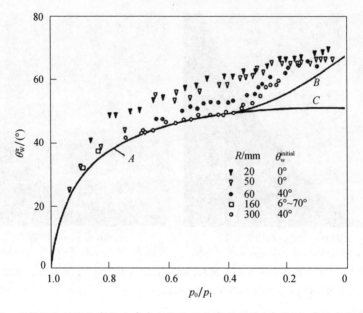

图 4.3　凹柱面上转换楔角与曲率半径和初始楔角的关系(空气)与实验数据的比较

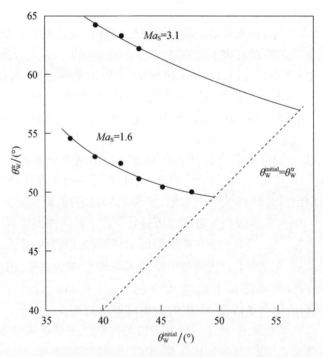

图 4.4　凹柱面上转换楔角与初始楔角关系的实验数据(空气)

（2）表面粗糙度的影响。

Takayama 等（1981）通过实验研究了表面粗糙度对 MR→RR 转换的影响,他们在反射楔面上粘贴不同规格的砂纸,使反射壁面具有不同的粗糙度。图 4.5 给出 $R = 50\text{mm}$、$\theta_W^{\text{initial}} = 0$ 的凹柱楔在 3 种不同粗糙度条件下的实验结果,同样,图中也绘制了稳态流动 MR⇆RR 转换线（AB 线）和准稳态流动 MR⇆RR 转换线（AC 线）。

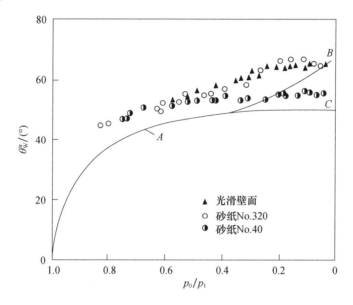

图 4.5　凹柱面上转换楔角与粗糙度关系的实验数据（空气）

图 4.5 揭示,转换楔角 θ_W^{tr} 随着反射面粗糙度的增加而减小。在非常粗糙的楔面（40 号砂纸）情况下,θ_W^{tr} 几乎不受入射激波马赫数的影响,获得的转换楔角约为 54.5°。在光滑的楔面条件下,θ_W^{tr} 总是大于相应条件稳态流动的转换楔角（图 4.3）,但也存在 θ_W^{tr} 小于相应条件稳态流动转换楔角的情况。另外,即使在非常高的粗糙度情况下,实验获得的转换楔角总是大于相应条件准稳态流动的激波反射结构转换楔角。

3. MR→RR 转换的动力学过程

图 4.6 是凹柱面上测得的 $Ma_S = 1.4$ 条件下,马赫反射结构的三波点轨迹。实验结果表明,马赫杆的高度 H_m 从反射楔前缘的 $H_m = 0$ 开始增加,直到最大值,然后逐渐减小,直到马赫反射结构终止、形成过渡规则反射结构时,马赫杆消失。应提醒注意的是,在图 4.6 上,第一个被测到的三波点已经距离反射楔前缘

相当远,由于反射楔前缘的 H_m 必须从零开始,因此,在没有可用实验数据的区域,即虚线部分,是根据推理绘制的轨迹。

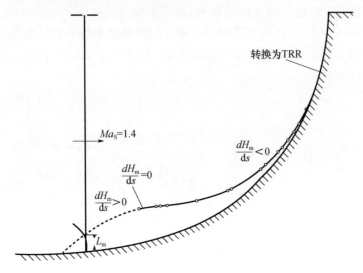

图 4.6 　凹柱面上测得的马赫反射三波点轨迹($Ma_S = 1.4$)

根据图 4.6 所示,三波点的轨迹可分为两部分:

(1)$dH_m/ds > 0$ 的部分;

(2)$dH_m/ds < 0$ 的部分。

其中,s 是沿楔面的距离。

Courant 和 Friedrichs(1948)指出,理论上,根据马赫反射结构三波点相对于反射面的运动方向,有 3 种可能类型的马赫反射结构:

(1)如果三波点向着远离反射面的方向移动,则反射结构为直接马赫反射;

(2)如果三波点平行于反射面移动,则反射结构为固定马赫反射;

(3)如果三波点向着反射面的方向移动,则反射结构为反向马赫反射。

关于直接马赫反射、固定马赫反射和反向马赫反射的更多详情,见 1.1 节和图 1.3。

根据这些定义,从图 4.6 给出的实验数据可以看到,平面激波在凹柱面上的反射经历以下一系列过程:

(1)沿 $dH_m/ds > 0$ 的部分,经历的是直接马赫反射过程;

(2)在 $dH_m/ds = 0$ 的瞬间是固定马赫反射,沿 $dH_m/ds < 0$ 部分经历的是反向马赫反射的过程;

(3)在 $H_m = 0$ 处,反向马赫反射终止、规则反射结构形成。在反向马赫反射终止之后形成的规则反射结构中,由于在规则反射结构上附带了一个特殊的波系结构(1.1 节,图 1.4),因此被称为过渡规则反射。

综上所述,MR→RR 转换的实验研究表明,气流在凹柱面上流过时,形成的马赫反射结构的演化过程遵循以下顺序:DiMR→StMR→InMR→TRR。更多细节可以在 Ben – Dor 和 Takayama(1986/7)的论文中查到。

图 4.7 用(p,θ)极曲线图描述了这一系列转换事件:

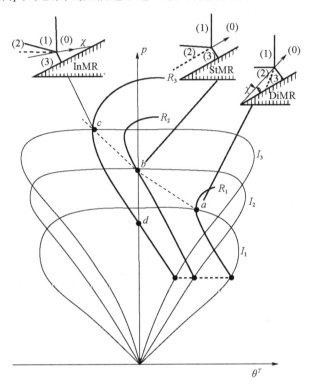

图 4.7　从直接马赫反射到过渡规则反射转换的(p,θ)极曲线图

(1)I_1激波极曲线与 R_1 激波极曲线在 a 点相交,该交点位于 I_1 极曲线的右侧分支,产生一个直接马赫反射结构;

(2)I_2激波极曲线与 R_2 激波极曲线在 b 点相交,该交点位于 p 轴上,产生一个固定马赫反射结构;

(3)I_3激波极曲线与 R_3 激波极曲线在 c 点相交,该交点位于 I_3 极曲线的左侧分支,产生一个反向马赫反射结构;

(4)R_3极曲线与 p 轴在 d 点相交,产生一个过渡规则反射结构。

201

由于状态(1)中的压力仅取决于入射激波马赫数,因此令图 4.7 中所有的 R 极曲线都从各自 I 极曲线的相同压力出发,用虚线将马赫反射结构轨迹上的 a、b、c 点相连接。马赫反射结构的变化轨迹起始于形成直接马赫反射结构的 a 点,终止于 c 点的反向马赫反射结构的终止状态,从 c 点开始形成过渡规则反射结构(d 点)。

(1)直接马赫反射结构存在于 $a-b$ 段;

(2)瞬间固定马赫反射结构存在于 b 点;

(3)反向马赫反射结构存在于 $b-c$ 段。

对照图 4.6 和图 4.7 可以看到,$dH_m/ds > 0$ 的部分对应于 $a-b$ 段,$dH_m/ds = 0$ 对应 b 点,$dH_m/ds < 0$ 的部分对应于 $b-c$ 段。

虽然在准稳态流动中也能获得直接马赫反射结构,但固定马赫反射结构和反向马赫反射结构只能在非稳态流动中获得。

(1)固定马赫反射。

固定马赫反射的波系结构及其 $I-R$ 极曲线组合参考图 4.7。固定马赫反射结构与直接马赫反射结构的波系基本相同,唯一的区别是其滑移线平行于反射面,这是因为固定马赫反射结构的三波点是平行于反射面运动的。

(2)反向马赫反射。

反向马赫反射的波系结构及其 $I-R$ 极曲线组合也参考图 4.7。反向马赫反射的波系结构与直接马赫反射非常相似,唯一的区别在于滑移线的方向。在直接马赫反射结构中,由于三波点远离反射面移动,所以滑移线从三波点向反射面延伸;而在反向马赫反射结构中,由于三波点向着反射面移动,因此滑移线从三波点出发向着远离反射面的方向延伸。因此,反向马赫反射只是一个暂时的反射结构,一旦其三波点与反射面发生碰撞,反向马赫反射结构就会终止。在反向马赫反射终止时,形成一个新的反射结构,即过渡规则反射结构。

(3)过渡规则反射。

图 4.8 是反向马赫反射结构终止和过渡规则反射结构形成的动力学过程示意图。图 4.8(a)是一个向着反射表面运动的反向马赫反射结构;图 4.8(b)是反向马赫反射结构的三波点 T 与反射面碰撞瞬间的波系结构,这时马赫杆 m 消失,入射激波 i 和反射激波 r 在反射面上相遇;图 4.8(c)是反向马赫反射结构终止后生成的波系结构,该结构的主要部分是规则反射结构(即入射激波 i 和反射激波 r 在反射面上相遇),除此之外,在反射激波上还形成了一个新的三波点 T^*,这个三波点的性质尚待研究,有一道额外的激波将这个三波点与反射面相连,该激波不一定是直的,但其根部垂直于反射面。

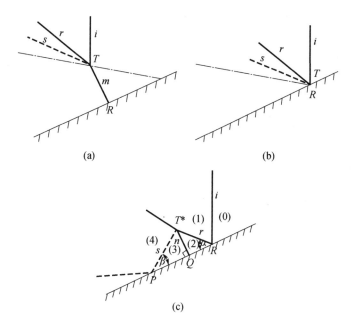

图 4.8　反向马赫反射结构终止和过渡规则反射结构形成的动力学过程示意图

形成这一额外激波的物理原因是,需要产生一个突然的压降,以匹配与 InMR→TRR 转换有关的压差需求,Henderson 和 Lozzi(1975)第一个提出需要这道额外激波的假设。观察图 4.7 可以发现,反向马赫反射在 c 点的终止和过渡规则反射在 d 点的形成,需要一个从 p_c 到 p_d 的突然压降。这道额外的激波能够提供这种突然的压力下降,而且,其压比应为 p_c/p_d(注意,根据图 4.8,$p_c = p_2$、$p_d = p_3$)。

(4)过渡规则反射结构的分析解。

在图 4.8(c)中,描述了过渡规则反射结构的各流动区域。规则反射结构的反射点是 R,附加激波 n 的根部在 Q 点,滑移线从反射面的点 P 反射。

如果假设过渡规则反射的波系结构是自相似的,那么,图 4.8(c)所示的整个结构将随时间呈线性增长。图 4.9 是两个不同时刻(t 时刻和 $t+\Delta t$ 时刻)的过渡规则反射结构,在时间间隔 Δt 内,点 Q、P 和 T^* 移动到位置 Q'、P' 和 $T^{*'}$。定义点 Q 相对于反射点 R 的速度为 u_n,三波点 T^* 相对于反射点 R 的速度为 dL_r/dt,其中 L_r 为反射激波 r 的长度。此外,值得注意的是,由于 P 点位于滑移线 s_1 上,其速度必须等于 u_3,u_3 为状态(3)气流相对于点 R 的速度。为了方便读者,在图 4.9 中标示出速度 u_n、u_3 和 dL_r/dt。

前面讲过,附加激波 n 不必是直的,而实验证据表明,其曲率非常小。因此,

203

如果假设该附加激波 n 为直激波,那么从状态(2)到状态(3)的气流应该垂直于它。应用完全气体正激波守恒方程:

质量守恒方程为

$$\rho_2(u_2 - u_n) = \rho_3(u_3 - u_n) \tag{4.1}$$

线性动量守恒方程为

$$p_2 + \rho_2(u_2 - u_n)^2 = p_3 + \rho_3(u_3 - u_n)^2 \tag{4.2}$$

能量守恒方程为

$$\frac{\gamma}{\gamma - 1}\frac{p_2}{\rho_2} + \frac{1}{2}(u_2 - u_n)^2 = \frac{\gamma}{\gamma - 1}\frac{p_3}{\rho_3} + \frac{1}{2}(u_3 - u_n)^2 \tag{4.3}$$

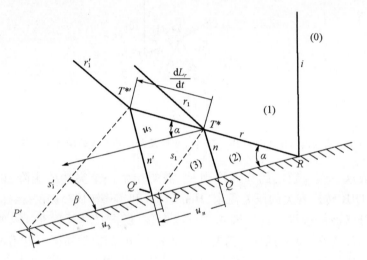

图 4.9 过渡规则反射在两个不同时刻的波系结构

在所设定的参考坐标系中,由于额外正激波以速度 u_n 运动,所以,上述守恒方程中使用了相对速度 $(u_2 - u_n)$ 和 $(u_3 - u_n)$。通过求解反射面上入射激波的规则反射结构,就可以很容易地计算出状态(2)中所有的气流特性。

上述守恒方程组有三个方程,即式(4.1)~式(4.3),包括四个未知数,即 u_3、p_3、ρ_3 和 u_n。因此,还需要一个方程才能封闭,方程组才可以求解。

参考图4.8(c),通过正激波、从区域(2)流入区域(3)的气体无法离开区域(3),因为区域(3)是被滑移线 s_1 和反射面所包围的区域。很容易看出,区域(3)内流体的质量为

$$m_3 = \frac{1}{2}\rho_3(L_r)^2\frac{\sin^2\alpha}{\tan\beta} \tag{4.4}$$

其中,L_r 为反射激波 r 的长度,α、β 的定义见图4.9。对式(4.4)求关于 t 的微分,

得到区域(3)中流体质量的增加率为

$$\frac{\mathrm{d}m_3}{\mathrm{d}t} = \rho_3 L_r \frac{\mathrm{d}L_r}{\mathrm{d}t} \frac{\sin^2\alpha}{\tan\beta} \qquad (4.5)$$

区域(3)中流体质量的增加速率等于通过正激波 n 从区域(2)流入区域(3)的质量流率,即

$$\frac{\mathrm{d}m_3}{\mathrm{d}t} = \rho_2(u_2 - u_n)L_r\sin\alpha \qquad (4.6)$$

令式(4.5)等于式(4.6),得

$$\frac{\mathrm{d}L_r}{\mathrm{d}t} = \frac{\rho_2}{\rho_3}(u_2 - u_n)\frac{\tan\beta}{\sin\alpha} \qquad (4.7a)$$

很容易得出 $\alpha = \phi_2 - \theta_1$;因此,式(4.7a)可以改写为

$$\frac{\mathrm{d}L_r}{\mathrm{d}t} = \frac{\rho_2}{\rho_3}(u_2 - u_n)\frac{\tan\beta}{\sin(\phi_2 - \theta_1)} \qquad (4.7b)$$

从简单的几何关系可得

$$u_n = \frac{\mathrm{d}L_r}{\mathrm{d}t}\cos\alpha = \frac{\mathrm{d}L_r}{\mathrm{d}t}\cos(\phi_2 - \theta_1) \qquad (4.8)$$

将式(4.8)中的 $\mathrm{d}L_r/\mathrm{d}t$ 代入式(4.7b),得

$$u_n = \frac{\rho_2}{\rho_3}(u_2 - u_n)\frac{\tan\beta}{\tan(\phi_2 - \theta_1)} \qquad (4.9)$$

结合式(4.1),使式(4.8)简化,得

$$u_n = \frac{u_3}{1 + \dfrac{\tan(\phi_2 - \theta_1)}{\tan\beta}} \qquad (4.10)$$

式(4.10)所依据的信息没有在式(4.1)~式(4.3)中使用,因此它是一个独立的方程,但它带来一个额外的未知量 β。现在是 4 个方程,式(4.1)、式(4.2)、式(4.3)和式(4.10),有 5 个未知量(u_3、p_3、ρ_3、u_n 和 β)。因此,还需要一个方程来封闭方程组。

由于所研究的波系结构不能提供产生独立方程的信息,因此做一个假设,由于过渡规则反射和双马赫反射的总体波系结构具有相似性(参考图 4.10 中的对比),过渡规则反射结构的三波点 T^* 具有类似于双马赫反射结构第二三波点 T' 的特性。

再回忆一下,在研究双马赫反射时,Law 和 Glass(1971)假设双马赫反射结构的第二三波点 T' 以与入射激波诱导速度相同的速度移动(3.1.3 节)。该假设被称为 Law – Glass 假设。Ben – Dor(1980)采用该假设,提供了一个双马赫反射

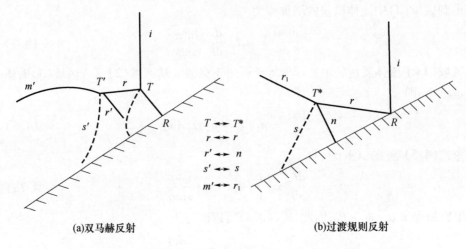

(a)双马赫反射　　　　　　　　　(b)过渡规则反射

图 4.10　DMR 的三波点 T' 和 TRR 的三波点 T^* 周围的波系结构对比

结构的解析解,这个解析解在很大的入射激波马赫数范围和反射楔角范围内都很好用。虽然,目前还没有一个物理解释可以证明该假设,但根据推测,应该与一个能够与三波点 T^* 或 T' 建立通讯的几何长度有关,因为在双马赫反射和过渡规则反射结构中都包含一个有限长度的激波。Bazhenova 等(1976 年)的研究表明,在 $\theta_w < 40°$ 范围内,"Law – Glass"假设对于双马赫反射是相当好用的。因此推测,在可能出现过渡规则反射的整个楔角范围内,Law – Glass 假设可能不够好。有关使用 Law Glass 假设所引入误差的详细情况,请参考 3.2.5 节和3.2.6 节。

在实验室参考坐标系中,将状态(1)中激波诱导的气流速度定义为 V_1,对通过入射激波的气流应用质量守恒,可以得到

$$V_1 = V_S\left(1 - \frac{\rho_0}{\rho_1}\right) \tag{4.11}$$

因此,当反射点 R 在 x 方向以速度 V_S 移动时,三波点 T^* 在 x 方向的移动速度为 V_1。利用这一事实,可以很容易地看出,反射激波长度的增加速率为

$$\frac{dL_r}{dt} = \frac{V_S - V_1}{\cos(\alpha - \theta_w)}$$

将式(4.11)代入上式,得

$$\frac{dL_r}{dt} = V_S \frac{\rho_0}{\rho_1} \frac{1}{\cos(\alpha - \theta_w)}$$

结合式(4.8),最后得到

206

$$u_n = V_S \frac{\rho_0}{\rho_1} \frac{\cos(\phi_2 - \theta_1)}{\cos(\phi_2 - \theta_1 - \theta_W)} \qquad (4.12)$$

式(4.12)是求解过渡规则反射结构的封闭方程组所需的独立方程。这样,5 个方程组,式(4.1)、式(4.2)、式(4.3)、式(4.10)和式(4.12),包含 5 个未知量 $(u_3 、 p_3 、 \rho_3 、 u_n$ 和 $\beta)$,这组方程是可解的。

　　只有少数公开的实验数据描述了过渡规则反射波系结构,这种反射结构是在反向马赫反射结构的马赫杆终止于反射楔后形成的。Ben-Dor 等(1987)论文的图 31(b)描述了这种波系结构,实验使 $Ma_S = 1.3$ 的平面激波扫过一个双楔构型,双楔的两个楔角分别是 $\theta_W^1 = 25°$ 和 $\theta_W^2 = 60°$。从照片中测量的 β 为 21.5°,而用上述方法预测的 β 为 21.7°。

　　图 4.11 的照片也是一道平面入射激波在双楔上反射形成的过渡规则反射波系结构,其初始条件是:$Ma_S = 1.52 , \theta_W^1 = 25° , \theta_W^2 = 60°$。从这张照片中测得的 β 大约是 19°,用上述方法预测的 β 为 18.6°。

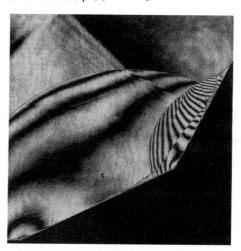

图 4.11　平面激波在双楔上反射形成的过渡规则反射结构全息干涉图

$(Ma_S = 1.52 , \theta_W^1 = 25° , \theta_W^2 = 60° , T_0 = 290K , p_0 = 760Torr)$

(经日本 Tohoku 大学流体科学研究所激波研究中心 K. Takayama 教授许可)

　　上述对比清楚地表明,所发展的上述模型能够准确预测反向马赫反射结构终止后形成的过渡规则反射的波系结构。应该指出的是,虽然上述分析模型能够对 β 做出极好的预测,但这一事实不应该、也不能用作对 Law-Glass 假设的验证,前面提到过,人们对 Law-Glass 假设是有疑问的。预测结果与实验结果极好的一致性只能说明,β 可能是一个不太敏感的变量。

图 4.12 给出了若干入射激波马赫数($Ma_S = 1.5$、2.0、2.5 和 3.0)条件下的 β 角与反射楔角 θ_W 的关系。在给定 θ_W 的条件下,随着入射激波马赫数 Ma_S 的减小,β 角增大;在给定入射激波马赫数 Ma_S 条件下,β 角先是随着 θ_W 的增大而增大,直到其最大值,然后 β 角随 θ_W 的增大而减小;在 θ_W 趋近 $90°$ 时,各马赫数条件下的 β 角都趋近 $0°$。还可以看出,入射激波马赫数越小,β 最大值对应的反射楔角越大,当 $Ma_S = 1.5$ 时,β 约在 $\theta_W = 68°$ 到达最大值,当 $Ma_S = 3$ 时,β 约在 $\theta_W = 59°$ 时到达最大值。

图 4.13 是给定不同的反射楔角 θ_W 时 β 角与入射激波马赫数 Ma_S 的关系。总体上看,随着入射激波马赫数的增加,β 值减小;当 $Ma_S \to \infty$ 时,各反射楔角条件下的 β 均接近一个常数,反射楔角 θ_W 越小,$Ma_S \to \infty$ 时 β 的渐近值越大。

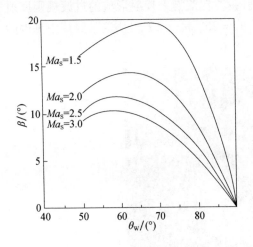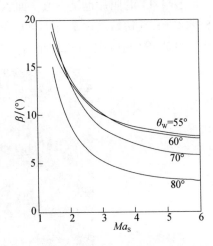

图 4.12　不同激波马赫数 Ma_S 时
β 与 θ_W 的关系

图 4.13　给定反射楔角 θ_W 时
β 与入射激波马赫数 Ma_S 的关系

4. 分析预测

尽管如本章开头所述的原因,对凹柱楔上反射现象的分析研究非常困难,但仍存在一些简化的分析模型,可以用于预测 MR→TRR 转换,以及与反射现象相关的各方面的特性。遗憾的是,这些简化分析模型仅限于预测相对较弱的入射激波。

(1)MR→TRR 转换的分析预测。

分析预测凹柱楔上 MR→TRR 转换的第一种方法是 Ben – Dor 和 Takayama(1985)提出的。根据 Hornung 等(1979)的长度尺度概念(1.5.4 节),发展了这个预测方法,正确预测了稳态和准稳态流动中的转换准则。根据长度尺度准则概念,如果没有一个能与三波点建立通讯的物理长度,马赫反射结构就不能存在。

　　图 4.14 是凹柱楔上的马赫反射在发生转换之前的波系结构。马赫反射结构向过渡规则反射结构转换的条件是,其三波点 T 刚好到达反射点 R,由于转换是发生在一个条件点上,超过该条件点马赫反射结构就不存在了,所以,必须得出的结论是,根据长度尺度概念,在即将达到转换条件时,反射点 R 附近还存在一个三波点的马赫反射结构,代表着拐角信号能够赶上三波点的最后时刻。

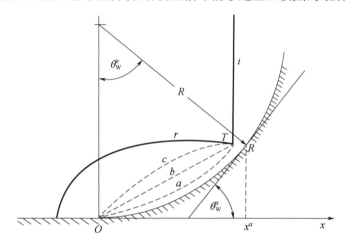

图 4.14　凹柱楔上的马赫反射结构在转换前的波系结构示意图

　　随着入射激波 i 的进一步移动,不可能再产生马赫反射结构,在马赫反射终止后形成的实际反射是过渡规则反射,参考图 4.2。在过渡规则反射结构中,入射激波以规则反射结构的形式从反射面上反射,并在规则反射结构的反射激波上形成一个三波点,从该三波点生出一道短激波,该短激波垂直地终止于反射面。三波点可能代表着拐角信号能够到达的位置,拐角信号不能超过这道(在规则反射结构上额外产生的)激波,所以,规则反射结构的反射点 R 被超声速流区与拐角信号隔离开。参考图 4.14,假设在反射楔前缘(O 点)产生的信号以速度 $V+a$ 移动,其中 V 是气流速度,a 是声速。通常情况下,$V+a$ 在流场中是变化的。如果入射激波从 $x=0$ 运动到 $x=x^{tr}$ 所需的时间是 Δt(其中 x^{tr} 是拐角信号赶上三波点的最后时刻的 x 坐标),那么,拐角信号在这个时间间隔内传播的距离为

$$S = \int_0^{\Delta t} (V + a)\,\mathrm{d}t \qquad (4.13)$$

由于 $V+a$ 在流场中的变化未知,式(4.13)右侧的积分无法进行。然而,考

察一下凹柱楔上的典型马赫反射结构,参考图4.2(a),发现当反射激波接近反射表面时,波强变得非常微弱,这就是说,在通过反射激波时,气流特性不会发生显著的变化。因此,可以假定气流保持着过反射激波前的特性(即入射激波后的特性)。所以,可以假设为

$$V + a = V_1 + a_1 \qquad (4.14)$$

其中,V_1 和 a_1 分别是入射激波后的气流速度和当地声速。利用该假设,可以很容易地获得式(4.13)右侧的积分为

$$S = (V_1 + a_1)\Delta t \qquad (4.15)$$

不幸的是,拐角信号传播的确切路径也是未知的。因此,式(4.15)中的 S 值还是未知的。

下面探讨拐角信号两种可能的传播路径。第一条路径沿反射面传播,第二条路径沿直线 OT 传播,其中 O 点是反射楔前缘(图4.14),T 是处于转换条件下的三波点,即与反射点 R 刚刚重合时的三波点。在图4.14中,这两条传播路径是线 a 和线 b,但实际的传播路径不必是这两条路径之一,也可以是连接反射楔前缘和三波点的任何路径,如图4.14中的线 c。下面分别研究上述两条路径。

情况 A:假设传播路径沿反射面

这一假设意味着:

$$S = R\theta_{\mathrm{w}}^{\mathrm{tr}} \qquad (4.16)$$

其中,$\theta_{\mathrm{w}}^{\mathrm{tr}}$ 是发生 MR→TRR 转换时的反射楔角,R 为凹柱楔的曲率半径。结合式(4.15)和式(4.16),得

$$R\theta_{\mathrm{w}}^{\mathrm{tr}} = (V_1 + a_1)\Delta t \qquad (4.17)$$

其中 $\Delta t = x^{\mathrm{tr}}/V_{\mathrm{S}}$,$V_{\mathrm{S}}$ 为入射激波的速度。因此,式(4.17)可以改写为

$$R\theta_{\mathrm{w}}^{\mathrm{tr}} = (V_1 + a_1)\frac{x^{\mathrm{tr}}}{V_{\mathrm{S}}} \qquad (4.18)$$

从图4.14可以清楚地看出:

$$x^{\mathrm{tr}} = R\sin\theta_{\mathrm{w}}^{\mathrm{tr}} \qquad (4.19)$$

结合式(4.18)和式(4.19),得

$$\frac{\sin\theta_{\mathrm{w}}^{\mathrm{tr}}}{\theta_{\mathrm{w}}^{\mathrm{tr}}} = \frac{V_{\mathrm{S}}}{V_1 + a_1} \qquad (4.20)$$

式(4.20)右侧的分子和分母同时除以入射激波前的声速 a_0,得

$$\frac{\sin\theta_{\mathrm{w}}^{\mathrm{tr}}}{\theta_{\mathrm{w}}^{\mathrm{tr}}} = \frac{Ma_{\mathrm{S}}}{V_{10} + A_{10}} \qquad (4.21)$$

式中:Ma_{S} 为入射激波马赫数;$V_{10} = V_1/a_0$;$A_{10} = a_1/a_0$。对于完全气体,根据式

（3.71）和式（3.72），V_{10} 和 A_{10} 仅与 Ma_{s} 有关。

情况 B：假设传播路径是连接反射楔前缘和三波点的最短路径（直线 OT）

该假设结合马赫杆高度 H_{m} 远小于反射楔曲率半径的假设，即 $H_{\mathrm{m}} \ll R$，参考图 4.14，可以写为

$$\frac{S}{2} = R\sin(\frac{\theta_{\mathrm{W}}^{\mathrm{tr}}}{2}) \tag{4.22}$$

将式（4.22）的 S 和式（4.19）的 x^{tr} 代入式（4.15），得

$$\cos(\frac{\theta_{\mathrm{W}}^{\mathrm{tr}}}{2}) = \frac{V_{\mathrm{S}}}{V_1 + a_1} \tag{4.23}$$

用入射激波前的声速 a_0，将式（4.23）右侧的速度无量纲化，得

$$\cos(\frac{\theta_{\mathrm{W}}^{\mathrm{tr}}}{2}) = \frac{Ma_{\mathrm{S}}}{V_{10} + A_{10}} \tag{4.24}$$

式中：Ma_{s} 为入射激波马赫数；$V_{10} = V_1/a_0$；$A_{10} = a_1/a_0$。对于完全气体，根据式（3.71）和式（3.72），V_{10} 和 A_{10} 仅与 M_{s} 有关。

图 4.15 是转换楔角的实验结果与式（4.21）和式（4.24）预测的转换线的比较，条件是凹柱楔曲率半径 $R = 50\mathrm{mm}$，初始楔角 $\theta_{\mathrm{W}}^{\mathrm{initial}} = 0$。

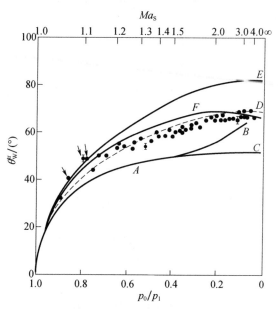

图 4.15　凹柱楔表面的转换楔角与分析预测的转换线的比较（$R = 50\mathrm{mm}$，$\theta_{\mathrm{W}}^{\mathrm{initial}} = 0$）

在图 4.15 中，线 AB 和线 AC 分别是稳态和准稳态流动中的 RR$\leftrightarrows$MR 转换线。线 D 和线 E 分别是式（4.21）和式（4.24）预测的转换线，线 F 后面会讲。可

以看出,在 $1.125 < Ma_S < 4$ 范围内,实验结果与式(4.21)预测的转换线(线 D)吻合得相当好(这里规定马赫数 4 为上限,因为缺乏入射激波马赫数更大时的实验结果)。在马赫数更小的范围内($1 < Ma_S < 1.125$),式(4.21)预测的转换线(线 D)与实验结果间的一致性非常差(参考图中标有箭头的 3 个实验结果,比线 D 的预测结果大 $4.5° \sim 7.5°$)。而式(4.24)预测的转换线(线 E)与这 3 点的实验结果基本一致,也就是说,式(4.24)仅仅在 $1 < Ma_S < 1.125$ 范围内表现良好,一旦超出这一狭窄范围,式(4.24)的预测结果比实验数据大 $10° \sim 15°$。

为改善上述两种分析方法,提高凹柱楔上 RR⇆MR 转换线的分析预测能力,Takayama 和 Ben - Dor(1989)重新研究了这些方法,提出了另一种分析方法。

图 4.16 是凹柱面上转换时刻的马赫反射结构。假设一个气体粒子沿凹柱楔传播,在到达角位置 θ 时产生一个扰动,该扰动以当地声速 a 传播,到达一个半径为 R 的圆上。因此,拐角信号传播的距离可以通过粒子路径 l 和扰动路径 r(图 4.16 中的虚线)的向量和求得。与先前假设 $V + a = V_1 + a_1$ 不同,现假设 $V = V_1$、$a = a_1$。利用这些简化的假设,可以写出

$$l = R\theta = V_1 \Delta t \tag{4.25}$$

$$r = a_1 \Delta t \tag{4.26}$$

根据图 4.16,很明显有

$$(R\sin\theta_w^{tr} - R\sin\theta)^2 + (R\cos\theta - R\cos\theta_w^{tr})^2 = r^2 \tag{4.27}$$

将式(4.26)代入式(4.27),得

$$(\sin\theta_w^{tr} - \sin\theta)^2 + (\cos\theta - \cos\theta_w^{tr})^2 = \left(\frac{a_1 \Delta t}{R}\right)^2 \tag{4.28}$$

从式(4.25)可以得出

$$\theta = \frac{V_1 \Delta t}{R} \tag{4.29}$$

利用入射激波速度 V_S 可以写出

$$\cos\theta_w^{tr} = \frac{V_S \Delta t}{R} \tag{4.30}$$

将式(4.29)代入式(4.28)和式(4.30),消掉 $\Delta t/R$,得

$$\theta = \frac{V_1}{V_S}\sin\theta_w^{tr} \tag{4.31}$$

$$\frac{2 - 2\cos(\theta_w^{tr} - \theta)}{\sin^2\theta_w^{tr}} = \left(\frac{a_1}{V_S}\right)^2 \tag{4.32}$$

用入射激波前的当地声速 a_0,将式(4.31)和式(4.32)右侧的速度无量纲化,并利用三角形关系对式(4.32)进行简化,最后得

$$\theta = \frac{V_{10}}{Ma_S}\sin\theta_W^{tr} \tag{4.33}$$

$$\frac{2\sin\dfrac{\theta_W^{tr} - \theta}{2}}{\sin\theta_W^{tr}} = \frac{A_{10}}{Ma_S} \tag{4.34}$$

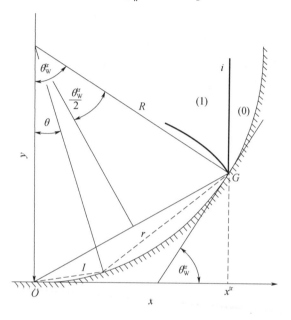

图 4.16 转换时刻凹柱面上的马赫反射结构

如果给定入射激波马赫数 Ma_S, 就可以迭代求出 θ_W^{tr} 和 θ。图 4.15 中的曲线 F 是用式(4.33)和式(4.34)预测获得的转换线,总体上看,在图中涉及的 Ma_S 范围内, F 线与实验结果相符。在 $1 < Ma_S < 1.125$ 范围内,线 F 的值略低于线 E, 并与箭头标示的实验结果显示出很好的一致性;在 $1.125 < Ma_S < 2$ 范围内, 与实验结果相比,线 F 的预测结果偏大(约为5°);而在 $2 < Ma_S < 4$ 范围,线 F 的预测结果与实验结果的一致性再次变好。比较一下,用式(4.21)和式(4.24)预测的转换线 D 和 E, 分别在 $Ma_S > 1.125$ 和 $Ma_S < 1.125$ 范围与实验结果相吻合, 在这些范围之外则非常差。所以,虽然在 $1.125 < Ma_S < 2$ 范围内,线 D 的预测比线 F 更准,但在更低的马赫数范围,线 D 的预测非常差。

上述 3 个用于预测分析 MR⇄TRR 转换的模型,均以长度尺度概念为基础,与凹柱反射楔的曲率半径 R 和凹柱楔的初始楔角 $\theta_W^{initial}$ 无关。但图 4.3 表明,凹柱反射楔的曲率半径 R 和凹柱楔的初始楔角 $\theta_W^{initial}$ 确实影响着实际的 MR⇄TRR 转换。

Ben-Dor 和 Takayama(1985)提出一个方法,可以部分地解决这些问题。该方法将初始楔角纳入式(4.21)给出的转换准则中,得到下式:

$$\frac{\sin\theta_{\mathrm{W}}^{\mathrm{tr}} - \sin\theta_{\mathrm{W}}^{\mathrm{initial}}}{\theta_{\mathrm{W}}^{\mathrm{tr}} - \theta_{\mathrm{W}}^{\mathrm{initial}}} = \frac{Ma_{\mathrm{s}}}{V_{10} + A_{10}} \tag{4.35}$$

图4.17 对比了式(4.35)预测的转换线与 Itoh 和 Itaya(1980)的实验结果,可以看到,由式(4.35)预测的转换线与实验结果呈现出相似的趋势。但随着 $\theta_{\mathrm{W}}^{\mathrm{initial}}$ 的增大,预测的转换线与实验结果的一致性变差。可能是因为,$\theta_{\mathrm{W}}^{\mathrm{initial}}$ 越大,$V + a = V_1 + a_1$ 的假设越不合理,实际上也应该如此,因为,当 $\theta_{\mathrm{W}}^{\mathrm{initial}} > 0$ 时,不能再假设反射楔前缘附近的反射激波是很弱的激波。

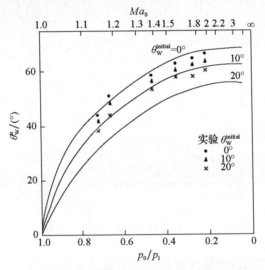

图4.17　凹柱楔转换楔角的简化分析准则与测量值的比较(氮气)

若将初始楔角纳入式(4.24)时,得

$$\frac{\sin\theta_{\mathrm{W}}^{\mathrm{tr}} - \sin\theta_{\mathrm{W}}^{\mathrm{initial}}}{\sin\frac{1}{2}(\theta_{\mathrm{W}}^{\mathrm{tr}} - \theta_{\mathrm{W}}^{\mathrm{initial}})} = 2\frac{Ma_{\mathrm{s}}}{V_{10} + A_{10}} \tag{4.36}$$

Ben-Dor 和 Takayama(1986/7)还提出了另一种计算转换楔角 $\theta_{\mathrm{W}}^{\mathrm{trl}}$ 的分析方法,该方法考虑了凹柱楔的曲率半径。遗憾的是,由于需要与反射结构相关的更多信息,因此该模型尚未完成。

图4.18 是凹柱楔上两个时刻的马赫反射波系结构。为了简化起见,图中仅绘出入射激波和马赫杆激波。当三波点位于点 A 时,马赫杆的长度为 H_{m};在时间间隔 Δt 内,三波点移动到点 B,马赫杆的长度减小至 $H_{\mathrm{m}} - \Delta H_{\mathrm{m}}$。

根据简单的几何关系,可以写出

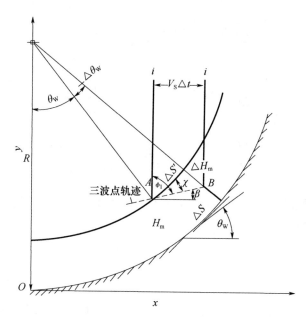

图 4.18　凹柱楔表面两个时刻的马赫反射波系结构示意图

$$\overline{AB} = \frac{V_S \Delta t}{\sin\phi_1} \qquad (4.37)$$

其中,ϕ_1 为固定于三波点上的参考坐标系中,当三波点位于点 A 时,入射激波 i 与来流之间的夹角。此外,有

$$\frac{\Delta S'}{AB} \approx \cos\chi \qquad (4.38)$$

其中,χ 是有效的三波点轨迹角。合并式(4.37)和式(4.38),得

$$\frac{\Delta S' \sin\phi_1}{V_S \Delta t} \approx \cos\chi \qquad (4.39)$$

从图 4.18 可以看出

$$\theta_W - \chi = 90° - \phi_1 \qquad (4.40)$$

因此,式(4.39)变为

$$\frac{V_S \Delta t}{\Delta S'}\cos\chi \approx \cos(\theta_W - \chi) \qquad (4.41)$$

根据简单的几何关系 $\Delta S' = (R - H_m)\Delta\theta_W$ 以及 $\Delta S = R\Delta\theta_W$,得

$$\frac{\Delta S'}{\Delta S} = \left(1 - \frac{H_m}{R}\right) \qquad (4.42)$$

合并式(4.41)和式(4.42),得

$$\frac{V_{\mathrm{S}}\Delta t}{\Delta S}\cos\chi \approx \left(1 - \frac{H_{\mathrm{m}}}{R}\right)\cos(\theta_{\mathrm{w}} - \chi)$$

或改写为

$$\frac{V_{\mathrm{S}}\Delta t}{R\Delta\theta_{\mathrm{w}}}\cos\chi \approx \left(1 - \frac{H_{\mathrm{m}}}{R}\right)\cos(\theta_{\mathrm{w}} - \chi)$$

在 $\Delta t \to 0$ 条件下,得到

$$\frac{\mathrm{d}\theta_{\mathrm{w}}}{\mathrm{d}t} \approx \frac{V_{\mathrm{S}}}{R}\frac{\cos\chi}{\left(1 - \dfrac{H_{\mathrm{m}}}{R}\right)\cos(\theta_{\mathrm{w}} - \chi)} \tag{4.43}$$

式(4.43)是激波反射掠过时楔角的变化率。设 MR→TRR 的转换楔角为 $\theta_{\mathrm{w}}^{\mathrm{tr}}$,在转换发生时刻 $H_{\mathrm{m}} = 0$,则

$$\frac{\mathrm{d}\theta_{\mathrm{w}}^{\mathrm{tr}}}{\mathrm{d}t} \approx \frac{V_{\mathrm{S}}}{R}\frac{\cos\chi}{\cos(\theta_{\mathrm{w}}^{\mathrm{tr}} - \chi)} \tag{4.44}$$

如果式(4.44)能够积分,即:如果 $\chi(t)$ 已知,就可以得到 $\theta_{\mathrm{w}}^{\mathrm{tr}}(V_{\mathrm{S}}, R, t)$ 形式的关系式,该关系式可用于计算给定入射激波马赫数 Ma_{S}、凹柱楔反射面的曲率半径 R 时的转换楔角 $\theta_{\mathrm{w}}^{\mathrm{tr}}$。然而,$\chi(t)$ 也是未知的,因此,式(4.44)不能进一步用于 $\theta_{\mathrm{w}}^{\mathrm{tr}}$ 的分析计算。

然而,式(4.44)提供了 MR→TRR 转换即将发生时,三波点轨迹行为的重要信息。为了追溯这个信息,需要首先得到 $\mathrm{d}\theta_{\mathrm{w}}^{\mathrm{tr}}/\mathrm{d}t$ 的另一个表达式,根据凹柱反射面的几何关系,即

$$x^2 + (y - R)^2 = R^2 \tag{4.45}$$

对该式求导,得

$$\frac{\mathrm{d}y}{\mathrm{d}x} = \frac{x}{R - y} \tag{4.46}$$

将 y 从式(4.45)代入式(4.46),得

$$\frac{\mathrm{d}y}{\mathrm{d}x} = \left[\left(\frac{R}{x}\right)^2 - 1\right]^{-\frac{1}{2}} \tag{4.47}$$

而

$$\theta_{\mathrm{w}} = \arctan\frac{\mathrm{d}y}{\mathrm{d}x}$$

因此

$$\theta_{\mathrm{w}} = \arctan\left[\left(\frac{R}{x}\right)^2 - 1\right]^{-\frac{1}{2}} \tag{4.48}$$

对式(4.48)求对 t 的导数,得

$$\frac{\mathrm{d}\theta_{\mathrm{W}}}{\mathrm{d}t} = \arctan\left[\left(\frac{R}{x}\right)^2 - 1\right]^{-\frac{1}{2}}\frac{1}{x}\frac{\mathrm{d}x}{\mathrm{d}t} \tag{4.49}$$

然而,在转换点有 $V_{\mathrm{S}} = \mathrm{d}x/\mathrm{d}t$ 和 $x/R = \sin\theta_{\mathrm{W}}^{\mathrm{tr}}$,故在转换时刻,式(4.49)的形式为

$$\frac{\mathrm{d}\theta_{\mathrm{W}}^{\mathrm{tr}}}{\mathrm{d}t} = \arctan\left[\left(\frac{1}{\sin\theta_{\mathrm{W}}^{\mathrm{tr}}}\right)^2 - 1\right]^{-\frac{1}{2}}\frac{1}{\sin\theta_{\mathrm{W}}^{\mathrm{tr}}}\frac{V_{\mathrm{S}}}{R} \tag{4.50}$$

对比式(4.44)和式(4.45),得

$$\frac{\cos\chi}{\cos(\theta_{\mathrm{W}}^{\mathrm{tr}} - \chi)} = \left[\left(\frac{1}{\sin\theta_{\mathrm{W}}^{\mathrm{tr}}}\right)^2 - 1\right]\frac{1}{\sin\theta_{\mathrm{W}}^{\mathrm{tr}}}$$

对该式进行进一步简化,得

$$\sin\theta_{\mathrm{W}}^{\mathrm{tr}}\sin\chi = 0 \tag{4.51}$$

因为,$\theta_{\mathrm{W}}^{\mathrm{tr}} \neq 0$,所以式(4.51)表明,在转换发生的那一刻 $\sin\chi = 0$,也就是说,在 MR→TRR 转换时:

$$\chi = 0 \tag{4.52}$$

这一结果完全是从分析的角度得到的,但得到了实验结果的充分证实。参考图 4.6 的凹柱面上马赫反射结构的三波点轨迹实验数据,很明显,当条件接近 MR →TRR 转换点时,三波点轨迹角 $\chi = 0$。

(2)弱入射激波反射的三波点轨迹。

利用推导式(4.33)和式(4.34)时所采用的模型假设,Ben - Dor 等(1987)开发了一个预测较弱入射激波反射的三波点轨迹分析模型。

如果用 x_T 和 y_T 表示三波点的位置(凹柱楔前缘为起点),则

$$x_T = \frac{Ma_{\mathrm{S}}}{V_{10}}R\theta \tag{4.53}$$

$$y_T = R\theta\left[\frac{1}{Ma_1^2} - \left(\frac{Ma_{\mathrm{S}}}{V_{10}} - \frac{\sin\theta}{\theta}\right)^2\right]^{\frac{1}{2}} + R(1 - \cos\theta) \tag{4.54a}$$

当 θ 值很小时,采用以下形式:

$$y_T = R\theta\left[\frac{1}{Ma_1^2} - \left(\frac{Ma_{\mathrm{S}}}{V_{10}} - 1\right)^2\right]^{\frac{1}{2}} \tag{4.54b}$$

其中,$Ma_{\mathrm{S}} = V_{\mathrm{S}}/a_0$,$Ma_1 = V_1/a_1$,$V_{10} = V_1/a_0$,$V_{\mathrm{S}}$ 为入射激波速度,V_1 为激波诱导的气流速度,a_0 和 a_1 为入射激波前后的当地声速;R 为曲率半径;θ 为气流粒子的角位置,其初始位置在 $x = 0$ 处(图4.16)。三波点的轨迹角 χ 可以由下式计算得

$$\chi = \arctan\frac{\mathrm{d}y_T}{\mathrm{d}x_T} \tag{4.55}$$

将式(4.53)和式(4.54)代入式(4.55),得

$$\chi = \arctan\left\{\frac{1}{Ma_S}[A_{10}^2 - (Ma_S - V_{10})^2]^{1/2} + \frac{V_{10}}{Ma_S}\theta\right\} \tag{4.56}$$

扫掠入射时的三波点轨迹角定义为 $\chi_g = \lim_{\theta \to 0}\chi$,从式(4.56)可以求得 χ_g:

$$\chi_g = \arctan\left\{\frac{1}{Ma_S}[A_{10}^2 - (Ma_S - V_{10})^2]^{1/2}\right\} \tag{4.57}$$

图4.19是 χ_g 随入射激波马赫数 Ma_S 的变化情况。三波点的角位置 θ_T 可以由下式简单地计算出来,

$$\theta_T = \arctan\left(\frac{x_T}{R - y_T}\right) \tag{4.58}$$

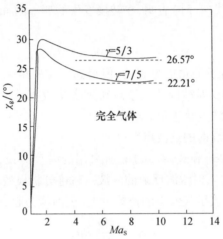

图4.19 扫掠入射时三波点轨迹角随入射激波马赫数的变化关系

图4.20给出了凹柱楔上若干条件马赫反射结构的三波点轨迹,凹柱楔的曲率半径为 $R = 15\text{mm}$,入射激波马赫数 Ma_S 分别为1.01、1.05、1.10、1.15和1.2。可以看出,预测的三波点轨迹接近于直线,事实上应该如此,因为对于比较小的 Ma_S 值,θ 小于10°(见表4.2),在式(4.56)中 θ 的影响可以忽略不计。

表4.1给出了在 $1 < Ma_S < 1.15$ 范围内,不同的 Ma_S 值下的 χ_g、χ_{tr} 和 θ_W^{tr} 值。表4.2给出了 $Ma_S = 1.15$(表4.1的最后一行)条件下,θ_T 和 χ 随 θ 的变化关系,将这些结果绘制成图线就会发现,χ 和 θ_T 之间存在着近乎完美的线性关系。因此,写出以下明显的经验关系为

$$\chi = \frac{\chi_{tr} - \chi_g}{\theta_W^{tr}}\theta_T + \chi_g \tag{4.59}$$

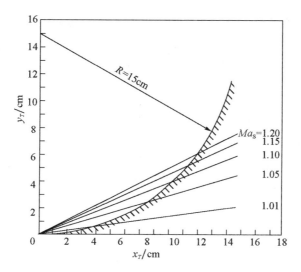

图 4.20 凹柱楔表面马赫反射三波点轨迹角的分析预测

表 4.2 也列出了根据经验关系式(4.59)计算的 χ 值,以便与根据分析式 (4.56)计算的 χ 值进行比较。很明显,它们之间的差异不大。

表 4.1 三波点轨迹角 χ_g、χ_{tr} 及转换楔角 θ_W^{tr} 数据(1 < Ma_S < 1.15)

Ma_S	χ_g	χ_{tr}	$\Delta\chi$	θ_W^{tr}
1.00	—	—	—	—
1.01	7.92	7.93	0.01	15.89
1.02	10.97	10.99	0.02	21.95
1.03	13.16	13.21	0.05	26.37
1.04	14.89	15.00	0.11	29.88
1.05	16.32	16.49	0.17	32.81
1.06	17.54	17.79	0.25	35.32
1.07	18.60	18.94	0.34	37.52
1.08	19.52	19.98	0.46	39.47
1.09	20.34	20.92	0.58	41.22
1.10	21.07	21.78	0.71	42.80
1.11	21.73	22.57	0.84	44.24
1.12	22.32	23.31	0.99	45.55
1.13	22.86	24.00	1.14	46.76
1.14	23.34	24.65	1.31	47.88
1.15	23.79	25.26	1.47	48.92

(注:χ_g -扫掠入射时刻的三波点轨迹角;χ_{tr} -转换时刻的三波点轨迹角;θ_W^{tr} -转换楔角)

表 4.2　简化理论与经验关系计算的三波点轨迹角的比较($Ma_S = 1.15$)

θ	θ_T	简化理论预测的χ(4.56)	经验关系计算的χ(4.59)
0	0	23.788	23.790
1	5.101	23.957	23.943
2	10.535	24.127	24.107
3	16.231	24.296	24.279
4	22.096	24.465	24.454
5	28.016	24.633	24.631
6	33.871	24.800	24.808
7	39.548	24.968	24.978
8	44.953	25.134	25.141
8.777	48.920	25.264	25.260

图 4.21 比较了式(4.53)和式(4.54)分析预测的两个入射激波马赫数的反射结构三波点位置与实验测量的结果。其中,正方形符号是在 $Ma_S = 1.103$ 和 1.104 时实验获得的三波点位置,圆圈符号是 $Ma_S = 1.164$ 和 1.166 时的实验结果,实线是 $Ma_S = 1.1035$ 和 1.165 时的分析计算结果。在 $Ma_S = 1.1035$ 的情况下,实验记录的三波点位置几乎在一条直线上,与分析计算结果非常吻合。但在较高的入射激波马赫数条件下($Ma_S = 1.165$),实验测量的三波点轨迹不再是一条直线,而是以扫掠角(χ_g)接近楔面。因此,可以得出结论,本节给出的分析模型可能仅适用于 $Ma_S < 1.10$,在 $Ma_S > 1.16$ 的范围,模型的预测效果不够理想。为了准确确定本模型能够适用的入射激波马赫数范围的上限,需要在 $1.10 < Ma_S < 1.16$ 范围内进行更多的实验。

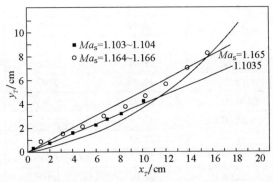

图 4.21　三波点位置的分析预测与实验结果的比较(空气,$Ma_S = 1.1035$ 和 1.165)

(3)稳态激波极曲线在非稳态流中的应用。

为了更好地理解非稳态流动中的激波反射现象,Ben - Dor 和 Takayama

(1986)建议,将非稳态流动划分为一系列的瞬时准稳态的流动状态,从而使用 (p,θ) 激波极曲线进行分析。值得注意的是,Marcon(1983)在研究三维稳态流动中的 MR⇆RR 转换问题时,就使用了激波极曲线,在他的研究中,第三维度被看作是二维非稳态流动中类似于时间维度上的变化。

图 4.7 是一个多激波极曲线图。当入射激波沿反射楔传播时,入射激波的马赫数保持不变,但 ϕ_1 的互补楔角 θ_w^C($\theta_w^C = 90° - \phi_1$)增大,因此,相对于三波点的来流马赫数 Ma_0 是增加的。一旦在凹柱面上给定入射激波的位置,就可以计算出 Ma_0 的瞬时值,并绘出相应的瞬时准稳态激波极曲线。

图 4.7 就是三个时刻的 $I-R$ 激波极曲线组合。由于入射激波以恒定的速度运动,该激波前后的压升也保持恒定,因此,所有 R 极曲线都以同一个压强条件从各自的 I 极曲线上出发。在图 4.7 中,点 a 形成直接马赫反射,I_1 极曲线与 R_1 极曲线在 I_1 极曲线的右侧分支相交;点 b 形成固定马赫反射结构,I_2 极曲线与 R_2 极曲线在 p 轴相交;点 c 处形成反向马赫反射结构,I_3 极曲线与 R_3 极曲线在 I_3 极曲线的左侧分支相交;点 d 形成规则反射结构,R_3 极曲线与 p 轴相交。这套多激波极曲线表明,反射结构的演变经过以下一系列转换事件:从点 a 沿虚线到点 b 期间是直接马赫反射结构的维持阶段;在点 b 获得瞬时固定马赫反射结构,瞬时固定马赫反射结构立即转变为反向马赫反射;在点 $b\sim c$ 的虚线阶段,保持反向马赫反射结构;当反向反射结构到达点 c 时,突然跳转到点 d 的规则反射结构。

特别要注意,多激波极曲线图提示,当反向马赫反射结构在点 c 终止,并即刻跳转到点 d 形成规则反射时,压力从 p_c 下降到 p_d。根据 Henderson 和 Lozzi(1975)的观点,"如果在转换过程中出现压力不连续,那么流动中将产生有限幅度的非稳态波或有限幅度的波束"。根据图 4.7 的激波极曲线可以推测,由于 InMR→RR 转换引起突然的压降,即在规则反射结构之后压力应较低,所以,在规则反射结构的反射激波之后,应该紧跟一束压缩波或一道激波,才能提供压力的突降。

如 4.1.1 节所述,因反向马赫反射结构终止而形成的规则反射结构,在其反射激波后跟随着一道附加的激波结构,所以,这个整体波系结构(规则反射结构 + 附加的激波结构)称为过渡规则反射结构。

当反向马赫反射结构终止而形成过渡规则反射结构时,确实出现了一道附加的激波,这一事实也许可以证明,使用稳态激波极线能够更好地理解非稳态流动中的反射现象,也可以成为解释非稳态流动中反射现象的工具。

4.1.2　凸柱面上的激波反射

1. 概述

当平面入射激波遇到凸柱面时,会在凸柱面形成规则反射或马赫反射结构,取决于凸柱面的初始楔角和入射激波马赫数的组合条件。反射结构的起始类型可以用类似于 4.1.1 节中所述的方法来确定。

图 4.22 给出了 4 种不同的凸柱楔构型，它们具有相同的曲率半径 R，但初始楔角不同。这 4 个凸柱楔的初始楔角分别为：

(1) 楔 $aa'e$ 的初始楔角 $\theta_{\mathrm{w}}^{\mathrm{initial}} = 90°$；

(2) 楔 $bb'e$ 的初始楔角 $\theta_{\mathrm{w}}^{\mathrm{initial}} = \theta_{\mathrm{w}}[\mathrm{RR} \leftrightarrows \mathrm{DMR}]$；

(3) 楔 $cc'e$ 的初始楔角 $\theta_{\mathrm{w}}^{\mathrm{initial}} = \theta_{\mathrm{w}}[\mathrm{DMR} \leftrightarrows \mathrm{TMR}]$；

(4) 楔 $dd'e$ 的初始楔角 $\theta_{\mathrm{w}}^{\mathrm{initial}} = \theta_{\mathrm{w}}[\mathrm{TMR} \leftrightarrows \mathrm{SMR}]$。

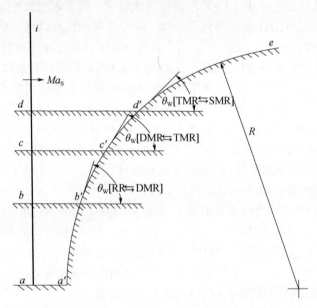

图 4.22　4 个凸柱楔构型示意图

因此，对于具有某一个初始楔角 $\theta_{\mathrm{w}}^{\mathrm{initial}}$ 的凸柱楔，分别在以下范围内形成相应的起始反射结构：

(1) $\theta_{\mathrm{w}}[\mathrm{RR} \leftrightarrows \mathrm{DMR}] < \theta_{\mathrm{w}}^{\mathrm{initial}} < 90°$ 时，起始反射结构是一个规则反射结构；

(2) $\theta_{\mathrm{w}}[\mathrm{DMR} \leftrightarrows \mathrm{TMR}] < \theta_{\mathrm{w}}^{\mathrm{initial}} < \theta_{\mathrm{w}}[\mathrm{RR} \leftrightarrows \mathrm{DMR}]$ 时，起始反射结构是一个双马赫反射结构；

(3) $\theta_{\mathrm{w}}[\mathrm{TMR} \leftrightarrows \mathrm{SMR}] < \theta_{\mathrm{w}}^{\mathrm{initial}} < \theta_{\mathrm{w}}[\mathrm{DMR} \leftrightarrows \mathrm{TMR}]$ 时，起始反射结构是一个过渡马赫反射结构；

(4) $\theta_{\mathrm{w}}^{\mathrm{initial}} < \theta_{\mathrm{w}}[\mathrm{TMR} \leftrightarrows \mathrm{SMR}]$ 时，起始反射结构是一个单马赫反射结构。

如果起始反射为规则反射结构，即 $\theta_{\mathrm{w}}[\mathrm{RR} \leftrightarrows \mathrm{DMR}] < \theta_{\mathrm{w}}^{\mathrm{initial}} < 90°$，那么当入射

激波沿凸柱楔表面传播时,入射激波遇到的楔角持续减小,最终迫使规则反射转变为马赫反射。如果起始反射结构是马赫反射,即 $0 < \theta_{\mathrm{w}}^{\mathrm{initial}} < \theta_{\mathrm{w}}[\,\mathrm{RR} \leftrightarrows \mathrm{DMR}\,]$,那么,随着入射激波在凸柱面上的传播,将一直保持着马赫反射结构。

　　上述讨论表明,根据初始楔角,凸柱楔上的起始反射可以是规则反射、双马赫反射、过渡马赫反射或者单马赫反射结构(假设入射激波马赫数足够高)。

　　(1)如果起始反射结构是一个规则反射,那么规则反射结构将首先转换为双马赫反射结构,然后转换为过渡马赫反射结构,最后转换为单马赫反射结构;

　　(2)如果起始反射结构是一个双马赫反射,那么双马赫反射结构将首先转换为过渡马赫反射结构,然后转换为单马赫反射结构;

　　(3)如果起始反射结构是一个过渡马赫反射,那么过渡马赫反射结构将转换为单马赫反射结构;

　　(4)如果起始反射结构是一个单马赫反射,那么单马赫反射结构将保持下去。

　　图 4.23(a)～图 4.23(d)分别是凸柱楔上规则反射、双马赫反射、过渡马赫反射和单马赫反射结构的阴影图像。

(a)规则反射

(b)双马赫反射(经K. Takayama教授许可)

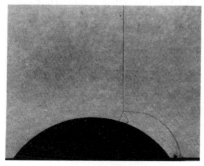

(c)过渡马赫反射

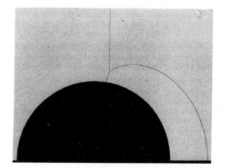

(d)单马赫反射(经K. Takayama教授许可)

图 4.23　实验获得的凸柱楔上激波反射结构的阴影照片

2. RR→MR 转换

如果入射激波最初在凸柱楔上形成规则反射结构,那么,激波反射结构最终会变成马赫反射结构。

Takayama 和 Sasaki(1983)的实验表明,影响 RR→MR 转换楔角 $\theta_{\mathrm{w}}^{\mathrm{tr}}$ 的因素,除了入射激波马赫数 Ma_{S},还有柱楔的曲率半径 R 和楔的初始角度 $\theta_{\mathrm{w}}^{\mathrm{initial}}$。图 4.24 给出了他们的实验结果,图中还给出了稳态流动中的 RR⇆MR 转换线(线 AB)和准稳态流动中的 RR⇆MR 转换线(线 AC)。

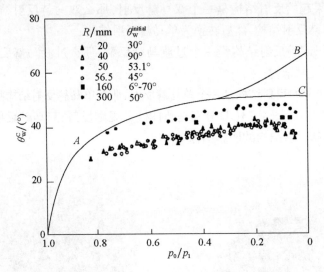

图 4.24　凸柱楔上激波反射的转换楔角与柱楔半径及初始楔角的关系
(实验介质为氮气)

图 4.24 表明,所有实验记录的转换楔角都位于准稳态 RR⇆MR 转换线的下方。随着柱楔曲率半径的增大,转换楔角也增大,并向准稳态 RR⇆MR 转换线靠近。实验结果还表明,随着初始楔角的减小,转换楔角减小。图 4.25 是 $\theta_{\mathrm{w}}^{\mathrm{tr}} - \theta_{\mathrm{w}}^{\mathrm{initial}}$ 关系的另一种表述方式,其中入射激波马赫数 $Ma_{\mathrm{S}} = 1.6$,结果表明,随着初始楔角 $\theta_{\mathrm{w}}^{\mathrm{initial}}$ 的减小,转换楔角 $\theta_{\mathrm{w}}^{\mathrm{tr}}$ 呈非线性的持续下降趋势,图中的手绘实线是拟合的 $\theta_{\mathrm{w}}^{\mathrm{tr}} - \theta_{\mathrm{w}}^{\mathrm{initial}}$ 关系。由于转换楔角 $\theta_{\mathrm{w}}^{\mathrm{tr}}$ 不能大于初始楔角 $\theta_{\mathrm{w}}^{\mathrm{initial}}$,这条拟合线必须终止于 $\theta_{\mathrm{w}}^{\mathrm{tr}} = \theta_{\mathrm{w}}^{\mathrm{initial}}$ 处。在 $Ma_{\mathrm{S}} = 1.6$ 时,如果柱楔的初始楔角等于该点的角度,则入射激波在该柱楔上形成的起始反射结构将是一个马赫反射。

实验结果还揭示,随着曲率半径接近无穷大($R \to \infty$),实际转换楔角将趋近于准稳态流动的转换线。在 4.1.1 节讲过,平面激波在凹柱面上反射时,若 $R \to \infty$,实

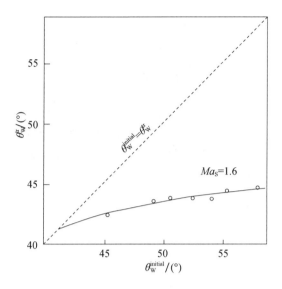

图 4.25　凸柱楔表面激波反射的转换楔角与初始楔角的关系
（实验介质为氮气，$Ma_S = 1.6$）

际转换线趋近于相应条件下稳态流动的转换线（图 4.3）。因此，可以推论，在准稳态流动中，$R \to \infty$ 时所趋近的实际转换线并不唯一，取决于激波反射的启动方式和产生方式。

3. 表面粗糙度的影响

Takayama 等（1981）用实验研究了表面粗糙度对 RR⇆MR 转换的影响，在反射楔面上粘贴不同规格的砂纸，使反射壁面具有不同的粗糙度。图 4.26 是凸柱楔表面三个粗糙度的实验结果，凸柱楔的曲率半径 $R = 50\text{mm}$，初始楔角 $\theta_W^{\text{initial}} = 90°$，图中还给出了稳态流动的 RR⇆MR 转换线（线 AB）和准稳态流动的 RR⇆MR 转换线（线 AC）。

图 4.26 表明，随着反射面粗糙度的增加，转换楔角 θ_W^{tr} 减小。在反射面极其粗糙的情况下（砂纸 No.40），θ_W^{tr} 几乎与入射激波马赫数无关，这时，在整个入射激波马赫数（图中过激波压比 p_0/p_1 的倒数与激波马赫数相对应）范围内，θ_W^{tr} 约为 $28.7°$。在凹柱面上的情况（4.1.1 节）也是这样，随着粗糙度的增加，实验获得的转换楔角也明显减小。

Reichenbach（1985）也用实验研究了粗糙圆柱面上的 RR⇆MR 转换，采用机械加工的方法，在圆柱楔的表面获得台阶和立方体的粗糙元（图 3.48）。Reichenbach（1985）将粗糙反射面的转换楔角与光滑反射面的转换楔角之比定

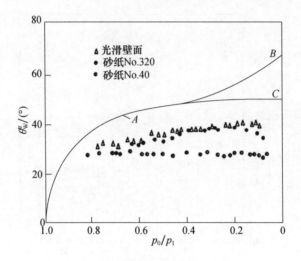

图 4.26 凸柱楔表面反射结构的转换楔角与粗糙度的关系
(实验介质为氮气)

义为 η,并将实验结果绘制在 (η,ε) 图上,参考图 4.27。图 4.27 清楚地表明,决定转换楔角的主要因素是粗糙元高度 ε,而不是粗糙元的形状。为了进行比较,将图 3.49 相应条件的平直楔面准稳态转换线(虚线)也画在图 4.27 中。

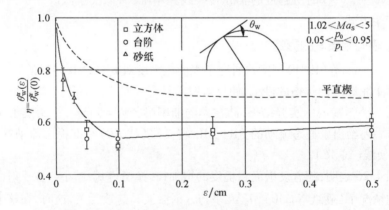

图 4.27 凸柱楔 RR→MR 转换楔角比与粗糙度的关系

4. 分析方法

鉴于 Hornung 等(1979)提出的长度尺度概念已经在多种条件下能够成功预测激波反射的转换线,包括稳态激波反射、准稳态激波反射以及凹柱面上的非稳态激波反射,所以作者相信,拐角信号与入射激波的"赛跑",也是决定凸柱面上

RR→MR 转换现象的主要因素。因此,原则上,应采用类似于凹柱楔的分析模型来获得凸柱楔的 RR→MR 转换线。然而,遗憾的是,在凸柱楔上发展类似的分析方法,要比凹柱楔困难得多,因为当入射激波在凸柱楔前缘反射时,产生的初始反射激波要强得多。因此,在凹柱楔分析时采用的简化假设,即反射激波较弱、反射激波后的流场接近均匀流场($V + a = V_1 + a_1$,或 $V = V_1$、$a = a_1$)的假设,不适用于凸柱楔的激波反射分析。故而,如果想要解析地计算"追及"条件,必须知道流场中的 V 和 a,才能计算出式(4.13)右侧的积分项 $\int (V + a)\mathrm{d}t$。

(1)RR→MR 转换的数值预测。

尽管还没有可用的分析模型来预测凸柱楔上的 RR→MR 转换,好在还有一些相对简单的数值代码能够预测这种转换。

图 4.28 是一些分析和数值预测的转换线与实验获得的 $\theta_\mathrm{W}^\mathrm{tr}$ 数据的对比,凹柱楔的曲率半径 $R = 50\mathrm{mm}$,初始楔角 $\theta_\mathrm{W}^\mathrm{initial} = 90°$。线 AB 和线 AC 分别是稳态和准稳态 RR ⇆ MR 转换线。线 D 是 Heilig(1969)的数值计算结果,采用了 Whitham(1957)的经典射线激波理论。线 E 是 Itoh 等(1981)的类似计算结果,使用了 Milton(1975)在 Whitham(1957)基础上改进的理论。曲线 D、E 和实验结果之间的对比表明,Milton(1975)对 Whitham(1957)理论的改进,改善了数值预测与实验结果的一致性。Heilig(1969)和 Itoh 等(1981)的数值预测结果,在 Ma_S 增大、超过 $Ma_\mathrm{S} \approx 2$ 后变得很差,预测的转换线随着 Ma_S 的增大而逐渐升高;但在较大的 Ma_S 时,实验结果是趋于平稳的,甚至实验测得的转换楔角出现轻微的减小趋势。这可能是因为在 $Ma_\mathrm{S} > 2$ 后,激波诱导的气流变成了超声速。

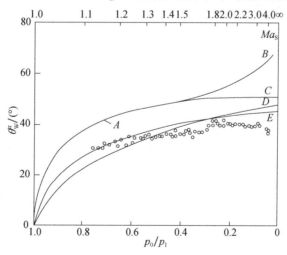

图 4.28　凸柱楔上激波反射转换楔角的数值模拟与测量数据的比较(实验介质为氮气)

（2）一点说明。

Heilig(1969)还对椭圆凸曲面上的激波反射进行了实验研究。总体上看,实验结果与同等曲率半径的凸柱楔上获得的结果类似。

4.1.3 双楔上的激波反射

Ginzburg 和 Markov(1975)最先对平面激波在两个平面组成的凹楔上的反射现象进行了实验研究,Srivastava 和 Deschambault(1984)实验研究了两个平面组成的凸楔上的激波反射现象。Ben – Dor 等(1987)再次对这种激波反射现象进行详细的实验和分析研究时,将其称为凹型双楔或凸型双楔上的激波反射,图 4.29 是凹、凸型双楔的示意图,θ_w^1 和 θ_w^2 分别为第一级楔面和第二级楔面的楔角,$\Delta\theta_w$ 为第二级楔面相对于第一级楔面的倾角,即 $\Delta\theta_w = \theta_w^2 - \theta_w^1$。对于凹型双楔,$\Delta\theta_w > 0$;对于凸型双楔,$\Delta\theta_w < 0$;$\Delta\theta_w = 0$ 则是单平面直楔。

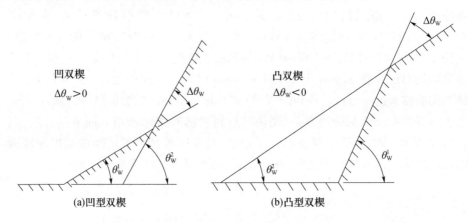

图 4.29　双楔示意图

1. 各类反射过程的条件域

图 4.30 用 (θ_w^1, θ_w^2) 图给出了 Ben – Dor 等(1987)的分析结果,第三个参数 Ma_S 保持为常数。对于给定的一个入射激波马赫数 Ma_S,有一个特定的图线,如图 4.30 所示。

在图 4.30 中有 4 条转换线,在 (θ_w^1, θ_w^2) 图上,这 4 条转换线将双楔上的各类反射过程划分为 7 个区域。

（1）$\Delta\theta_w = 0$ 线,将 (θ_w^1, θ_w^2) 图划分为两个区域,每个区域对应不同的几何构型,即凹型双楔和凸型双楔。

（2）$\theta_w^1 = \theta_w^{tr}|_{Ma_S}$ 线,区分入射激波在第一级反射楔面上的反射类型。如果

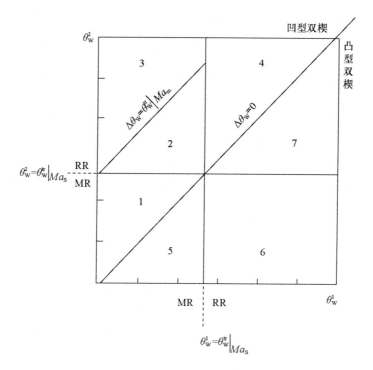

图 4.30　分析的双楔上各类反射过程的条件域与转换边界

（给定 Ma_S 的 $\theta_W^2 = \theta_W^{tr}|_{Ma_S}$ 图）

$\theta_W^1 < \theta_W^{tr}|_{Ma_S}$，那么入射激波在第一级反射楔面上形成马赫反射结构；如果 $\theta_W^1 > \theta_W^{tr}|_{Ma_S}$，那么入射激波在第一级反射楔面上的反射结构是规则反射。

（3）$\theta_W^2 = \theta_W^{tr}|_{Ma_S}$ 线，区分入射激波在第二级反射楔面上的最终反射类型。如果 $\theta_W^2 < \theta_W^{tr}|_{Ma_S}$，那么入射激波在第二级反射楔面上的最终反射结构为马赫反射；如果 $\theta_W^2 > \theta_W^{tr}|_{Ma_S}$，那么入射激波在第二级反射楔面上的反射结构为规则反射。

当 $\theta_W^1 < \theta_W^{tr}|_{Ma_S}$ 时，在第一级反射面上，入射激波的反射是马赫反射。如果是凹型双楔，即 $\Delta\theta_W > 0$，那么，该马赫反射结构的马赫杆将遇到一个压缩拐角，由该压缩拐角可以反射为马赫反射结构或规则反射结构，取决于 $\Delta\theta_W$ 是否大于 $\theta_W^{tr}|_{Ma_m}$。

（4）如果 $\Delta\theta_W < \theta_W^{tr}|_{Ma_m}$，那么马赫杆在第二级反射面反射为马赫反射结构。

（5）如果 $\Delta\theta_W > \theta_W^{tr}|_{Ma_m}$，那么马赫杆在第二级反射面反射为规则反射结构。

229

如果马赫杆是直的,并垂直于反射面,那么:

$$Ma_m = Ma_S \frac{\cos\chi}{\cos(\theta_w^1 + \chi)} \tag{4.60}$$

式中:χ 为三波点轨迹角;Ma_S 和 Ma_m 分别为入射激波马赫数和马赫杆激波的马赫数。

从式(4.60)明显看出,$Ma_m > Ma_S$。然而,从图3.27可以明显看出,对于 $Ma_S > 2$,RR⇋MR 转换楔角不太依赖于激波马赫数。因此,可以假设:

$$\theta_w^{tr}\big|_{Ma_m} \approx \theta_w^{tr}\big|_{Ma_S} \tag{4.61}$$

例如,在 $Ma_S = 2.5$、$\theta_w^1 = 20°$ 时,马赫反射求解的结果是 $\chi = 12.88°$,这个结果导致的马赫杆的激波马赫数为 $Ma_m = 2.902$。Ma_S 和 Ma_m 的这两个值对应的转换楔角分别是 $50.77°$ 和 $50.72°$。该实例说明,尽管两个激波马赫数相差约 15%,相应的 RR⇋MR 转换楔角仅相差 $0.05°$。

表 4.3 列出了图 4.30 中 7 个区域(标号为 1~7)的反射类型。

表 4.3 图 4.30 中 7 个区域的反射类型

区域	双楔类型	第一级反射面的起始反射结构	第二级反射面的起始反射结构	第二级反射面的最终反射结构
1	凹型	MR	MR	MR
2	凹型	MR	MR	TRR
3	凹型	MR	RR	RR
4	凹型	RR	RR	RR
5	凸型	MR	MR	MR
6	凸型	RR	MR	MR
7	凸型	RR	RR	RR

2. 双楔上的 RR⇋MR 转换

Ben - Dor 等(1987)的实验研究表明,双楔上激波反射结构的转换楔角 θ_w^{tr},取决于双楔的构型参数 $\Delta\theta_w$。

图 4.31 是凹型双楔在 $Ma_S = 2.45$ 条件下的典型结果。当 $\Delta\theta_w = 0$ 时,即平直的单面楔,θ_w^{tr} 的值大约为 $49°$,该数据比声速准则预测的 RR⇋MR 转换楔角约低 $1.75°$。随着 $\Delta\theta_w$ 的增大,θ_w^{tr} 增大,并在 $\Delta\theta_w = 30°$ 时,达到最大值 $\theta_w^{tr} \approx 59.5°$;随后,$\theta_w^{tr}$ 随着 $\Delta\theta_w$ 的增大而减小,并在 $\Delta\theta_w = 48.8°$ 时,再次回到 $49°$。注意,在该图中,θ_w^{tr} 值实际上是记录到的 MR→RR 转换时的 θ_w^2 数据,因此,对于图上的每个实验点,有 $\theta_w^2 = \theta_w^{tr}$、$\theta_w^1 = \theta_w^{tr} - \Delta\theta$。

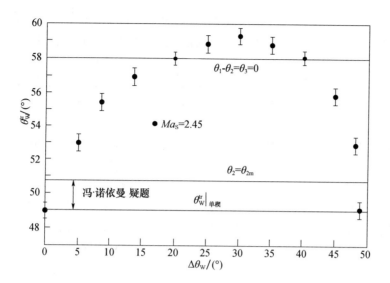

图 4.31 凹型双楔的 RR⇄MR 转换楔角

（氮气，$Ma_S = 2.45$）

图 4.32 是凸型双楔在 $Ma_S = 1.3$ 条件下测得的转换楔角。当 $\Delta\theta_w = 0$ 时，θ_w^{tr} 的值大约为 44.5°，该数据比声速准则预测的 RR⇄MR 转换楔角约低 1.65°。随着 $\Delta\theta_w$ 的减小（注意 $\Delta\theta_w$ 为负值，"减小"意味着绝对值增大），θ_w^{tr} 减小，在 $\Delta\theta_w = -25.5°$ 时达到最小值 $\theta_w^{tr} \approx 43°$；随后，$\theta_w^{tr}$ 随着 $\Delta\theta_w$ 的减小而增大（$\Delta\theta_w$ 的绝对值减小），在 $\Delta\theta_w = -45.5°$ 时，再次回到 44.5° 的值。与图 4.31 凹型双楔的情况类似，这里仍然是 $\theta_w^2 = \theta_w^{tr}$、$\theta_w^1 = \theta_w^{tr} - \Delta\theta$，其中 $\Delta\theta$ 为负，因此 $\theta_w^1 > \theta_w^2$。

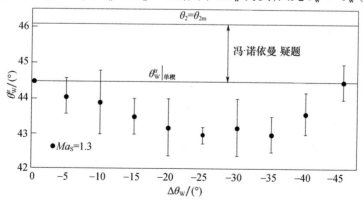

图 4.32 凸型双楔的 RR⇄MR 转换楔角

（氮气，$Ma_S = 1.3$）

231

从图 4. 30 和图 4. 31 可以明显看出,凹型双楔的 θ_W^{tr} 大于声速准则预测的值,凸型双楔的 θ_W^{tr} 小于声速准则预测的值,这一规律与 4. 1. 1 节、4. 1. 2 节介绍的凹柱楔和凸柱楔的规律相似(图 4. 3 和图 4. 24)。不同的是,对于凹柱楔上的激波反射,其转换楔角高于稳态流的 RR⇆MR 转换线(图 4. 3 中的线 B)预测值,而对于凹型双楔上的激波反射,实验获得的转换楔角可能低于该转换线,参考图 4. 31。

图 4. 33 对比了 4 种情况下的激波反射转换楔角:$R = 300\text{mm}$ 的凹柱楔、$R = 300\text{mm}$ 的凸柱楔、不同 $\Delta\theta_W$ 值的凹型双楔和 $\Delta\theta_W = 20°$ 的凹型双楔。从图中可以看到,在 $R = 300\text{mm}$ 曲率半径条件下,凸柱楔转换楔角接近于准稳态流的转换楔角,而凹柱楔上的转换楔角接近于稳态流的转换楔角。当 $R \to \infty$ 时,预计它们的转换楔角应达到相应条件的稳态或准稳态转换线。鉴于前面已经做过讨论,图 4. 33 中的其他结果就不用解释了。

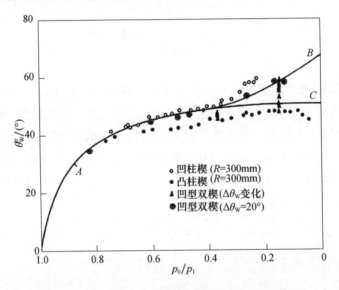

图 4. 33 各类反射面构型上获得的实际转换楔角

3. 其他评述

对于双楔上的激波反射现象,还需要做进一步的分析和实验研究。有关双楔上的 RR⇆MR 转换研究以及实验记录的单楔上的转换楔角数据,足以重新绘制图 4. 30 中的两条转换线,即线 $\theta_W^1 = \theta_W^{tr}|_{Ma_S}$ 和线 $\theta_W^2 = \theta_W^{tr}|_{Ma_S}$。$\Delta\theta_W = 0$ 线是一个几何条件,因此是正确的。但为了确定区域 2 和区域 3 的实际边界,还需要更多的数据。实际上图 4. 34 与图 4. 30 是同一个图,只是用实验获得的转换线替换

了分析获得的转换线,入射激波马赫数还是 $Ma_S=1.3$。

　　虽然还没有从理论上对双楔上的激波反射现象做出完整解释,但已经了解到,凹型或凸型双楔上的激波反射行为,与凹柱楔或凸柱楔上的激波反射行为相似,这一事实应该是令人鼓舞的,因为对前者的分析研究可能更容易。一旦了解了双楔上的反射,再研究清楚三楔或多楔面反射现象就是自然而然的事情。

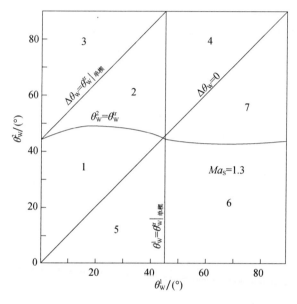

图 4.34　实验获得的双楔不同反射过程的域与转换边界
$(Ma_S=1.3)$

　　Ben–Dor 等(1988)用实验证实,如果双楔的第二个楔面足够长,那么在第二楔面上最终发展起来的反射结构(即一个马赫反射结构之上的一个规则反射结构)将趋近于入射激波在楔角为 θ_w^2 的直楔上形成的反射结构。

4.2　非等速激波在直反射面上的反射

　　另一个真实的非稳态反射过程的例子是非恒定速度激波与平直表面的相互作用。尽管对这类反射的分析研究非常重要,有助于更好地理解更复杂的激波反射现象,例如 4.3 节将讨论的球面激波(非恒定速度激波)在地面(平直表面)上的反射,遗憾的是,还没有谁对这种反射过程做过分析工作。实际上,在激波管中可以相对容易地对这类激波反射过程开展实验研究,唯一的要求是产生一个加速或减速(衰减)的平面激波,并将其反射到一个平直的楔面上。在有关激波管的文献中,可以找到用激波管产生减速(衰减)平面激波的技术。

4.3 球面激波在直表面和非直表面上的反射

在过去几十年中,对球形激波(比如,在短时间内释放大量能量时产生的爆炸波)在直表面和非直表面的反射进行了广泛的实验研究,例如,Dewey 等(1977)、Dewey 和 McMillin(1981)、Hu 和 Glass(1986)以及其他一些人的研究工作。

当地面上方发生爆炸,产生的球形激波最初在地面上反射时,形成规则反射结构,然后向外围传播,根据球形激波的强度,在向外传播的过程中,可以演变为双马赫反射结构、过渡马赫反射结构,最后变成单马赫反射结构。图 4.35 描绘了球形激波在一个直表面上的规则反射结构和单马赫反射结构。

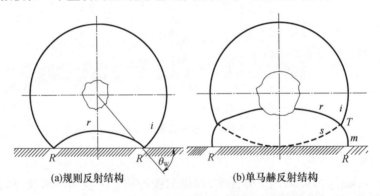

|(a)规则反射结构|(b)单马赫反射结构|

图 4.35　平直表面上的球形激波反射示意图

图 4.36 是两个不同时刻的球形激波,当球形激波向外传播时,在球形激波与平直表面相遇处,有效反射楔角是持续减小的,即 $\theta_{w,2} < \theta_{w,1}$。因此,爆炸波的瞬时马赫数 Ma_{S} 随时间减少($Ma_{S,2} < Ma_{S,1}$),有效反射楔角也随时间减小。爆炸波在纯气体和惰性粉尘气体中传播时的衰减情况,可以参考 Aizik 等(2001)的研究工作。

图 4.37 最初由 Hu 和 Glass 绘制(1986),是空气准稳态流动中各类激波反射的(Ma_{S},θ_{w})图,图中还给出了球面激波的轨迹,即 $Ma_{S}(\theta_{w})$,用爆炸的无量纲高度(HOB)区分球面激波的运动轨迹,HOB 的定义参考图 4.36。无量纲化因子

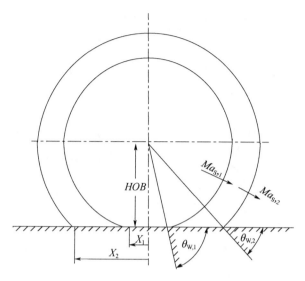

图 4.36　球形激波在平直表面传播的瞬时入射激波马赫数与瞬时反射楔示意图

是 $(Wp_{a_r}/W_r p_a)^{1/3}$，其中 W 是产生爆炸波(球形激波)的爆炸当量(等效 TNT)，p 是大气压力，$W_r = 1\mathrm{kg\ TNT}$、$p_r = 1\mathrm{atm}(1\mathrm{atm}=101325\mathrm{pa})$。无量纲距离 X 表示径向位置(从地面爆炸中心测量，图 4.36)，$X=0$ 线恰好与 $\theta_W = 90°$ 线重合。可以看出，对于爆炸高度为 0.8 m、环境压力为 1 atm 的 1 kg TNT 爆炸当量，激波与反射面碰撞时的强度等效于 $Ma_S \approx 3.7$。在这种情况下，最初形成的反射结构是一个规则反射，后来变成双马赫反射，然后变成过渡马赫反射，最后变成单马赫反射，直到退化成声波($Ma_S \to \infty$)。另外，如果在相同爆炸当量条件下，爆炸的无量纲高度 HOB 为 2m，则激波与地面碰撞时等效的瞬时马赫数为 $Ma_S \approx 1.5$，而规则反射结构在退化为声波之前直接变为单马赫反射结构。图 4.37 所示的轨迹是根据最佳实验数据拟合的。然而，上述讨论只是从现象学角度的解释，因为图 4.37 所示的准稳态转换线不适用于非稳态流动。

　　在爆炸波反射中，实验测试了准稳定流动各类反射结构之间转换线的适用性，参考图 4.38，图中用虚线将不同爆炸高度的 7 个实验获得的 RR⇌MR 转换角连接起来。实验得到的 RR⇌MR 转换楔角，与准稳态 RR⇌MR 转换楔角相比，或大或小，差别约为 10°。此外，准稳态 RR⇌MR 转换线，随着 Ma_S 的增加而略有减小；但非稳态实验的 RR⇌MR 转换线，随着 Ma_S 的增加而逐渐增大。因此，(Ma_S,θ_W) 图虽然有助于确定 RR⇌MR 转换过程中的事件序列，但显然不能预测实际的转换角。

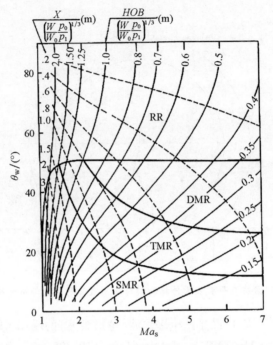

图 4.37　准稳态流各类激波反射域与球形激波轨迹(空气)

(经 I. I. Glass 教授许可)

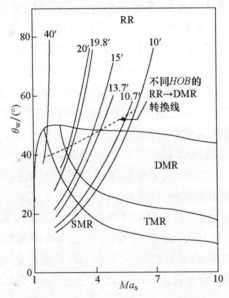

图 4.38　实际爆炸波实验的平均转换线与相当条件非完全气体氮气准稳态转换边界的比较

(经美国科罗拉多州 Denver 研究所 J. Wisotski 许可)

　　在激波管中可以产生球面激波,方法是在圆形激波管内产生一个平面激波,并使激波从激波管中冒出来。图 4.39 展示了由激波管喷出的激波形成爆炸波的过程。从激波管一端冒出的激波,虽然在早期阶段,其形状不是球形的,但在后期,参考图 4.39(b),激波会形成一个完美的球形。Takayama 和 Sekiguchi(1981a 和 1981b)使用这种技术,在激波管中制造了球面激波,研究了球形激波在各种表面的反射,特别是锥面上的反射。图 4.40 就是图 4.39(b)所示的球形激波从圆柱反射面反射的情况。

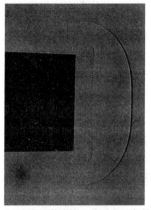 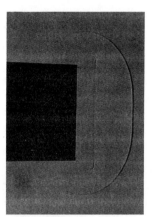

(a)从圆形激波管一端冒出不久的　　　(b)从圆形激波管一端冒出较长
　　入射激波形状　　　　　　　　　　时间后的完美球形激波

图 4.39　用激波管方法产生的球形激波

(经 K. Takayama 许可)

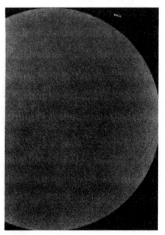

图 4.40　图 4.39 实验装置产生的球形激波反射

(经 K. Takayama 教授许可)

237

参考文献

[1] Aizik,F. ,Ben – Dor,G. ,Elperin,T. & Igra,O. , "General attenuation laws for spherical shock waves propagating in pure and particle laden gases" ,AIAA J. ,39(5) ,969 – 972,2001.

[2] Bazhenova,T. V. ,Fokeev,V. P. & Gvozdeva,L. G. , "Regions of various forms of Mach reflection and Its transition to regular reflection" ,Acta Astro. ,3,131 – 140,1976.

[3] Ben – Dor,G. , "Analytical solution of a double – Mach reflection" ,AIAA J. ,18,1036 – 1043,1980.

[4] Ben – Dor,G. ,Dewey,J. M. ,McMillin,D. J. & Takayama,K. , "Experimental investigation of the asymptotically approached Mach reflection over the second surface in the reflection over a double wedge" ,Exp. Fluids, 6,429 – 434,1988.

[5] Ben – Dor,G. ,Dewey,J. M. & Takayama,K. , "The reflection of a planar shock wave over a double wedge" , J. Fluid Mech. ,176,483 – 520,1987.

[6] Ben – Dor, G. & Takayama,K. , "Analytical prediction of the transition from Mach to regular reflection over cylindrical concave wedges" ,J. Fluid Mech. ,158,365 – 380,1985.

[7] Ben – Dor, G. & Takayama,K. , "Application of steady shock polars to unsteady shock wave reflections" , AIAA J. ,24,682 – 684,1986.

[8] Ben – Dor,G. & Takayama,K. , "The dynamics of the transition from Mach to regular reflection over concave cylinders" ,Israel J. Tech. ,23,71 – 74,1986/7.

[9] Ben – Dor, G. ,Takayama, K. & Dewey,J. M. , "Further analytical considerations of the reflection of weak shock waves over a concave wedge" ,Fluid Dyn. Res. ,2,77 – 85,1987.

[10] Courant, R. & Friedrichs, K. O. , Hypersonic Flow and Shock Waves, Wiley Interscience, New York, U. S. A. ,1948.

[11] Dewey,J. M. & McMillin,D. J. , "An analysis of the particle trajectories in spherical blast waves reflected from real and ideal surfaces" ,Canadian J. Phys. ,59,1380 – 1390,1981.

[12] Dewey,J. M. ,McMillin,D. J. & Classen,D. F. , "Photogrammetry of spherical shocks reflected from real and ideal surfaces" ,J. Fluid Mech. ,81,701 – 717,1977.

[13] Ginzburg,I. P. & Markov,Y. S. , "Experimental investigation of the reflection of a shock wave from a two – facet wedge" ,Fluid Mech. – Soviet Res. ,4,167 – 172,1975.

[14] Heilig,W. H. , "Diffraction of shock wave by a cylinder" ,Phys. Fluids Supll. I. ,12,154 – 157,1969.

[15] Henderson,L. F. & Lozzi,A. , "Experiments on transition to Mach reflection" , J. Fluid Mech. ,68,139 – 155,1975.

[16] Hornung,H. G. ,Oertel,H. Jr. & Sandeman,R. J. , "Transition to Mach reflection of shock waves in steady and pseudo – steady flow with and without relaxation" ,J. Fluid Mech. ,90,541 – 560,1979.

[17] Hu,T. C. J. & Glass,I. I. , "Blast wave reflection trajectories from a height of burst" ,AIAA J. ,24,607 – 610,1986.

[18] Itoh,S. & Itaya,M. , "On the transition between regular and Mach reflection" ,in "Shock Tubes and Waves" , Eds. A. Lifshitz and J. Rom,Magnes Press,Jerusalem,314 – 323,1980.

[19] Itoh,S. ,Okazaki,N. & Itaya,M. , "On the transition between regular and Mach reflection in truly non – stationary flows" ,J. Fluid Mech. ,108,383 – 400,1981.

[20] Law,C. K. & Glass,I. I. , "Diffraction of strong shock waves by a sharp compressive corner" ,CASI Trans. ,

4,2 – 12,1971.

[21] Marconi,F. ,"Shock reflection transition in three – dimensional flow about interfering bodies",AIAA J. ,21, 707 – 713,1983.

[22] Milton,B. E. ,"Mach reflection using ray – shock theory",AIAAJ. ,13,1531 – 1533,1975.

[23] Reichenbach,H. ,"Roughness and heated layer effects on shock wave propagation and reflection – Experimental results",Ernst Mach Institute Rep. E 24/85,Freiburg,West Germany,1985.

[24] Srivastava,R. S. & Deschambault R. L. ,"Pressure distribution behind a nonstationary reflected – diffracted oblique shock wave",AIAA J. ,22,305 – 306,1984.

[25] Takayama,K. & Ben – Dor,G. ,"A reconsideration of the transition criterion from Mach to regular reflection over cylindrical concave surfaces",KSME J. ,3,6 – 9,1989.

[26] Takayama,K. ,Ben – Dor,G. & Gotoh,J. ,"Regular to Mach reflection transition in truly nonstationary flows – Influence of surface roughness",AIAA J. ,19,1238 – 1240,1981.

[27] Takayama,K. & Sasaki,M. ,"Effects of radius of curvature and initial angle on the shock transition over concave and convex walls",Rep. Inst. High Speed Mech. ,Tohoku Univ. ,Sendai,Japan,46,1 – 30,1983.

[28] Takayama,K. & Sekiguchi,H. ,"Triple – point trajectory of strong spherical shock wave",AIAA J. ,19,815 – 817,1981a.

[29] Takayama, K. & Sekiguchi, H. , " Formation and diffraction of spherical shock waves in shock tube ", Rep. Inst. High Speed Mech. ,Tohoku Univ. ,Sendai,Japan,43,89 – 119,1981b.

[30] Whitham, G. B. , " A new approach to problems of shock dynamics. Part 1. Two dimensional problems ", J. Fluid Mech. ,2,145 – 171,1957.

第5章　原始资料目录

Ben - Dor(1991)整理了一份比较全面的激波反射现象研究的文章和报告清单,涉及激波反射现象的各个方面。本章提供的是到目前为止的最新清单。

该清单分为两部分,第一部分是文章,发表在可查阅的科学期刊上,主要供科学界使用;第二部分是关于激波反射现象的部门研究报告,来自于研究机构和大学。

本章试图收集迄今为止发表的大部分激波反射研究的论文和报告,由于本章仅列出可查阅的科学期刊发表的论文和部门报告,所以建议对激波反射研究感兴趣的读者,可以在以下会议文集中寻找更多关于本主题的研究论文:

(1)激波国际研讨会(International Symposium on Shock Waves,ISSW),以前的名称是激波与激波管国际研讨会(International Symposium on Tubes and Shock Waves);

(2)爆炸与冲击波军事应用国际研讨会(The International Symposium on Military Applications of Blast and Shock,MABS)。以前称为爆炸模拟军事应用国际研讨会(The International Symposium on Military Applications of Blast Simulation,MABS);

(3)爆炸与反应系统动力学国际讨论会(International Colloquium on Dynamics of Explosions and Reactive Systems,ICDERS);

(4)马赫反射国际研讨会(International Mach Reflection Symposium,IMRS);

(5)激波相互作用国际专题研讨会(International Symposium on the Interaction of Shocks,ISIS)。

5.1　科学期刊

1. Adachi,T. ,Kobayashi,S. & Suzuki,T. ,"An analysis of the reflected shock-wave structure over a wedge with surface roughness", Dyn. Image Anal. ,1,30 – 37,1988.

2. Adachi,T. ,Kobayashi,S. & Suzuki,T. ,"An experimental analysis of oblique-shock reflection over a two – dimensional multi – guttered wedge",Fluid Dyn. Res. ,9,119 – 132,1992.

3. Adachi,T. ,Kobayashi,S. & Suzuki,T. ,"Reflection of plane shock wavesover a

dust layer – The effects of permeability", Theor. & Appl. Mech. ,37,23 – 30,1989.

4. Adachi,T. ,Kobayashi,S. & Suzuki,T. ,"An experimental study of reflectedshock wave structure over a wedge with surface roughness", Trans. JapanSoc. Mech. Eng. ,B56, 1244 – 1249,1990.

5. Adachi,T. , Kobayashi, S. & Suzuki, T. , "Unsteady behavior of Mach reflectionof a plane shock wave over a wedge with surface roughness", Theor. & Appl. Mech. ,39,285 – 291,1990.

6. Adachi,T. ,Sakurai,A. ,& Kobayashi,S. ,"Effect of boundary layer on Machreflection over a wedge surface" Shock Waves,11(4),271 – 278,2002.

7. Adachi, T. , Suzuki, T. & Kobayashi, S. , "Unsteady oblique reflection of aplane shock wave over a wedge with surface roughness", Dyn. Image Anal. ,2,31 – 36,1990.

8. Adachi,T. ,Suzuki, T. & Kobayashi, S. , "Mach reflection of a weak shock-waves", Trans. Japan Soc. Mech. Eng. ,60(575),2281 – 2286,1994.

9. Arutyunyan,G. M. ,"On interaction of shock waves with a wedge",Dokl. Akad. Nauk Arm. SSSR,46,160 – 167,1968.

10. Arutyunyan, G. M. ,"On diffraction of shock waves", Prikl. Math. &Mekh. , 34,693 – 699,1970.

11. Arutyunyan, G. M. ,"Theory of anomalous regimes in the regular reflection of shock waves", Izv. Akad. Nauk SSSR, Mekh. Zh. i Gaza,5,117 – 125,1973.

12. Arutyunyan, G. M. , Belokon, V. A. &Karchevsky, L. V. , "Effect of adiabaticindex on reflection of shocks", Zh. Prikl. Mekh. iTeor. Fiz. ,4,62 – 66,1970.

13. Arutyunyan, G. M. &Karchevsky, L. F. , "Reflected Shock Waves", Mashino-stroyeniye Press, Moscow, SSSR,1975.

14. Auld, D. J. & Bird, G. A. , "Monte Carlo simulation of regular and Mach reflection", AIAA J. ,15,638 – 641,1977.

15. Azevedo, D. J. & Liu, C. S. , "Engineering approach to the prediction of shockpatterns in bounded high – speed flows", AIAA J. ,31(1),83 – 90,1993.

16. Barbosa,F. J. & Skews, B. W. , "Experimental confirmation of the vonNeu-mann theory of shock wave reflection transition", J. Fluid Mech. , 472, 263 – 282,2002.

17. Barkuhudarov, E. M. , Mdivnishvili, M. O. , Sokolov, I. V. , Taktakishvili, M. I. &Terekhin, "Reflection of ring shock wave from a rigid wall", Shock Waves,3 (4),273 – 278,1994.

18. Bartenev, A. M. , Khomik, S. V. , Gelfand, B. E. , Grönig, H. & Olivier. H. , "Effect of reflection type on detonation initiation at shock – wave focusing", Shock Waves 10(3) ,205 – 215,2000.

19. Bazhanov, K. A. , "The regular case of shock wave diffraction on a wedge partiallysubmerged in fluid", Appl. Math. & Mech. ,46,628 – 634,1982.

20. Bazhenova, T. V. , Fokeev, V. P. &Gvozdeva, L. G. , " Regions of various formsof Mach reflection and its transition to regular reflection", Acta Astro. ,3,131 – 140,1976.

21. Bazhenova, T. V. , Fokeev, V. P. &Gvozdeva, L. G. , "Reply to the comments of C. K. Law & I. I. Glass", Acta Astro. ,4,943 – 944,1977.

22. Bazhenova, T. V. &Gvozdeva, L. G. , " Unsteady Interactions of Shock Waves", Nauka, Moscow, SSSR, 1977.

23. Bazhenova, T. V. &Gvozdeva, L. G. , "The reflection and diffraction of shock-waves", Fluid Dyn. Trans. ,11,7 – 16,1983.

24. Bazhenova, T. V. , Gvozdeva, L. G. , Komarov, V. S. &Sukhov, B. G. , "Pres-sureand temperature change on the wall surface in strong shock wave diffraction", As-tro. Acta,17,559 – 566,1972.

25. Bazhenova, T. V. , Gvozdeva, L. G. , Komarov, V. S. &Sukhov, B. G. , "Diffrac-tionof strong shock waves by convex corners", Izv. Akad. Nuak SSSR, Mekh. Zh. Gaza, 4,122 – 134,1973.

26. Bazhenova, T. V. , Gvozdeva, L. G. & Nettleton, M. A. , " Unsteady interac-tionsof shock waves", Prog. Aero. Sci. ,21,249 – 331,1984.

27. Bazhenova, T. V. , Gvozdeva, L. G. & Zhilin, Yu. V. , "Change in the shape of adiffracting shock wave at a convex corner", Acta Astro. ,6,401 – 412,1979.

28. Ben – Dor, G. , "A reconsideration of the shock polar solution of a pseudo – steadysingle – Mach reflection", CASI Trans. ,26,98 – 104,1980.

29. Ben – Dor, G. , "Analytical solution of double – Mach reflection", AIAA J. , 18,1036 – 1043,1980.

30. Ben – Dor, G. , "Steady oblique shock wave reflections in perfect and imper-fectmonatomic and diatomic gases", AIAA J. ,18,1143 – 1145,1980.

31. Ben – Dor, G. , "Relation between first and second triple point trajectory an-glesin double – Mach reflection", AIAA J. ,19,531 – 533,1981.

32. Ben – Dor, G. , "A reconsideration of the three – shock theory of a pseudo – steady Mach reflection", J. Fluid Mech. ,181,467 – 484,1987.

33. Ben – Dor, G. , "Steady, pseudo – steady and unsteady shock wave reflec-tions", Prog. Aero. Sci. ,25 ,329 – 412 ,1988.

34. Ben – Dor, G. , "Structure of the contact discontinuity of nonstationary Mach-reflections", AIAA J. ,28 ,1314 – 1316 ,1990.

35. Ben – Dor, G. , "Interaction of a planar shock wave with a double wedge – likestructure", AIAA J. ,30(1) ,274 – 278 ,1992.

36. Ben – Dor, G. , "Reconsideration of the – state – of – the – art of shock – wave – reflectionphenomenonin steady – flows", Japan Soc. Mech. Eng. Int. J. , Ser. B, 38(3) ,325 – 334 ,1995.

37. Ben – Dor, G. , "Hysteresis phenomena in shock wave reflection in steady flows", Math. Proc. Tech. ,85 ,15 – 19 ,1999.

38. Ben – Dor, G. , "Comments on 'On stability of strong and weak reflected-shocks' by S. Mölder, E. V. Timofeev, C. G. Dunham, S. McKinley & P. A. Voinovich", Shock Waves,11(4) ,327 – 328 ,2002.

39. Ben – Dor, G. , "Pseudo – steady shock wave reflections wave configurations andtransition criteria: State – of – the knowledge", Comp. Fluid Dyn. J. ,12(2) ,132 – 138 ,2003.

40. Ben – Dor, G. , "A state – of – the – knowledge review on pseudo – steady shock – wavereflections and their transition criteria", Shock Waves,15(3/4) ,277 – 294 ,2006.

41. Ben – Dor, G. & Dewey, J. M. , "The Mach reflection phenomenon – A sug-gestionfor an international nomenclature", AIAA J. ,23 ,1650 – 1652 ,1985.

42. Ben – Dor, G. , Dewey, J. M. , McMillin, D. J. & Takayama, K. , "Experimen-talinvestigation of the asymptotically approached Mach reflection overthe second surface in a reflection over a double wedge", Exp. Fluids,6 ,429 – 434 ,1988.

43. Ben – Dor, G. , Dewey, J. M. & Takayama, K. , "The reflection of a planar shockwave over a double wedge", J. Fluid Mech. ,176 ,483 – 520 ,1987.

44. Ben – Dor, G. &Elperin, T. , "Analysis of the wave configuration resulting fromthe termination of an inverse Mach reflection", Shock Waves, 1 (3) , 237 – 241 ,1991.

45. Ben – Dor, G. , Elperin, T. &Golshtein, E. , "Monte Carlo analysis of the hys-teresisphenomenon in steady shock wave reflections", AIAA J. , 35 (11) , 1777 – 1779 ,1997.

46. Ben – Dor, G. , Elperin, T. , Li, H. &Vasilev, E. , "Downstream pressure in-

ducedhysteresis in the regular → Mach reflection transition in steady flows", Phys. Fluids,9(10),3096 – 3098,1997.

47. Ben – Dor,G. ,Elperin,T. ,Li,H. &Vasilev,E. ,"The influence of downstreampressureon the shock wave reflection phenomenon in steady flows", J. Fluid Mech. ,386,213 – 232,1999.

48. Ben – Dor, G. , Elperin, T. &Vasiliev, E. I. , "Flow – Mach – number – induced hysteresisphenomena in the interaction of conical shock waves – A numericalinvestigation",J. Fluid Mech. ,496,335 – 354,2003.

49. Ben – Dor, G. , Elperin, T. &Vasilev, E. I. , "Shock wave induced extremelyhigh oscillating pressure peaks",Materials Science Forum,465/466,123 – 130,2004.

50. Ben – Dor,G. ,Elperin,T. ,Li,H. , Vasilev,E. , Chpoun, A. & Zeitoun, D. , "Dependence of steady Mach reflections on the reflecting – wedge – trailingedge – angle",AIAA J. ,35(1),1780 – 1282,1997.

51. Ben – Dor,G. & Glass,I. I. ,"Nonstationary oblique shock wave reflections: Actual isopycnics and numerical experiments",AIAA J. ,16,1146.– 1153,1978.

52. Ben – Dor, G. & Glass, I. I. , "Domains and boundaries of nonstationary obliqueshock wave reflections:1. Diatomic gas",J. Fluid Mech. ,92,459 – 496,1979.

53. Ben – Dor, G. & Glass, I. I. , "Domains and boundaries of nonstationary obliqueshock wave reflections:2. Monatomic gas",J. Fluid Mech. ,96,735 – 756,1980.

54. Ben – Dor,G. ,Ivanov,M. ,Vasilev,E. I. &Elperin,T. , "Hysteresis processes inthe regular reflection ⇄ Mach reflection transition in steady flows", Prog. Aerospace Sci. ,38(4/5),347 – 387,2002.

55. Ben – Dor,G. ,Mazor,G. ,Takayama,K. &Igra,O. ,"The influence of surfaceroughness on the transition from regular to Mach reflection in a pseudosteady flow",J. Fluid Mech. ,176,333 – 356,1987.

56. Ben – Dor,G. &Rayevsky,D. ,"Shock wave interaction with a high densitystep like layer",Fluid Dyn. Res. ,13(5),261 – 279,1994.

57. Ben – Dor,G. & Takayama,K. ,"Analytical prediction of the transition fromMach to regular reflection over cylindrical concave wedges",J. Fluid Mech. ,158,365 – 380,1985.

58. Ben – Dor, G. & Takayama, K. , "Application of steady shock polars to unsteadyshock wave reflections",AIAA J. ,24,682 – 684,1986.

59. Ben – Dor,G. & Takayama,K. ,"The dynamics of the transition from Mach

toregular reflection over concave cylinders", Israel J. Tech. , 23, 71 – 74, 1986/7.

60. Ben – Dor, G. & Takayama, K. , "The reflection of a planar shock wave over awater wedge", Israel J. Tech. , 23, 169 – 173, 1986/7.

61. Ben – Dor, G. & Takayama, K. , "Streak camera photography with curved slitsfor the precise determination of shock wave transition phenomena", CASIJ. , 27, 128 – 134, 1981.

62. Ben – Dor, G. , Takayama, K. & Dewey, J. M. , "Further analytical considerationsof the reflection of a weak shock wave over a concave wedge", Fluid Dyn. Res. , 2, 77 – 85, 1987.

63. Ben – Dor, G. , Takayama, K. & Kawauchi, T. , "The transition from regular to Mach reflection and from Mach to regular reflection in truly nonstationaryflows", J. Fluid Mech. , 100, 147 – 160, 1980.

64. Ben – Dor, G. , Takayama, K. & Needham, C. E. , "The thermal nature of thetriple point of a Mach reflection", Phys. Fluids, 30, 1287 – 1293, 1987.

65. Ben – Dor, G. & Takayama, K. , "The phenomena of shock wave reflection – A review of unsolved problems and future research needs", Shock Waves, 2(4), 211 – 223, 1992.

66. Ben – Dor, G. , Vasilev, E. I. , Elperin, T. &Chpoun, A. , "Hysteresis phe-nomenain the interaction process of conical shock waves: Experimental andnumerical investigations", J. Fluid Mech. , 448, 147 – 171, 2001.

67. Ben – Dor, G. , Vasilev, E. I. , Elperin, T. &Zenovich, A. V. , "Self – induced oscillationsin the shock wave flow pattern formed in a stationary supersonicflow over a double wedge", Phys. Fluids, 15(2), L85 – L88, 2003.

68. Berezkina, M. K. , Syshchikova, M. P. & Semenov, A. N. , "Interaction of two-consecutive shock waves with a wedge", Sov. Phys. Tech. Phys. , 27, 835 – 841, 1982.

69. Beryozkina, M. K. , Syshchikova, M. P. , Semenov, A. N. &Krassovskaya, I. V. , "Some properties of the nonstationary interaction of two shock waves witha wedge", Arch. Mech. , 32, 621 – 631, 1980.

70. Beryozkina, M. K. , Syshchikova, M. P. & Semenov, A. N. , "Interaction of twosuccessive shock waves with a wedge", Zh. Tekh. Fiz. , 52, 1375 – 1385, 1982.

71. Bleakney, W. , Fletcher, C. H. & Weimer, D. K. , "The density field in Mach-reflection of shock waves", Phys. Rev. , 76, 323 – 324, 1949.

72. Bleakney, W. & Taub, A. H. , "Interaction of shock waves", Rev. Mod. Phys. , 21, 584 – 605, 1949.

73. Bleakney, W. , White, D. R. & Griffith, W. C. , "Measurement of diffractionof shock waves and resulting loading of structure", J. Appl. Mech. , 17, 439 – 445, 1950.

74. Bogatko, V. I. & Kolton, G. A. , "On regular reflection of strong shock wavesby a thin wedge", Izv. Akad. Nauk SSSR, Mekh. Zh. i Gaza, 5, 55 – 61, 1974.

75. Bogatko, V. I. & Kolton, G. A. , "Regular reflection of a strong shock wave bythe surface of a wedge", Izv. Akad. Nauk SSSR, Mekh. Zh. i Gaza, 2, 92 – 96, 1983.

76. Bryson, A. E. & Gross, R. F. W. , "Diffraction of strong shocks by cones, cyl-indersand spheres", J. Fluid Mech. , 10, 1 – 16, 1961.

77. Buggisch, H. , "The steady two – dimensional reflection of an oblique part-lydispersed shock wave from a plane wall", J. Fluid Mech. , 61, 159 – 172, 1973.

78. Burtschell, Y. , Zeitoun, D. E. & Ben – Dor, G. , "Steady shock wave reflec-tionsin thermochemical nonequilibrium flows", Shock Waves, 11(1), 15 – 21, 2001.

79. Burtschell, Y. & Zeitoun, D. E. , "Shock/shock and shock/boundary layer in-teractionsin axisymmetric laminar flows", Shock Waves, 12(6), 487 – 495, 2003.

80. Burtschell, Y. & Zeitoun, D. E. , "Real gas effects and boundary layer suc-tionin reflected shock tunnel", Comp. Fluid Dyn. , 4(6), 277 – 284, 2004.

81. Chang, K. S. & Kim, S. W. , "Reflection of shock wave from a compression-corner in the particulate laden gas region", Shock Waves, 1(1), 65 – 74, 1991.

82. Chang, T. S. & Laporte, O. , "Reflection of strong blast waves", Phys. Fluids, 7, 1225 – 1232, 1964.

83. Chester, W. , "The diffraction and reflection of shock waves", Quart. J. Mech. & Appl. Math. , 7, 57 – 82, 1954.

84. Chopra, M. G. , "Diffraction and reflection of shock from corners", AIAA J. , 11, 1452 – 1453, 1973.

85. Chpoun, A. & Ben – Dor, G. , "Numerical confirmation of the hysteresis phe-nomenonin the regular to the Mach reflection transition in steady flows", Shock Waves, 5(4), 199 – 204, 1995.

86. Chpoun, A. , Chauveux, F. , Zombas, L. & Ben – Dor, G. , "Interaction d'ondede choc coniques de (familles opposees en ecoulement hypersonique stationnaire)", Mecanique des Fluides/Fluid Mech. , C. R. Acad. Sci. Paris, 327 (1), IIb, 85 – 90, 1999.

87. Chpoun. A. & Lengrand, J. C. , "Confermationexperimentale d'un phenomened' hys-teresis lors de l'interaction de deux chocs obliques de famillesdifferentes", C. R. Acad Sci

Paris,304,1,1997.

88. Chpoun,A. ,Passerel, D. & Ben – Dor, G. , "Stability of regular and Mach reflectionwave configurations in steady flows" , AIAA J. ,34(10) ,2196 – 2198,1996.

89. Chpoun, A. , Passerel, D. , Lengrand, J. C. , Li, H. & Ben – Dor, G. , "Mise enévidence expérimentale et numérique d' un phenomane d' hysteresis lorsde la transition réflexion de Mach – réflexionreguliare" , Mécanique desFluides/Fluid Mech. , C. R. Acad. Sci. Paris,319(II) ,1447 – 1453,1994.

90. Chpoun, A. ,Passerel,D. ,Lengrand,J. C. ,Li,H. & Ben –Dor,G. ,"Etudesexpérimentale et numérique de la réflexion d'une onde de choc oblique en écoulement stationnaire hypersonique" , La Recherche Aérospatiale,2 ,95 – 105,1996.

91. Chpoun, A. ,Passerel,D. , Li, H. & Ben – Dor, G. , "Reconsideration of obliqueshock wave reflection in steady flows. Part I: Experimental investigation " , J. Fluid Mech. ,301,19 – 35,1995.

92. Clarke, J. F. , "Regular reflection of a weak shock wave from a rigid porouswall" ,Quar. J. Mech. & Appl. Math. ,37,87 – 111,1984.

93. Clarke,J. F. , "Reflection of a weak shock wave from a perforated plug" , J. Eng. Math. ,18,335 – 350,1984.

94. Clarke,J. F. , "The reflection of weak shock waves from absorbent surfaces" , Proc. Roy. Soc. London, A396 ,365 – 382,1984.

95. Colella,P. & Henderson, L. F. , "The von Ncumann paradox for the diffractionof weak shock waves" ,J. Fluid Mech. ,213,71 – 94,1990.

96. Courant, R. & Friedrichs, K. O. , "Supersonic Flow and Shock Waves" , WileyInterscience, New York, U. S. A. ,1948.

97. Deschambault,R. L. & Glass I. I. , "An update on non – stationary oblique shockwave reflections. Actual isopycnics and numerical experiments" ,J. FluidMech. , 131,27 – 57,1983.

98. Davis,J. L. ,"On the nonexistence of four confluent shock waves" ,J. Aero. Sci. , 20,501 – 502,1953.

99. Dewey,J. M. ,"The Mach reflection of spherical blast waves" ,Nucl. Eng. &Des. , 55(3) ,363 – 373,1979.

100. Dewey, J. M. & Lock, G. D. , "An experimental investigation of the sonic criterionfor transition from regular to Mach reflection of weak shock waves " , Expts. Fluids,7 ,289 – 292,1989.

101. Dewey,J. M. , McMillin, D. J. & Classen,D. F. , "Photogrammetry of spheri-

calshocks reflected from real and ideal surfaces", J. Fluid Mech. , 81 (4) , 701 –
717 , 1977.

102. Dewey, J. M. & McMillin, D. J. , "An analysis of the particle trajectories in-
spherical blast waves reflected from real and ideal surfaces", Canadian J. Phys. , 59
(10) , 1380 – 1390 , 1981.

103. Dewey, J. M. , & McMillin, D. J. , "Observation and analysis of the Mach re-
flectionof weak uniform plane shock waves, Part 1. Observations", J. FluidMech. ,
152 , 49 – 66 , 1985.

104. Dewey, J. M. , & McMillin, D. J. , "Observation and analysis of the Mach re-
flectionof weak uniform plane shock waves. Part 2. Analysis", J. Fluid Mech. , 152 , 67 –
81 , 1985.

105. Dewey, J. M. , McMillin, D. J. & Classen, D. F. , "Photogrammetry of spheri-
calshocks reflected from real and ideal surfaces", J. Fluid Mech. , 81 , 701 –
717 , 1977.

106. Dewey, J. M. & Walker, D. K. , " A multiply pulsed double – pass laser
schlierensystem for recording the movement of shocks and particle tracers within
ashock tube", J. Appl. Phys. , 46 , 3454 – 3458 , 1975.

107. Druguet, M – C & Zeitoun, D. E. , "Influence of numerical and viscous dis-
sipationon shock wave reflection in supersonic steady flows ", Int. J. Computers
&Fluids, 32 (4) , 515 – 533 , 2002.

108. Dulov, V. G. , "About the motion of a triple shock wave configuration with-
wake formation behind the branching point", J. Appl. Mech. & Tech. Phys. , 6 , 67 –
75 , 1973. (In Russian)

109. Dunayev, Yu. A. , Syschikova, M. P. , Berezkina, M. K. & Semenov, A. N. ,
"Theinteraction of a shock wave with a body in the presence of ionization relaxa-
tions", Acta Astro. , 14 , 491 – 495 , 1969.

110. Dunne, B. B. , " Mach reflection of 700 – kbar shock waves in gases",
Phys. Fluids, 4 , 1565 – 1566 , 1961.

111. Dunne, B. B. , "Mach reflection of detonation waves in condensed high ex-
plosives", Phys. Fluids, 4 , 918 – 924 , 1961.

112. Dunne, B. B. , "Mach reflection of detonation waves in condensed high ex-
plosives. II", Phys. Fluids, 7 , 1707 – 1712 , 1964.

113. Duong, D. Q. & Milton, B. E. , "The Mach reflection of shock waves in con-
vergingcylindrical channels", Exp. Fluids, 3 , 161 – 168 , 1985.

114. Durand,A. ,Chanetz,B. ,Benay,R. &Chpoun,A. , "Investigation of shock-wavesinterference and associated hysteresis effect at variable Mach upstream flow", Shock Waves,12(6),469 – 477,2003.

115. Falcovitz,J. ,Alfandary,G. & Ben – Dor,G. , "Numerical simulation of the headonreflection of a regular reflection",Int. J. Num. Methods Fluids,17(2),1055 – 1078,1993.

116. Felthun,L. T. & Skews, B. W. , "Dynamic shock wave reflection", AIAA J. ,42(8),1633 – 1639,2004.

117. Fletcher, C. H. , Taub, A. H. &Bleakney, W. , "The Mach reflection of shockwaves at nearly glancing incidence",Rev. Mod. Phys. ,23,271 – 286,1951.

118. Fletcher,C. H. ,Weimer,D. K. &Bleakney,W. , "Pressure behind a shock wavediffracted through a small angle",Phys. Rev. ,78,634 – 635,1950.

119. Gelfand, B. E. , Bartenev, A. M. , Medvedev, S. P. , Polenov, A. N. , Khomik,S. V. ,Lenartz,M. & Grönig,H. , "Specific features of incident and reflected blastwaves",Shock Waves,4(3),137 – 143,1994.

120. Ginzberg,I. P. & Markov,Yu. S. , "Experimental investigation of the reflec-tionof a shock wave from a two – facet wedge",Fluid Mech. – Sov. Res. ,4,167 – 172,1975.

121. Glass,I. I. , "Present status of oblique – shock – wave reflections",Physico-chem. Hydrody. ,6,863 – 864,1985.

122. Glass,I. I. , "Some aspects of shock – wave research",AIAA J. ,25,214 – 229,1987.

123. Glass,I. I. , "Over forty years of continuous research at UTIAS on nonsta-tionaryflows and shock waves",Shock Waves,1(1),75 – 86,1991.

124. Glass, I. I. &Heuckroth, L. G. , "Head – on collision of spherical shock waves",Phys. Fluids,2,542 – 546,1959.

125. Glaz,H. M. ,Colella,P. ,Collins,J. P. & Ferguson,R. E. , "Nonequilibrium effectsin oblique shock wave reflection",AIAA J. ,26,698 – 705,1988.

126. Glaz,H. M. ,Colella,P. ,Glass,I. I. &Deschambault,R. L. , "A numerical study of oblique shock – wave reflections with experimental comparisons",Proc. Roy. Soc. London, A398,117 – 140,1985.

127. Grasso, F. , Purpura, C. , Chanetz, B. & Délery, J. , "Type III and Type IVshock/shock interferences : Theoretical and experimental aspects",Aero. Sci. & Tech. ,7,93 – 106,2003.

128. Griffith, W. C. , " Shock Waves ", J. Fluid Mech. , Vol. 106, pp. 81 - 101,1981.

129. Griffith, W. C. &Bleakney, W. , "Shock waves in gases", Amer. J. Phys. , 22,597 - 612,1954.

130. Griffith, W. C. & Brickle, D. E. , "The diffraction of strong shock waves", Phys. Rev. ,89,451 - 453,1953.

131. Grove, J. W. , &Menikoff, R. , "Anomalous reflection of a shock wave at a fluidinterface" ,J. Fluid Mech. ,219,313 - 336,1990.

132. Grudnitskii, V. G. &Prokhorchuk, Yu. A. , " Analysis of the diffraction of ashock wave at a curvilinear surface", J. Num. Anal. & Math. Phys. , 15, 1525 - 1534,1975.

133. Gun'ko, Yu. P. , Kudryavtsev, A. N. &Rakhimov, R. D. , "Supersonic inviscidcorner flows with regular and irregular shock interaction", Fluid Dynamics, 39 (2) ,304 - 318,2004.

134. Gvozdeva, L. G. , Bazhenova, T. V. , Lagutov, Yu. P. &Fokeev, V. P. , "Shock-wave interaction with cylindrical surfaces", Arch. Mech. ,32,693 - 702,1980.

135. Gvozdeva, L. G. , Bazhenova, T. V. , Predvoditeleva, O. A. &Fokeev, V. P. , "Mach reflection of shock waves in real gases", Astro. Acta,14,503 - 508,1969.

136. Gvozdeva, L. G. Bazhenova, T. V. , Predvoditeleva, O. A. &Fokeev, V. P. , "Pressure and temperature at the wedge surface for Mach reflection ofstrong shock waves", Astro. Acta,15,503 - 510,1970.

137. Gvozdeva, L. G. &Fokeev, V. P. , "Experimental study of irregular shock wavereflection from the surface of a wedge" ,Fiz. Gorenia i Vzryva,12,260 - 269,1976.

138. Gvozdeva, L. G. &Fokeev, V. P. , "Transition from Mach to regular reflectionand domains of various Mach reflection configurations", Comb. Exp. & Shock Waves, 13,86 - 93,1977.

139. Gvozdeva, L. G. ,Lagutov, Yu. P. &Fokeev, V. P. , "Transition from regularreflection to Mach reflection in the interaction of shock waves with a cylindricalsurface" ,Sov. Tech. Phys. Lett. ,5,334 - 336,1979.

140. Gvozdeva, L. G. , Lagutov, Yu. P. &Fokeev, V. P. , "Transition from Mach reflectionto regular reflection when strong shock waves interact with cylindricalsurfaces" ,Izv. Akad. Nauk SSSR, Mekh. Zh. i Gaza,2,132 - 138,1982.

141. Gvozdeva, L. G. &Predvoditeleva, O. A. , " Experimental investigation of Machreflection of shock waves with velocities of 1000 - 3000 m/sec in carbon diox-

idegas, nitrogen and Air", Sov. Phys. Dokl. ,10,694 – 697,1965.

142. Gvozdeva, L. G. , Predvoditeleva, O. A. &Fokeev, V. P. , "Double Mach re-flectionof strong shock waves", Izv. Akad. Nauk SSSR, Mekh. Zh. i Gaza, 14, 112 – 119,1968.

143. G. , Predvoditeleva, O. A. , "A study of triple configuration of detonation wavesin gases", Comb. Exp. & Shock Waves, 4, 451 – 461, 1969.

144. Hadjadj, A. , Kudryavtsev, A. N. & Ivanov, M. S. , "Numerical investigation of shock – reflection phenomena in overexpanded supersonic jets", AIAA J. ,42(3) , 570 – 577,2004.

145. Han, Z. Y. , Milton, B. E. & Takayama, K. , "The Mach reflection triple – pointlocus for internal and external conical diffraction of a moving shock wave", Shock Waves,2(1) ,5 – 12,1992.

146. Handke, E. &Obermeier, F. , "Theoretical results from the Mach reflection of weak shock waves", Z. Angew. Math. & Mech. ,65,202 – 204,1985.

147. Heilig, W. H. , "Diffraction of shock wave by a cylinder", Phys. Fluids Su-pll. I,12,154 – 157,1969.

148. Henderson, L. F. , "On the confluence of three shock waves in a perfect gas", Aero. Quart. ,15,181 – 197,1964.

149. Henderson, L. F. , "The three shock confluence on a simple wedge intake", Aero. Quart. ,16,42 – 54,1965.

150. Henderson, L. F. , "The reflection of a shock wave at a rigid wall in the presence of a boundary layer", J. Fluid Mech. ,30,699 – 723,1967.

151. Henderson, L. F. , "On the Whitham theory of shock wave diffraction at concavecorners", J. Fluid Mech. ,99,801 – 811,1980.

152. Henderson, L. F. , "Exact expressions for shock reflection transition criteria ina perfect gas", Z. Ang. Math. & Mech. ,62,258 – 261,1982.

153. Henderson, L. F. , "Regions and boundaries for diffracting shock wave sys-tems", Z. Ang. Math. & Mech. ,67,1 – 14,1987.

154. Henderson, L. F. , "On the refraction of shock waves", J. Fluid Mech. , 198,365 – 386,1989.

155. Henderson, L. F. , Crutchfield, W. Y. &Virgona, R. J. , "The effects of ther-malconductivity and viscosity of argon on shock waves diffracting over rigidramps", J. Fluid Mech. ,331,1 – 36,1997.

156. Henderson, L. F. & Gray, P. M. , "Experiments on the diffraction of strong

blastwaves",Proc. Roy. Soc. London,Ser. ,A377,pp. 363 – 378,1981.

157. Henderson, L. F. &Lozzi, A. , "Experiments on transition of Mach reflection",J. Fluid Mech. ,68,139 – 155,1975.

158. Henderson, L. F. &Lozzi, A. , "Further experiments on transition to Machreflection",J. Fluid Mech. ,94,541 – 559,1979.

159. Henderson, L. F. , Ma,J – H,Sakurai,A. & Takayama,K. , "Refraction of a shockwave at an air – water interface",Fluid Dyn. Res. ,5,337 – 350,1990.

160. Henderson, L. F. &Menikoff, R. , "Triple – shock entropy theorem and its consequences",J. Fluid Mech. ,366,179 – 210,1998.

161. Henderson, L. F. &Siegenthaler, A. , "Experiments on the diffraction of weakblast waves: The von Neumann paradox",Proc. Roy. Soc. London, A369,537 – 555,1980.

162. Henderson, L. F. , Takayama, K. , Crutchfield, W. Y. & Itabashi, S. , "The persistenceof regular reflection during strong shock diffraction over rigid ramps", J. Fluid Mech. ,431,273 – 296,2001.

163. Henderson, L. F. , Vasilev, E. I. , Ben – Dor, G. &Elperin, T. , "The wall – jettingeffect in Mach reflection: Theoretical consideration and numerical investigation",J. Fluid Mech. ,479,259 – 286,2003.

164. Higashino,F. ,Henderson,L. F. & Shimizu,F. , "Experiments on the interactionof a pair of cylindrical weak blast waves in air",Shock Waves,1(4),275 – 284,1991.

165. Honma,H. , Glass, I. I. , Wong, C. H. , Holst – Jensen, O. , "Experimental andnumerical studies of weak blat wave in air",Shock waves,1(2),111 – 119,1991.

166. Honma,H. & Henderson,L. F. , "Irregular reflections of weak shock waves inpolyatomic gases",Phy. Fluids A,1,597 – 599,1989.

167. Honma, H. , Maekawa, H. & Usui, T. , "Numerical analysis of non – stationaryoblique reflection of weak shock waves", Computer & Fluids, 21(2), 201 – 210,1992.

168. Hornung,H. G. , "The effect of viscosity on the Mach stem length in unsteadyshock reflection",Lecture Notes Phys. ,235,82 – 91,1985.

169. Hornung, H. G. , "Regular and Mach reflection of shock waves ", Ann. Rev. Fluid Mech. ,18,33 – 58,1986.

170. Hornung,H. G. , "Mach reflection of shock – waves",Zeitschift furFlugwissenschaften und Weltraumforschung,12(4),213 – 223,1988.

252

171. Hornung, H. G. , "On the stability of steady – flow regular and Mach reflection", Shock Waves, 7(2), 123 – 125, 1997.

172. Hornung, H. G. , " Oblique shock reflection from an axis of symmetry", J. FluidMech. , 409, 1 – 12, 5, 2000.

173. Hornung, H. G. , Oertel, H. Jr. &Sandeman, R. J. , "Transition to Mach reflectionof shock waves in steady and pseudosteady flow with and withoutrelaxation", J. Fluid Mech. , 90, 541 – 560, 1979.

174. Hornung, H. G. & Robinson, M. L. , "Transition from regular to Mach reflectionof shock waves. Part 2. The steady flow criterion", J. Fluid Mech. , 123, 155 – 164, 1982.

175. Hornung, H. G. &Schwendeman, D. W. , "Oblique shock reflection from an axisof symmetry: shock dynamics and relation to the Guderley singularity", J. Fluid Mech. , 438, 231 – 245, 2001.

176. Hornung, H. G. & Taylor, J. R. , "Transition from regular to Mach reflectionof shock waves. Part 1. The effect of viscosity in the pseudosteady case", J. Fluid Mech. , 123, 143 – 153, 1982.

177. Hosseini, S. H. R. & Takayama, K. , "Implosion of a spherical shock wavereflected from a spherical wall", J. Fluid Mech. , 530, 223 – 239, 2005.

178. Hu, T. C. J. & Glass, I. I. , "Blast wave trajectories from height of burst", AIAA J. , 24, 607 – 610, 1986.

179. Hu, T. C. J. & Glass, I. I. , "Pseudostationary oblique shock wave reflections insulphur hexafluoride(SF6): Interferometric and numerical results", Proc. Roy. Soc. London, A408, 321 – 344, 1986.

180. Hunt, B. L. , "Calculation of two – dimensional and three – dimensional regularshock interactions", Aero. J. , 828, 285 – 289, 1980.

181. Hunt, B. L. & Lamont, P. J. , "The confluence of three shock waves in a three – dimensionalflow", Aero. Quart. , 29, 18 – 27, 1978.

182. Hunter, J. K. & Brio, M. , "Weak shock reflection", J. Fluid Mech. , 410, 235 – 261, 2000.

183. Ikui, T. , Matsuo, K. , Aoki, T. &Kondoh, N. , "Investigations of Mach reflectionof a shock wave. Part 1. Configurations and domains of shock reflection", Bull. Japan Soc. Mech. Eng. , 25, 1513 – 1520, 1982.

184. Irving Brown, Y. A. & Skews, B. W. , "Three – dimensional effects on regularreflection in steady supersonic flows", Shock Waves, 13(5), 339 – 349, 2004.

185. Itoh, S. , Okazaki, N. &Itaya, M. , "On the transition between regular and Mach reflection in truly non – stationary flows", J. Fluid Mech. ,108 ,383 – 400 ,1981.

186. Itoh, K. , Takayama, K. & Ben – Dor, G. , "Numerical simulation of the reflectionof a planar shock wave over a double wedge", Int. J. Num. Methods Fluids,13 , 1153 – 1170 ,1991.

187. Ivanov, M. S. , Ben – Dor, G. , Elperin, T. , Kudryavtsev, A. N. &Khotyanovsky, D. V. "Mach – number – variation – induced hysteresis in steady flow shock wavereflections", AIAA J. ,39(5) ,972 – 974 ,2001.

188. Ivanov, M. S. , Ben – Dor, G. , Elperin, T. , Kudryavtsev, A. N. &Khotyanovsky, D. V. , "The reflection of asymmetric shock waves in steady flows: A numericalinvestigation", J. Fluid Mech. , Vol. 462 , pp. 285 – 306 ,2002.

189. Ivanov, M. S. , Gimelshein, S. F. &Beylich, A. E. , "Hysteresis effect in stationaryreflection of shock waves", Phys Fluids,7(4) ,685 – 687 ,1995.

190. Ivanov, M. S. , Gimelshein, S. F. &Markelov, G. N. , "Statistical simulation of the transition between regular and Mach reflection in steady flows", Computersin Math. with Appl. ,35(1/2) ,113 – 125 ,1998.

191. Ivanov, M. S. , Klemenkov, G. P. , Kudryavtsev, A. N. , Fomin, V. M. &Kharitonov, A. M. , "Experimental investigation of transition to Mach reflection of steadyshock waves", Doklady Phys. ,42(12) ,691 – 695 ,1997.

192. Ivanov, M. S. , Kudryavtsev, A. N. &Khotyanovski, D. V. , "Numerical simulation of the transition between the regular and Mach reflection of shock wavesunder the action of local perturbations", Doklady Phys. ,45(7) ,353 – 357 ,2000.

193. Ivanov, M. S. , Kudryavtsev, A. N. Nikiforov, S. B. &Khotyanovsky, D. V. , "Transition between regular and Mach reflection of shock waves: newnumerical and experimental results", Aeromech. & Gas Dyn. ,2002 , No. 3 , pp. 3 – 12 (in Russian).

194. Ivanov, M. S. , Kudryavtsev, A. N. , Nikiforov, S. B. , Khotyanovsky, D. V. &Pavlov, A. A. , "Experiments on shock wave reflection transition and hysteresisin low – noise wind tunnel", Phys. Fluids,15(6) ,1807 – 1810 ,2003.

195. Ivanov, M. S. , Markelov, G. N. , Kudryavtsev, A. N. &Gimelshein, S. F. , "Numerical analysis of shock wave reflection transition in steady flows", AIAA J. ,36 (11) ,2079 – 2086 ,1998.

196. Ivanov, M. S. , Vandromme, D. , Fomin, V. M. , Kudryavtsev, A. N. , Hadjadj, A. &Khotyanovsky, D. V. , "Transition between regular and Mach reflection ofshock waves: new numerical and experimental results", Shock Waves,11(3) ,199 –

207,2001.

197. Ivanov, M. , Zeitoun, D. , Vuillon, J. , Gimelshein, S. &Markelov, G. N. , "Investigation of the hysteresis phenomena in steady shock reflection using kineticand continuum methods", Shock Waves,5(6),341 – 346,1996.

198. Jahn, R. G. , "Transition process in shock qave interactions", J. Fluid Mech. ,2,33 – 48,1956.

199. Jones,D. M. ,Martin,P. M. E. & Thornhill,C. K. ,"A note on the pseudostationary flow behind a strong shock diffracted or reflected at a corner", Proc. Roy. Soc. London, A209,238 – 248,1951.

200. Kaliski,S. &Wlodarczyk,E. ,"The influence of the parameters of state onthe characteristics of regular reflection of oblique shock waves", Proc. Vib. Problems,14,4 – 5,1973.

201. Kaliski,S. &Wlodarczyk,E. , "Regular reflection of intense oblique shock- waves from a rigid wall in a solid body", Proc. Vib. Problems,15,271 – 282,1974.

202. Kawamura,R. & Saito,H. , "Reflection of shock waves – 1. Pseudo – sta- tionarycase", J. Phys. Soc. Japan,11,584 – 592,1956.

203. Khotyanovsky,D. V. ,Kudryavtsev,A. N. & Ivanov,M. S. , "Effects of a sin- glepulseenergy deposition on steady shock wave reflection", Shock Waves,15(5), 353 – 362,2006.

204. Kim,S – W. & Chang,K – S. , "Reflection of shock wave from a compres- sioncorner in a particle – laden gas region", Shock Waves,1(1),65 – 73,1991.

205. Kireev,V. T. , "On the reflection of a strong shock wave by a sphere or acylinder", Izv. Akad. Nauk SSSR,Mekh. Zh. i Gaza,3,31 – 40,1969.

206. Klein,E. J. , "Interaction of a shock wave and a wedge: An application of thehydraulic analogy", AIAA J. ,3,801 – 808,1965.

207. Kobayashi,S. ,Adachi,T. & Suzuki,T. , "An investigation on the transition- criterion for reflection of a shock over a dusty surface", Dyn. Image Anal. ,1,67 – 73, 1988.

208. Kobayashi S. ,Adachi T. & Suzuki T. , "Examination of the von Neuman- nparadox for a weak shock wave", Fluid Dyn. Res. ,17(1),13 – 25,1995.

209. Kobayashi S. ,Adachi T. & Suzuki T. , "Non – self – similar characteristics of weak Mach reflection: the von Neumann paradox", Fluid Dyn. Res. ,35(4),275 – 286,2004.

210. Kobayashi,S. ,& Suzuki,T. , "Non – self – similar behavior of the von Neu-

mannreflection",Phys. Fluids,12(7),1869 – 1877,2000.

211. Kolgan, V. P. &Fonarev, A. C. , "Development of the flow in shock incidence ona cylinder or sphere",Izv. Akad. Nauk SSSR,Mekh. Zh. i Gaza,5,97 – 103, 1972.

212. Krehl,P. & van der Geest,M. , "The discovery of the Mach reflection effectand its demonstration in an auditorium",Shock Wave,1,3 – 15,1991.

213. Krishnan,S. , Brochet, C. &Cheret,R. , "Mach reflection in condensed explosives",Propellants & Explosives,6,170 – 172,1981.

214. Kudryavtsev, A. N. , Khotyanovsky, D. V. , Ivanov, M. S. , Hadjadj, A. &Vandromme, D. , " Numerical investigations of transition between regularand Mach reflections caused by free – stream disturbances",Shock Waves,12(2),157 – 165,2002.

215. Kutler,P. &Sakell, L. , "Three – dimensional shock on shock interaction problem",AIAA J. ,13,1360 – 1367,1975.

216. Kutler,P. ,Sakell,L. & Aiello,G. , "Two – dimensional shock on shock interactionproblem",AIAA J. ,13,361 – 367,1975.

217. Kutler,P. & Shankar, V. , "Diffraction of a shock wave by a compressioncorner: I. Regular reflection",AIAA J. ,15,197 – 203,1977.

218. Law, C. , Felthun, L. T. & Skews, B. W. , "Two – dimensional numerical study of planar shock – wave/moving – body interactions. Part I: Plane shock – on – shockinteractions",Shock Waves,13(5),381 – 394,2004.

219. Law,C. K. & Glass, I. I. , "Diffraction of strong shock waves by a sharp compressivecorner",CASI Trans. ,4,2 – 12,1971.

220. Law,C. K. & Glass,I. I. , "Coments on regions of various forms of Mach reflectionand its transition to regular reflection",Acta Astro. ,4,939 – 941,1977.

221. Law, C. & Skews, B. W. , "Two – dimensional numerical study of planar shockwaves/moving – body interactions. Part II:Non – classical shock – wave/moving-bodyinteractions",Shock Waves,13(5),395 – 408,2004.

222. Le Kuok Khyu, "Geometrical investigation of the regular reflection of shockwaves from a wall",Izv. Akad. Nauk SSSR,Mekh. Zh. i Gaza,5,182 – 185,1980.

223. Lee,J. – H. & Glass,I. I. , "Pseudo – stationary oblique shock wave reflections infrozen and equilibrium air",Prog. Aero. Sci. ,21,33 – 80,1984.

224. Li,H. & Ben – Dor,G. , "Interaction of regular reflection with a compressivewedge: Analytical solution",AIAA J. ,33(5),955 – 958,1995.

225. Li, H. & Ben – Dor, G. , "Reconsideration of pseudo – steady shock wave reflectionsand the transition criteria between them", Shock Waves, 5 (1/2) , 59 – 73, 1995.

226. Li, H. & Ben – Dor, G. , "Head – on Interaction of weak planar shock waves withflexible porous materials – Analytical model", Int. J. Multiphase Flow, 21 (5) , 941 – 947, 1995.

227. Li, H. & Ben – Dor, G. , "Reconsideration of the shock – shock relations for thecase of a nonquiescent gas ahead of the shock and verification with experiments", Proc. Roy. Soc. London, A451, 383 – 397, 1995.

228. Li, H. & Ben – Dor, G. , "A shock dynamics theory based analytical solution of double Mach reflections", Shock Waves, 5 (4) , 259 – 264, 1995.

229. Li, H. & Ben – Dor, G. , "Oblique – shock/expansion – wave interaction analyticalsolution", AIAA J. , 34 (2) , 418 – 421, 1996.

230. Li, H. & Ben – Dor, G. , "Application of the principle of minimum entropy-production to shock wave reflections. I. Steady flows", J. Appl. Phys. , 80 (4) , 2027 – 2037, 1996.

231. Li, H. & Ben – Dor, G. , "Application of the principle of minimum entropy-production to shock wave reflections. II. Pseudo – steady flows", J. Appl. Phys. , 80 (4) , 2038 – 2048, 1996.

232. Li, H. & Ben – Dor, G. , "Analytical investigation of two – dimensional un-steadyshock – on – shock interactions", J. Fluid Mech. , 340, 101 – 128, 1997.

233. Li, H. & Ben – Dor, G. , "A parametric study of Mach reflection in steady flows", J. Fluid Mech. , 341, 101 – 125, 1997.

234. Li, H. & Ben – Dor, G. , "A modified CCW theory of detonation waves", Comb. & Flame, 113, 1 – 12, 1998.

235. Li, H. & Ben – Dor, G. , "Mach reflection wave configuration in two – di-mensionalsupersonic jets of overexpanded nozzles", AIAA J. , 36 (3) , 488 – 491, 1998.

236. Li, H. & Ben – Dor, G. , "Interaction of two Mach reflections over concave doublewedges – Analytical model", Shock Waves, 9 (4) , 259 – 268, 1999.

237. Li, H. & Ben – Dor, G. , "Analysis of double – Mach – reflection wave con-figurations with convexly curved Mach stems", Shock Waves, 9 (5) , 319 – 326, 1999.

238. Li, H. , Ben – Dor, G. & Grönig, H. , "Analytical study of the oblique reflec-tionof detonation waves", AIAA J. , 35 (11) , 1712 – 1720, 1997.

239. Li,H. ,Ben – Dor,G. & Han,Z. Y. , "Modification on the Whitham theory foranalyzing the reflection of weak shock waves over small wedge angles", Shock Waves,4(1) ,41 – 45,1994.

240. Li,H. ,Ben – Dor,G. & Han,Z. Y. , "Analytical prediction of the reflected-diffractedshock wave shape in the interaction of a regular reflection withan expansive corner",Fluid Dyn. Res. ,14(5) ,229 – 239,1994.

241. Li,H. ,Chpoun,A. & Ben – Dor,G. , "Analytical and experimental investigations of the reflection of asymmetric shock waves in steady flows",J. FluidMech. , 390,25 – 43,1999.

242. Li,H. ,Levy,A. & Ben – Dor,G. , "Analytical prediction of regular reflectionover porous surfaces in pseudo – steady flows",J. Fluid Mech. ,282,219 – 232,1995.

243. Li,H. ,Levy,A. & Ben – Dor,G. , "Head – on interaction of planar shock waveswith ideal rigid open – cell porous materials – Analytical model",Fluid Dyn. Res. ,16(4) ,203 – 215,1995.

244. Li,Y. ,Zhang,D. & Cao,Y. , "The computational numerical experimentalresearch of Mach reflection",Acta Mech. Sin. ,17,162 – 167,1985.

245. Liang,S. M. , Hsu, J. L. & Wang, J. S. , "Numerical Study of Cylindrical Blast – Wave Propagation and Reflection",AIAA J. ,39(6) ,1152 – 1158,2001.

246. Liang,S. M. & Liao,C. Y. , "Numerical simulation of blast – wave reflection overa wedge using a high – order scheme",Trans. Aero. & Astro. Soc. Rep. China,34, 69 – 74,2002.

247. Liang,S. M. ,Wang. J. S. & Chen,H. , "Numerical study of spherical blast – wavepropagation and reflection",Shock Waves,12(1) ,59 – 68,2002.

248. Lighthill, M. J. , "The diffraction of blast. I ", Proc. Roy. Soc. London, A198,454 – 470,1949.

249. Lighthill,M. J. , "The diffraction of blast. II",Proc. Roy. Soc. London, A, V200,554 – 565,1950.

250. Lipnitskii,Yu. M. &Lyakhov,V. N. , "Numerical solution of the problem of shockwave diffraction at a wedge",Izv. Akad. Nauk SSSR,Mekh. Zh. i Gaza,6,88 – 93,1974.

251. Lipnitskii,Yu. M. &Panasenko,A. V. , "Investigation into the interaction of ashock wave with an acute case",Izv. Akad. Nauk SSSR,Mech. Zh. i Gaza,3,98 – 104,1980.

258

252. Lock, G. D. & Dewey, J. M. , "An experimental investigation of the sonic criterion for transition from regular to Mach reflection of weak shock waves", Exp. Fluids,7,289 – 292,1989.

253. Logvenov, A. Yu. , Misonochnikov, A. L. &Rumyanstev, B. V. , "Mach reflection of shock waves in condensed media", Sov. Tech. Phys. Lett. , 13, 131 – 132,1987.

254. Ludloff, H. F. & Friedman, M. B. , "Mach reflection of shocks at an arbitraryincidence",J. Appl. Phys. ,24,1247 – 1248,1953.

255. Ludloff, H. F. & Friedman, M. B. , "Aerodynamics of blasts – diffraction of blastaround finite corners",J. Aero. Sci. ,22,27 – 34,1955.

256. Ludloff, H. F. &Friedman, M. B. , "Difference solution of shock diffraction problem",J. Aero. Sci. ,22,139 – 140,1955.

257. Lyakhov,V. N. ,"Unsteady loads in shock wave diffraction", Izv. Akad. NaukSSSR,Mekh. Zh. i Gaza,4,123 – 129,1975.

258. Lyakhov,V. N. ,"Mathematical simulation of Mach reflection of shock wavesin media with different adiabatic indicies", Izv. Akad. Nauk SSSR,Mekh. Zh. i Gaza,3,90 – 94,1976.

259. Lyakhov,V. N. ,"Concerning the evaluation of pressure in unsteady reflection of shock waves",Izv. Akad. Nauk SSSR,Mekh. Zh. i Gaza,2,100 – 106,1977.

260. Lyakhov,V. N. ,"Interaction of shock waves of moderate intensity with cylinders",Izv. Akad. Nauk SSSR,Mekh. Zh. i Gaza,2,113 – 119,1979.

261. Lyakhov,V. N. &Ryzhov,A. S. ,"On the aaw of similarity in nonlinear reflection of shock waves by a rigid wall",Izv. Akad. Nauk SSSR,Mekh. Zh. I Gaza,3, 116 – 123,1977.

262. Mach, E. , "Über den verlauf von funkenwellen in der ebene und imraume",Sitzungsber. Akad. Wiss. Wien,78,819 – 838,1878.

263. Makarevich,G. A. ,Lisenkova,G. S. ,Tikhomirov,N. A. &Khodstev,A. V. , "Experimental study of Mach reflection of weak shock waves", Sov. Phys. – Tech. Phys. ,29,370 – 372,1984.

264. Makarevich,G. A. ,Predvoditeleva,O. A. &Lisenkova,G. S. , "Reflection of shock waves from a wedge",Tepl. Vys. Temp. ,12,1318 – 1321,1974.

265. Makomaski,A. H. ,"Some effects of surface roughness on two dimensional Mach reflection of moving plane shock waves in Air",CASJ. ,12,109 – 111,1966.

266. Malamud,G. ,Levi – Hevroni D. & Levy A. ,"Head – on collision of a pla-

nar shockwave with deformable porous foams",AIAA J. ,43(8),1776 – 1783,2005.

267. Malamud,G. ,Levi – Hevroni D. & Levy A. ,"Two – dimensional model for simulatingthe shock wave interaction with rigid porous materials",AIAA J. ,41(4), 663 – 673,2003.

268. Marconi,F. ,"Shock reflection transition in three – dimensional steady flow-about interfering bodies",AIAA J. ,21,707 – 713,1983.

269. Matsuo,K. ,Aoki,T. & Hirahara,H. , "Visual studies of characteristics of slipstreamin Mach reflection of a shock wave",Flow Visualization,4,543 – 548,1987.

270. Matsuo,K. ,Aoki,T. ,Hirahara,H. ,Kondoh,N. &Kuriwaki,K. ,"Investiga-tions of Mach reflection of a shock wave. Part 3: Strength of a reflectedshock wave", Bull. Japan Soc. Mech. Eng. ,29,428 – 433,1986.

271. Matsuo,K. ,Aoki,T. ,Hirahara,H. ,Kondoh,N. &Kishigami,T. ,"Investi-gations of Mach reflection of a shock wave. Part 4: The transition betweenregular and Mach reflection",Bull. Japan Soc. Mech. Eng. ,29,434 – 438,1986.

272. Matsuo,K. ,Aoki,T. ,Hirahara,H. &Kondoh,N. ,"Nonlinear problem on-interaction between a shock wave and rigid wall",Theor. & Appl. Mech. ,33,51 – 57,1985.

273. Matsuo,K. ,Aoki,T. ,Kondoh,N. & Hirahara,H. ,"Investigations of Mach-reflection of a shock wave. Part 2: Shape of a reflected shock wave", Bull. Japan Soc. Mech. Eng. ,29,422 – 427,1986.

274. Matsuo,K. ,Ikui,T. Aoki,T. ,. &Kondoh,N. , "Interaction of a propagat-ingshock wave with an inclined wall",Theor. & Appl. Mech. ,31,429 – 437,1983.

275. Meguro,T. Takayama,K. & Onodera,O. , "Three – dimensional shock wa-vereflection over a corner of two intersecting wedges",Shock Waves,7(2),107 – 121,1997.

276. Merritt,D. L. ,"Mach reflection on a cone",AIAA J. ,6,1208 – 1209,1968.

277. Milton,B. E. ,"Mach reflection using ray – shock theory",AIAA J. ,13, 1531 – 1533,1975.

278. Milton,B. E. & Archer,R. D. , "Conical Mach reflection of moving shock waves. Part 1: Analytical considerations",Shock Waves,6(1),29 – 39,1996.

279. Milton,B. E. & Archer,R. D. ,"Generation of implosions by area change in ashock tube",AIAA J. ,7,779 – 780,1969.

280. Milton,B. E. & Takayama,K, "Conical Mach reflection of moving shock waves. Part 2: Physical and CFD experimentation", Shock Waves, 8 (2), 93 –

104,1998.

281. Mirels, H. , "Mach reflection flowfields associated with strong shocks", AIAA J. ,23,522 - 529,1985.

282. Mogilevich, L. I. &Shindyapin, G. P. , "On nonlinear diffraction of weak shockwaves", Prikl. Math. &Mekh. ,35,492 - 498,1971.

283. Mölder, S. , "Reflection of curved shock waves in steady supersonic flow", CASITrans. ,4,73 - 80,1971.

284. Mölder, S. , "Polar streamline directions at the triple point of a Mach interaction of shock waves", CASI Trans. ,5,88 - 89,1972.

285. Mölder, S. , "Particular conditions for the termination of regular reflection of shock waves", CASI Trans. ,25,44 - 49,1979.

286. Mölder, S. & Timofeev, E. V. , "Reply to ' On stability of strong and weak reflected shocks' by G. Ben - Dor", Shock Waves,11(4),329,2002.

287. Mölder, S. , Timofeev, E. V. , Dunham, C. G. , McKinley, S. & Voinovich, P. A. , "On stability of strong and weak reflected shocks", Shock Waves,10(5),389 - 393,2001.

288. Morgan, K. , "The diffraction of a shock wave by a slender body", J. Appl. Math. & Phys. ,26,13 - 29,1975.

289. Morgan, K. , "The diffraction of a shock wave by an inclined body of revolution", J. Appl. Math. & Phys. ,26,299 - 306,1975.

290. Moran, T. P. &Moorhem, W. K. , "Diffraction of a plane shock by an analyticblunt body", J. Fluid Mech. ,38,127 - 136,1969.

291. Morro, A. , "Oblique interaction of waves with shocks", Acta Mech. ,38, 241 - 248,1981.

292. Murdoch, J. W. , "Shock wave interaction with two dimensional bodies", AIAA J. ,13,15 - 17,1975.

293. Neumann, J. von, "Collected Works", Pergamon Press,6,238 - 308,1963.

294. Obermeier, F. &Handke, E. , " Theoretischeergebnissezur Mach reflexionschwacherstobwellen", Z. Ang. Math. & Mech. ,65,202 - 204,1985.

295. Oertel, H. Jr. , "Oxygen vibrational and dissociation relaxation behind regularreflected shocks", J. Fluid Mech. ,74,477 - 495,1976.

296. Oertel, H. Jr. , " Oxygen dissociation relaxation behind oblique reflected andstationary oblique shocks", Arch. Mech. ,30,123 - 133,1978.

297. Ofengeim, D. K. &Drikakis, D. , "Simulation of blast wave propagation over

acylinder",Shock Waves,7(5),305 – 317,1997.

298. Olim,M & Dewey,J. M. , "Least energy as a criterion for transition be-tweenregular and Mach reflection",Shock Waves,1(4),243 – 249,1991.

299. Olim,M & Dewey,J. M. , "A revised three – shock solution for the Mach re-flectionof weak shocks (1. 1 < Mi < 1. 5)",Shock Waves,2(3),167 – 176,1992.

300. Olivier,H. & Grönig,H. , "The random – choice method applied to twodi-mensionalshock focusing and diffraction",J. Comp. Phys. ,63,85 – 106,1986.

301. Omang,M. , Borve,S. &Trulsen,J. , "Numerical simulations of shock wa-vereflection phenomena in non – stationary flows using regularized smoothedparticle hydrodynamics",Shock Waves,16(2),167 – 177,2006.

302. Omang,M. , Borve,S. &Trulsen,J. , "SPH in spherical and cylindrical coor-dinates",J. Comp. Phys. ,213(1),391 – 412,2006.

303. Onodera,H. & Takayama,K. , "Interaction of a plane shock wave with slit-tedwedge,Exp. Fluids,10,109 – 115,1990.

304. Onofri,M. &Nasuti,F. , "Theoretical considerations on shock reflections and their implications on the evaluations of air intake performance",Shock Waves,11 (2),151 – 156,2001.

305. Pack,D. C. , "The reflection and diffraction of shock waves",J. Fluid Mech. ,18,549 – 576,1964.

306. Pant,J. C. , "Reflection of a curved shock from a straight rigid boundary",Phys. Fluids,14,534 – 538,1971.

307. Pant,J. C. , "Regular reflection of a shock wave in the presence of a trans-versemagnetic field",Z. Ang. Math. & Mech. ,47,73 – 85,1968.

308. Pant,J. C. , "Reflection of a curved shock from a straight rigid boundary",Phys. Fluids,14,534 – 538,1971.

309. Pekurovskii,L. E. , "Shock wave diffraction on a thin wedge moving with a sliprelative to the wave front with irregular shock interaction",Prikl. Math. &Mekh. , 44,183 – 190,1981.

310. Piechór,K. , "Reflection of a weak shock wave from an isothermal wall",Arch. Mech. ,32,233 – 249,1980.

311. Piechór,K. , "Regular interaction of two weak shock waves",Arch. Mech. , 33,829 – 843,1981.

312. Piechór,K. , "Regular reflection of a weak shock wave from an inclined pla-neisothermal wall",Arch. Mech. ,33,337 – 346,1981.

313. Podlubnyi, V. V. &Fonarev, A. S. , "Reflection of a spherical blast wave fromplane surface", Izv. Akad. Nauk SSSR, Mekh. Zh. i Gaza, 6, 166 – 172, 1974.

314. Poluboyarinov, A. K. , "On the motion of the shock front reflected from a bluntbody", Fluid Dynamics, 6(2), 239 – 245, 2005.

315. Poluboyarinov, A. K. &Tsirkunov, V. E. , "Concerning the reflection of a shockwave by a cylinder or a sphere", Fluid Mech. – Sov. Res. , 10, 85 – 91, 1981.

316. Ram, R. & Sharma, V. D. , "Regular reflection of a shock wave from a rigid wallin a steady plane flow of an ideal dissociating gas", Tensor, 26, 185 – 190, 1972.

317. Rawling, G. &Polachek, H. , "On the three shock configuration", Phys. Fluids, 1, 572 – 577, 1950.

318. Rayevsky, D. & Ben – Dor, G. , "Shock wave interaction with a thermal layer", AIAA J. , 30(4), 1135 – 1139, 1992.

319. Reichenbach, H. , "Contribution of Ernst Mach to fluid mechanics", Ann. Rev. Fluid Mech. , 15, 1 – 28, 1983.

320. Rikanati, A. , Sadot, O. , Ben – Dor, G. , Shvarts, D. , Kuribayashi, T. & Takayama, K. , "Shock – wave Mach – reflection slip – stream instability: A secondary small – scale turbulent mixing phenomenon", Phys. Rev. Lett. , 96, 174503: 1 – 174503: 4, 2006.

321. Rusanov, V. V. , "Calculation of the interaction of non – stationary shock wavesand obstructions", J. Num. Anal. & Math. Phys. , 1, 267 – 279, 1961.

322. Ryzhov, O. S. &Khristianovich, S. A. , "Nonlinear reflection of weak shockwaves", Prikl. Math. &Mekh. , 22, 586 – 599 1958.

323. Sakurai, A. , "On the problem of weak Mach reflection", J. Phys. Soc. Japan, 19, 1440 – 1450, 1964.

324. Sakurai, A. , Henderson, L. F. , Takayama, K. , Walenta, Z. & Colella, P. , "Onthe von Neumann paradox of weak Mach reflection", Fluid Dyn. Res. , 4, 333 – 345, 1989.

325. Sakurai, A. , Srivastava, R. S. , Takahashi, S. & Takayama, F. , "A note on Sandeman's simple physical theory of weak Mach reflection", Shock Waves, 11(5), 409 – 411, 2002.

326. Sakurai, A. & Takayama, F. , "Analytical solution of a flow field for weak Machreflection over a plane surface", Shock Waves, 14(4), 225 – 230, 2005.

327. Sandeman, R. J. , "A simple physical theory of weak Mach reflection over planesurfaces", Shock Waves, 10(2), 103 – 112, 2000.

328. Sanderson, S. R., Hornung, H. G. & Sturtevant, B., "Aspects of planar, ob-liqueand interacting shock waves in an ideal dissociating gas", Phys. Fluids, 15(6), 1638 – 1649, 2003.

329. Sasoh, A. & Takayama, K., "Characterization of disturbance propagation in-weak shock – wave reflections", J. Fluid Mech., 277, 331 – 345, 1994.

330. Sasoh, A., Takayama, K. & Saito, T., "A weak shock wave reflection over-wedges", Shock Waves, 2(4), 277 – 281, 1992.

331. Schmidt, B., "Shock – wave transition from regular to Mach reflection on awedge – shaped edge", Z. Ang. Math. & Mech., 65, 234 – 236, 1985.

332. Schneyer, G. P., "Numerical simulation of regular and Mach reflections", Phys. Fluids, 18, 1119 – 1124, 1975.

333. Schotz, M., Levy, A., Ben – Dor, G. &Igra, O., "Analytical prediction of the-wave configuration size in steady flow Mach reflections", Shock Waves, 7(6), 363 – 372, 1997.

334. Semenov, A. N. &Syshchikova, M. P., "Properties of Mach reflection in theinteraction of shock waves with a stationary wedge", Comb. Expl. & ShockWaves, 11, 506 – 515, 1975.

335. Semenov, A. N., Syshchikova, M. P. &Berezkina, M. K., "Experimental in-vestigationof Mach reflection in a shock tube", Sov. Phys. – Tech. Phys., 15, 795 – 803, 1970.

336. Shankar, V., Kutler, P. & Anderson D. A., "Diffraction of a shock wave bya compression corner: Part II: Single Mach reflection", AIAA J., 16, 4 – 5, 1978.

337. Sharma, V. D. &Shyman, R., "Regular reflection of a shock wave from a rigidwall in a steady plane flow of a vibrationally relaxing gas", Indian J. Pure& Appl. Math., 15, 15 – 22, 1984.

338. Shindyapin, G. P., "Irregular reflection of weak shock waves from a rigid wall", Zh. Prikl. Mekh. i. Tekh. Fiz., 2, 22 – 28, 1964.

339. Shindyapin, G. P., "Regular reflection of weak shock waves from a wall", Zh. Prikl. Math. Mekh., 29, 114 – 121, 1965.

340. Shindyapin, G. P., "Irregular interaction of weak shock waves of different intensity", Prikl. Math. Mech., 38, 105 – 114, 1974.

341. Shindyapin, G. P., "Numerical solution of the problem of non – regular reflec-tion of a weak shock wave by a rigid wall in a perfect gas", Zh. Vyehisl. Math. Math. Fiz., 20, 249 – 254, 1980.

264

342. Shindyapin, G. P. "Mach reflection and interaction of weak shock waves underthe conditions of von Neumann paradox", Mekh. Zid. i Gaza, 2, 183 – 190, 1996. (In Russian).

343. Shirouzu, M. & Glass, I. I., "Evaluation of assumptions and criteria in pseudo – stationaryoblique Shock Wave Reflections", Proc. Roy. Soc. London, A406, 75 – 92, 1986.

344. Shirozu, T. & Nishida, M., "Numerical studies of oblique shock reflection insteady two – dimensional flows", Memoirs Faculty Eng. Kyushu Univ., 55, 193 – 204, 1995.

345. Skews, B. W., "The shape of a diffracting shock wave", J. Fluid Mech., 29, 297 – 304, 1967.

346. Skews, B. W., "Shock – shock reflection", CASI Trans., 4 (1), 16 – 19, 1971.

347. Skews, B. W., "The flow in the vicinity of a three – shock intersection", CASITrans., 4(2), 99 – 107, 1971.

348. Skews B. W., "The shape of a shock in regular reflection from a wedge", CASITrans., 5(1), 28 – 32, 1972.

349. Skews B. W., "Shock wave shaping", AIAA J., 10(6), 839 – 841, 1972.

350. Skews, B. W., "Oblique reflection of shock waves from rigid porous materials", Shock Waves, 4(3), 145 – 154, 1994.

351. Skews B. W., "Synchronised shock tubes for wave reflection studies", Rev. Sci. Instr., 66, 3327 – 3330, 1995.

352. Skews, B. W., "Aspect ratio effects in wind tunnel studies of shock wave reflectiontransition", Shock Waves, 7(6), 373 – 383, 1997.

353. Skews, B. W., "Three – dimensional effects in wind tunnel studies of shock wavereflection", J. Fluid Mech., 407, 85 – 104, 2000.

354. Skews, B. W. & Ashworth, J. T., "The physical nature of weak shock wavereflection", J. Fluid Mech., 542, 105 – 114, 2005.

355. Skews, B. W., Menon, N., Bredin, M. & Timofeev, E. V., "An experiment onimploding conical shock waves", Shock Waves, 11(4), 323 – 326, 2002.

356. Smith, W. R., "Mutual Reflection of Two Shock Waves of Arbitrary Strengths", Phys. Fluids, 2, 533 – 541, 1959.

357. Sokolov, V. B., "Reflection of a strong shock wave by an ellipsoid of revolutionand elliptical cylinder", Izv. Akad. Nauk SSSR Mekh. Zh. i Gaza, 4, 173 –

174,1974.

358. Srivastava, R. & Chopra, M. G. , "Diffraction of blast waves for the oblique-case", J. Fluid Mech. ,40,821 – 831,1970.

359. Srivastava, R. S. &Deschambault, R. L. , "Pressure distribution behind a non-stationaryreflected – diffracted oblique shock wave", AIAA J. ,22,305 – 306,1984.

360. Sternberg, J. , "Triple – shock – wave intersections", Phys. Fluids, 2,179 – 206,1959.

361. Sudani, N. , & Hornung H. G. , "Stability and analogy of shock wave reflectionin steady flow", Shock Waves,8(6),367 – 374,1998.

362. Sudani, N. , Sato, M. , Karasawa, T. , Kanda, H. & Toda, N. , "Irregular phenomenaof shock reflection transition in a conventional supersonic windtunnel", AIAA J. ,41(6),1201 – 1204,2003.

363. Sudani, N. , Sato, M. , Karasawa, T. , Noda, J. , Tate, A. & Watanabe, M. , "Irregular effects on the transition from regular to Mach reflection of shockwaves in wind tunnel flows", J. Fluid Mech. ,459,167 – 185,2002.

364. Suhindyapin, G. P. , "On irregular reflection of weak shock waves by a rigidwall", Zh. Prikl. Math. Tekh. Fiz. ,2,22 – 28,1964.

365. Suhindyapin, G. P. , "On the regular reflection of weak shock waves by a rigidwall", Prikl. Math. &Mekh. ,29,114 – 121,1965.

366. Suhindyapin, G. P. , "Irregular interaction of weak shock waves of differentintensity", Prikl. Math. &Mekh. ,38,105 – 114,1974.

367. Suhindyapin, G. P. , "Numerical solution of the problem of non regular reflectionof a weak shock wave by a rigid wall in a perfect gas", J. Num. Anal. & Math. Phys. ,20,249 – 254,1980.

368. Sun, M. & Takayama, K. , "The formation of a secondary shock wave behinda shock wave diffracting at a convex corner", Shock Waves,7(5),287 – 295,1997.

369. Sun, M. & Takayama, K. , "A note on numerical simulation of vortical structuresin shock diffraction", Shock Waves,13(1),25 – 32,2003.

370. Sun, M. & Takayama, K. , "Vorticity production in shock diffraction", J. FluidMech. ,478,237 – 256,2003.

371. Sun, M. Yada, K. Jagadeesh, G. Onodera, O. Ogawa, T. & Takayama, K. , "A study of shock wave interaction with a rotating cylinder", Shock Waves,12(6),479 – 485,2003.

372. Suzuki, T. & Adachi, T. , "The reflection of a shock wave over a wedge

withdusty surface", Trans. Japan Soc. Aero. & Astro. ,28,132 - 139,1985.

373. Suzuki,T. & Adachi,T. ,"Comparison of shock reflection from a dust layer-with those from a smooth surface",Theo. & Appl. Mech. ,35,345 - 352,1987.

374. Suzuki,T. & Adachi,T. ,"An experimental study of oblique shock wave re-flectionover a dusty surface",Trans. Japan Soc. Aero. & Astro. ,31,104 - 110,1988.

375. Suzuki,T. ,Adachi,T. & Kobayashi,S. , "Experimental analysis of reflect-edshock behavior over a wedge with surface roughness (Local behavior)",JSME Int. J. ,Ser. B: Fluids & Thermal Eng. ,36(1),130 - 134,1993.

376. Suzuki,T. ,Adachi,T. & Kobayashi,S. ,"Image analysis of oblique shock-reflection over a model wedge",J. Visualization Soc. Japan,10(2),7 - 10,1990.

377. Suzuki,T. ,Adachi,T. & Kobayashi,S. ,"Nonstationary shock reflection o-ver nonstraight surfaces: An approach with a method of multiple steps",Shock Waves,7(1),55 - 62,1997.

378. Suzuki,T. ,Adachi,T. & Tanabe,K. ,"Structure of the Mach - type reflec-tionon a dust layer",Theor. & Appl. Mech. ,34,73 - 80,1986.

379. Syshchikova, M. P. &Krassovskaya, I. V. , "Some properties of regular andirregular interaction of shock waves",Arch. Mech. ,31,135 - 145,1979.

380. Syshchikova,M. P. , Semenov, A. N. &Berezkina, M. K. , "Shock wave re-flectionby a curved concave surface",Sov. Phys. Tech. Phys. ,2,61 - 66,1976.

381. Sysoev,N. N. ,"Unsteady reflection of shock waves by a sphere or cylin-der",Ser. Phys. & Astron. ,20,90 - 91,1979.

382. Sysoev,N. N. &Shugaev,F. V. ,"Transient reflection of a shock wave from asphere and a cylinder",Vestnik Moskovskogo Universiteta. Fiz. ,34,90 - 91,1979.

383. Takayama,K. & Ben - Dor,G. ,"A Reconsideration of the hysteresis phe-nomenonin the regular _ Mach reflection transition in truly nonstationaryflows",Israel J. Tech. ,21,197 - 204,1983.

384. Takayama,K. & Ben - Dor,G. ,"The inverse - Mach reflection",AIAA J. , 23,1853 - 1859,1985.

385. Takayama,K. & Ben - Dor,G. ,"Application of streak photography for the-study of shock wave reflections over a double wedge",Exp. Fluids,6,11 - 15,1987.

386. Takayama,K. & Ben - Dor,G. ,"A reconsideration of the transition cri-terionfrom Mach to regular reflection over cylindrical concave surfaces",Korean-Soc. Mech. Eng. J. ,3,6 - 9,1989.

387. Takayama,K. & Ben - Dor,G. ,"Pseudo - steady oblique shock wave re-

flectionsover water wedges",Exp. Fluids,8,129 – 136,1989.

388. Takayama,K. & Ben – Dor,G. ,"State – of – the – art in research on Mach reflectionof shock waves",Sadhana,Vol. 18(3/4),pp. 695 – 710,1993.

389. Takayama,K. ,Ben – Dor,G. &Gotoh,J. ,"Regular to Mach reflection transitionin truly nonstationary flows – Influence of surface roughness",AIAA J. ,19, 1238 – 1240,1981.

390. Takayama,T. & Jiang,Z. ,"Shock wave reflection over wedges: a benchmarktest for CFD and experiments",Shock Waves,7(4),191 – 203,1997.

391. Takayama,K. & Sekiguchi,H. ,"Triple – point trajectory of a strong sphericalshock wave",AIAA J. ,19,815 – 817,1981.

392. Tan,H. S. ,"Strengh of reflected shock in Mach reflection",J. Aero. Sci. , 18,768 – 770,1951.

393. Taub,A. H. ,"Refraction of plane shock waves",Phys. Rev. ,72,51 – 60,1947.

394. Ter – Minassiants,S. M. ,"The diffraction accompanying the regular reflection ofa plane obliquely impinging shock wave from the walls of an obtuse wedge", J. Fluid Mech. ,35,391 – 410,1969.

395. Tesdall,A. M. & Hunter,J. K. ,"Self – similar solutions for weak shock reflection",Siam. J. Appl. Math. ,63,42 – 61,2002.

396. Teshukov,V. M. ,"On regular reflection of a shock wave from a rigid wall",Prikl. Math. &Mekh. ,46,225 – 234,1982.

397. Teshukov,V. M. ,"On the stability of regular reflection of shock waves", Prilk. Mekh. i Tech. Fizika,(translated to English in Appl. Mech. & Tech. Phys.),2, 26 – 33,1989. (In Russian).

398. Thomas,G. O. & Williams,R. LI,"Detonation interaction with wedges and bends",Shock Waves,11(6),481 – 492,2002.

399. Ting,L. ,&Ludloff,H. F. ,"Difference solution of shock diffraction problem",J. Aero. Sci. ,19,317 – 328,1952.

400. Trotsyuk,A. V. ,Kudryavtsev,A. N. & Ivanov,M. S. ,"Numerical investigation of unsteady Mach reflection of detonation waves",Comp. Fluid Dyn. J. ,12(2), 248 – 257,2003.

401. Tsu – Sien – Shao,"Numerical solution of plane viscous shock reflections", J. Comp. Phys. ,1,367 – 381,1977.

402. Vasilev,E. I. ,"Generalization of the von Neumann theory for the Mach re-

flection of weak shock waves", Math. Fiz. ,3,74 – 82,1998. (In Russian).

403. Vasilev, E. I. , "1999 Four – wave scheme of weak Mach shock wave inter-actionunder von Neumann paradox conditions", Fluid Dyn. ,34(3) ,421 – 427.

404. Vasilev, E. I. , &Kraiko, A. N. , "Numerical simulation of weak shock diffrac-tionover a wedge under the von Neumann paradox conditions", Comp. Math. Math. Phys. , 39(8) ,1335 – 1345,1999.

405. Voinovich, P. A. , Popov, F. D. & Fursenko, A. A. , "Numerical simulation of shock wave reflection from a concave surface", Sov. Tech. Phys. Lett. ,4,127 – 128,1978.

406. Voloshinov, A. V. , Kovalev, A. D. &Shindyapin, G. P. , "Transition from regularreflection to Mach reflection when a shock wave interacts with a wall intwo – phase gas – liquid medium", Izv. Akad. Nauk SSSR, Mekh. Zh. i Gaza, 5, 190 – 192,1983.

407. Voloshinov, A. V. , Kovalev, A. D. &Shindyapin, G. P. , "Transition from regularreflection to Mach reflection when a shock wave interacts with a wall in atwo – phase gas – liquid medium", Fluid Dyn. ,18,827 – 829,1983.

408. Vasilev, E. I. , Ben – Dor, G. , Elperin, T. & Henderson, L. F. , "Wall – jet-tingeffect in Mach reflection: Navier – Stokes simulations", J. Fluid Mech. ,511,363 – 379,2004.

409. Vuillon, J. , Zeitoun, D. & Ben – Dor, G. , "Reconsideration of oblique shockwave reflection in steady flows. Part II: Numerical Investigation", J. Fluid Mech. ,301,37 – 50,1995.

410. Vuillon, J. , Zeitoun, D. & Ben – Dor, G. , "Numerical investigation of shockwave reflections in steady flows", AIAA J. ,34(6) ,1167 – 1173,1996.

411. Walenta, Z. A. , "Regular reflection of the plane shock wave from an in-clinedwall", Arch. Mech. ,26,825 – 832,1974.

412. Walenta, Z. A. , "Microscopic structure of the Mach – type reflection of the shockwave", Arch. Mech. ,32,819 – 825,1980.

413. Walenta, Z. A. , "Formation of the Mach – type reflection of shock waves", Arch. Mech. ,35,187 – 196,1983.

414. Walker, D. K. , Dewey, J. M. &Scotten, L. N. , "Observations of density dis-continuitiesbehind reflected shocks close to the transition from regular to Machreflec-tion", J. Appl. Phys. ,53(3) ,1398 – 1400,1982.

415. Wensheng, H. , Onodera, O. & Takayama, K. , "Unsteady interaction of

shockwave diffracting around a circular cylinder in air", Acta Mech. Sinica, 7(4), 295 – 299, 1991.

416. White, D. R. , "Reflection of strong shock at nearly glancing incidence", J. Aero. Sci. , 18, 633 – 634, 1951.

417. Whitham, G. B. , "A new approach to problems of shock dynamics. Part 1. Two dimensional problems", J. Fluid Mech. 2, 145 – 171, 1957.

418. Woodward, P. R. & Colella, P. , "Numerical solution of two – dimensional fluidflow with strong shocks", J. Compt. Phys. , 54, 115 – 173, 1984.

419. Xie, P. & Takayama, K. , "A study of the interaction between two triple-points", Shock Waves, 14(1/2), 29 – 36, 2005.

420. Xu, D. Q. &Honma, H. , "Numerical simulation for nonstationary Mach reflectionof a shock wave: A kinetic model approach", Shock Waves, 1(1), 43 – 50, 1991.

421. Xu, D. Q. , Honma, H. & Abe, T. , "DSMC approach to nonstationary Mach-reflection of strong incoming shock waves using a smoothing technique", Shock Waves, 3(1), 67 – 72, 1993.

422. Yan, H. , Adelgren, R. , Elliott, G. , Knight, D. &Beutner, T. , "Effect of energyedition on RR $\rightarrow$ MR transition", Shock Waves, 13(2), 123 – 138, 2003.

423. Yang, J. Y. , Liu, Y. & Lomax, H. , "Computation of shock wave reflection bycircular cylinders", AIAA J. , 25, 683 – 689, 1987.

424. Yang, J. , Sasoh, A. & Takayama, K. , "The reflection of a shock wave over acone", Shock Waves, 6(5), 267 – 273, 1996.

425. Yu, Q. & Grönig, H. , "Shock waves from an open – ended shock tube withdifferent shapes", Shock Waves, 5(4), 249 – 258, 1996.

426. Yu, Sh. & Grönig, H. , "A simple approximation for axially symmetric diffraction of plane shocks by cones", Z. Naturforsch, 39a, 320 – 324, 1984.

427. Zakhrian, A. R. , Brio, M. , Hunter, J. K. & Webb, G. M. , "The von Neumannparadox in weak shock reflection", J. Fluid Mech. 422, 193 – 205, 2000.

428. Zaslavskii, B. I. & Safarov, R. A. , "About Mach reflection of weak shock wavesfrom a rigid wall", J. Appl. Mech. & Tech. Phys. , 5, 26 – 33, 1973. (InRussian).

429. Zaslavskii, B. I. & Safarov, R. A. , "On the similarity of flows occurring in weakshock wave reflections from a rigid wall or free surface", Fiz. GoreniyaiVzryva, 4, 579 – 585, 1973.

430. Zeitoun, D. E. &Burtschell, Y. , "Shock/shock and shock/boundary layer

interactionsin an axisymmetric laminar flows", Shock Waves, 12 (6), 487 – 495,2003.

431. Zeng,S. & and Takayama,K. ,"On the refraction of shock wave over a slowfastgas interface",Acta Astro. ,38(11),829 – 838,1996.

432. Zhao,H. ,Yin,X. Z. & Grönig,H. ,"Pressure measurements on cone surfacein 3 – D shock reflection processes",Shock Waves,9(6),419 – 422,1999.

433. Zhigalko,Y. F. ,"Concerning the problem of shock wave diffraction and reflection",Vestnik Moskovskogo Universiteta. Fiz. ,1,78 – 82,1967.

434. Zhigalko,Y. F. ,"A linear approximation of shock wave diffraction and reflection",Vestnik Moskovskogo Universiteta. Fiz. ,3,94 – 104,1969.

435. Zhigalko,Y. F. ,"Approximate locally – nonlinear solutions of the problem oninteraction between a shock wave and a rigid wall",Fluid Mech. Sov. Res. ,4,81 – 91,1975.

436. Zhigalko,Y. F. ,"Linear approximation of the reflection of shock waves froma concave wall",Fluid Mech. Sov. Res. ,10,60 – 71,1981.

437. Zhigalko, Y. F. , Kolyshkina, L. L. &Shevtsov, V. D. , "Vortical singularity ofself – similar gas flow in the reflection of a shock wave", Zh. Prikl. Mekh. I Tekh. Fiz. ,1,107 – 111,1982.

438. Znamenskaya,I. A. ,Ryazin, A. P. &Shugaev, F. V. , "On some features of gasparameter distribution in the early stages of shock reflection by a sphere orcylinder",Izv. Akad. Nauk SSSR Mekh. Zh. i Gaza,3,103 – 110,1979.

439. Zumwalt,G. W. ,"Weak shock reflections at near 90° angle of incidence", J. Appl. Mech. ,41,1142 – 1143,1974.

5.2　部门报告

1. Adachi,T. , Kobayashi, S. & Suzuki,T. , "Unsteady behavior of Mach reflection over a wedge with surface roughness",Ann. Rep. Japan Soc. Heat Fluid Eng. ,4,53 – 57,1989.

2. Ando,S. ,"Pseudo – stationary oblique shock wave reflection in carbon dioxide – Domains and boundaries", UTIAS TN 231, Institute for Aerospace Studies, Univ. Toronto,Toronto,Ont. ,Canada,1981.

3. Bargmann,V. ,"On nearly glancing reflection of shocks",Sci. Res. Dev. OSRDRep. 5171, Washington,DC,U. S. A. or Nat. Defence Res. Comm. ,NDRC,1945.

4. Bargmann, V. & Montgomery, D. , "Prandtl – Meyer zones in Mach reflection", Off. Sci. Res. Dev. , OSRD Rep. 5011, Washington, DC, U. S. A. , 1945.

5. Ben – Dor, G. , "Regions and transitions of nonstationary oblique shock wave diffractions in perfect and imperfect gases", UTIAS Rep. 232, Institute for Aerospace Studies, Univ. Toronto, Ont. , Canada, 1978.

6. Ben – Dor, G. , "Nonstationary oblique shock wave reflection in nitrogen and argon: Experimental results", UTIAS Rep. 237, Institute for Aerospace Studies, Univ. Toronto, Toronto, Ont. , Canada, 1978.

7. Bertrand, B. P. , "Measurement of pressure in Mach reflection of strong shockwaves in a shock tube", Mem. Rep. 2196, Ballistic Res. Lab. , U. S. A. , 1972.

8. Bleakney, W. , "The effect of Reynolds number on the diffraction of shockwaves", Princeton Univ. , Dept. Phys. Tech. Rep. II – 8, Princeton, N. J. , U. S. A. , 1951.

9. Clarke, J. F. , "Regular reflection of a weak shock wave from a rigid porous wall. Some additional results", CoA Memo 8225, Cranfield Inst. Tech. , Cranfield, England, 1982.

10. Clarke J. F. , "Inertia effects on the regular reflection of a weak reflection of aweak shock wave from a rigid porous wall", CoA Rep. NFP84/2, CranfieldInst. Tech. Cranfield, England, 1984.

11. Deschambault, R. L. , "Nonstationary oblique – shock – wave reflections in air", UTIAS Rep. 270, Institute for Aerospace Studies, Univ. Toronto, Toronto, Ont. , Canada, 1984.

12. Fletcher, C. H. , "The Mach reflection of weak shock waves", Princeton Univ. , Dept. Phys. Tech. Rep. II – 4, Princeton, N. J. , U. S. A. , 1950.

13. Friend, W. H. , "The interaction of a plane shock wave with an inclined perforated plate", UTIAS TN 25, Institute for Aerospace Studies, Univ. Toronto, Toronto, Ont. , Canada, 1958.

14. Fry, M. , Picone, J. M. , Boris, J. P. & Book, D. L. , "Transition to double – Mach stem for nuclear explosion at 104 – ft height of burst", NRL MR 4630, 1981.

15. Fuchs, J. & Schmidt, B. , "Enstehungsort des tripelpunktes und seinenanschliebende spur beimubergang von regularerreflektionzur Mach reflektion", Stromangsmechanik und Stromeungsmaschinen Rep. 40/89, UniversitatKarlsruhe, Karlsruhe, Germany, 1989.

16. Glass, I. I. , "Beyond three decades of continuous research at UTIAS on shock tubes and waves", UTIAS Rev. 45, Institute for Aerospace Studies,

Univ. Toronto, Toronto, Ontario, Canada, 1981.

17. Glass, I. I. , "Some aspects of shock wave research", UTIAS Rev. 48, Institute for Aerospace Studies, Univ. Toronto, Toronto, Ont. , Canada, 1986.

18. Glaz, H. M. , Colella, P. , Glass, I. I. &Deschambault, R. L. , "A detailed numerical, graphical and experimental study of oblique shock wave reflections", LBL − 20033, Lawrence Berkely Lab. , Berkely, CA, U. S. A. , 1985.

19. Glaz, H. M. , Colella, P. , Glass, I. I. & Deschambault, R. L. , "A numerical and experimental study of pseudo − stationary oblique − shock − wave reflections in argon and air", UTIAS Rep. 285, Institute for Aerospace Studies, Univ. Toronto, Toronto, Ont. , Canada, 1986.

20. Guderley, K. G. , "Considerations on the structure of mixed Subsonic/supersonic flow patterns", HQ Air Materiel Command, Tech. Rep. F − TR − 2168 − ND, Wright Field, Dayton, Ohio. , U. S. A.

21. Guo Chang − Ming, "Numerical calculation of Mach reflection of spherical shockwave on rigid wall", Rep. 9/85, Dept. Modern Mech. , Univ. Sci. & Tech. China, Hefei, China, 1985.

22. Handke, E. &Obemeier, F. , "Some theoretical results on Mach reflection of moderately strong shock waves", Max Planck Inst. Rep. 14, 1983.

23. Harrison, F. B. &Bleakney, W. , "Remeasurement of reflection angles in regular and Mach reflection of shock waves", Princeton Univ. , Dept. Phys. Tech. Rep. II − 0, Princeton, N. J. , U. S. A. , 1947.

24. Hisley, D. M. , "BLAST2D computations of the reflection of planar shocks from wedge surfaces with comparison to SHARC and SLEATH results", Tech. Rep. BRL − TR − 3147, Ballistic Res. Lab. , Aberdeen Proving Ground, Maryland, U. S. A. , 1990.

25. Hu, T. C. J. , "Pseudo − stationary oblique − shock − wave − reflections in a polyatomic gas − sulfur hexafluoride", UTIAS TN 253, Institute for Aerospace Studies, Univ. Toronto, Toronto, Ont. , Canada, 1985.

26. Hu, T. C. J. & Shirouzu, M. , "Tabular and graphical solutions of regular and Mach reflections in pseudo − stationary frozen and vibrational equilibrium flows", UTIAS Rep. 283, Parts 1 & 2, Institute for Aerospace Studies, Univ. Toronto, Toronto, Ont. , Canada, 1985.

27. Ikui, T. , Matsuo, K. Aoki, T. &Kondoh, N. , "Mach reflection of a shock wave from an inclined wall", Memoirs Faculty Eng. , Kyushu Univ. , 41, 361 − 380, Fukuoka, Japan, 1981.

28. Jahn, R. G. , "The refraction of shock waves at a gaseous interface: Regular reflection of weak shocks", Princeton Univ. , Dept. Phys. Tech. Rep. II – 16, Princeton, N. J. , U. S. A. ,1954.

29. Jahn, R. G. , "The refraction of shock waves at a gaseous interface: Regular reflection of strong shocks", Princeton Univ. , Dept. Phys. Tech. Rep. II – 18, Princeton N. J. , U. S. A. ,1955.

30. Jahn, R. G. , "The refraction of shock waves at a gaseous Interface: Irregular refraction", Princeton Univ. , Dept. Phys. Tech. Rep. II – 19, Princeton, N. J. , U. S. A. ,1955.

31. Kaca, J. , "An interferometric investigation of the diffraction of a planar shockwave over a semicircular cylinder", UTIAS TN 269, Institute for Aerospace Studies, Univ. Toronto, Toronto, Ont. , Canada, 1988.

32. Law, C. K. , "Diffraction of strong shock waves by a sharp compressive corner", UTIAS TN 150, Institute for Aerospace Studies, Univ. Toronto, Toronto, Ont. , Canada, 1970.

33. Lean, G. H. , "Report on further experiments on the reflection of inclined shockwaves", Nat. Phys. Lab. London, England, 1946.

34. Lee, J. H. & Glass, I. I. , "Domains and boundaries of pseudo stationary oblique shock wave reflections in air", UTIAS Rep. 262, Institute for Aerospace Studies, Univ. Toronto, Toronto, Ont. , Canada, 1982.

35. Li, J. C. & Glass, I. I. , "Collision of Mach reflections with a 90 – degree ramp in air and CO2", UTIAS Rep. 290, Institute for Aerospace Studies, Univ. Toronto, Toronto, Ont. , Canada, 1985.

36. Lottero, R. E. & Wortman, J. D. , "Evaluation of the HULL and SHARC hydrocodes in simulating the reflection of a Mach 2. 12 non – decaying shock on wedges of various angles", Tech. Rep. BRL – TR – ????, Ballistic Res. Lab. , Aberdeen Proving Ground, Maryland, U. S. A. ,1991.

37. Lozzi, A. , "Double Mach reflection of shock waves", M. Sc. Thesis, The Univ. Sydney, New South Wales, Australia, 1971.

38. Meiburg, E. , Oertel, H. Jr. , Walenta, Z. & Fiszdon, W. , "Quasistationary Mach reflection of shock waves, preliminary results of experimental and Monte Carlo investigations", DFVLR – AVA Rep. IB – 221 – 83A, 1983.

39. Mirels, H. , "Mach reflection flow fields associated with strong shocks", Aerospace Corp. , TR – 0083(3785) – 1, El Segundo, CA, U. S. A.

40. Mölder, S. , "Head on interaction of oblique shock waves", UTIAS TN 38,

Institute for Aerospace Studies, Univ. Toronto, Toronto, Ont. , Canada, 1960.

41. Neumann, J. von, "Oblique reflection of shocks", Explosive Research. Rep. 12, Navy Dept. , Bureau of Ordinance, Washington, DC, U. S. A. , 1943.

42. Neumann, J. von, "Refraction, intersection and reflection of shock waves", NAVORD Rep. 203 – 245, Navy Dept. , Bureau of Ordinance, Washington, DC, U. S. A. , 1945.

43. Olim, M. , "A study of the reflection of weak (1. 1 < Mi < 1. 5) shocks and the development of a revised three shock solution", Ph. D Thesis, Dept. Phys. , Univ. Victoria, Victoria, B. C. , Canada, 1990.

44. Onodera, H. & Takayama, K. , "Shock wave propagation over slitted wedges", Rep. Inst. Fluid Sci. , Tohoku Univ. , Sendai, Japan, Vol. 1, pp. 45 – 66, 1990.

45. Polachek, H. & Seeger, R. J. , "Regular reflection of shocks in water – like substances", Exples. Res. Rep. 14, Navy Dept. , Bureau of Ordnance, Washington, DC. , U. S. A. , 1943.

46. Prasse, H. G. , "An analytic description of the expansion of the reflected shockwave at the Mach reflection on wedges", Rep. 4/72, Ernst Mach Institute, Freiburg, Germany, 1972.

47. Reichenbach, H. , "Roughness and Heated Layer Effects on Shock Wave Propagation and Reflection – Experimental Results", Rep. 24/85, Ernst Mach Institute, Freiburg, Germany, 1985.

48. Richtmyer, R. D. , "Progress report on the Mach reflection calculation", Rep. NYU 9764, Courant Inst. , New York Univ. , N. Y. , U. S. A. , 1961.

49. Schultz – Grunow, F. , "Diffuse reflexioneinerstobwelle", Rep. 4/72, Ernst Mach Institute, Freiburg, Germany, 1972.

50. Seeger, R. J. &Polachek, H. , "Regular reflection of shocks in ideal gases", Explos. Res. Rep. 13, Navy Dep. , Bureau of Ordnance, Washington, DC. , U. S. A. , 1943.

51. Shankar, V. , Kutler, P. & Anderson, D. , "Diffraction of a shock wave by a compression corner: Regular and single Mach reflection", NASA TM X – 73, 178, 1976.

52. Shirouzu, M. & Glass, I. I. , "An assessment of recent results on pseudo stationary oblique – shock – wave reflections", UTIAS Rep. 264, Institute for Aerospace Studies, Univ. Toronto, Toronto, Ont. , Canada, 1982.

53. Skews, B. W. , "Profiles of diffracting shock waves (an analysis based on Whitham's theory)", Univ. Witwatersrand, Dept. Mech. Eng. , Rep. 35, Johannesburg,

South Africa, 1966.

54. Skews, B. W. , "Shock wave diffraction a review", Univ. Witwatersrand, Dept. Mech. Eng. Rep. 32, Johannesburg, South Africa, 1966.

55. Skews, B. W. , "The perturbed region behind a diffracting shock wave", Univ. Witwatersrand, Dept. Mech. Eng. Rep. 44, Johannesburg, South Africa, 1967.

56. Skews, B. W. , "The deflection boundary condition in the regular reflection of shock waves", Dept. Rep. , McMaster Univ. , Hamilton, Ontario, Canada, 1972.

57. Skews, B. W. , "The effect of angular slipstream on Mach reflection", Dept. Rep. , McMaster Univ. , Hamilton, Ontario, Canada, 1972.

58. Smith, L. G. , "Photographic investigation of the reflection of plane shocks in Air", Off. Sci. Res. Dev. OSRD Rep. 6271, Washington, DC, U. S. A. or Nat. Defence Res. Comm. NDRC Rep. , A - 350, 1945.

59. Srivastava, R. S. , "Diffraction of blast waves for the oblique case", British Aero. Res. Council Rep. , 1008, 1968.

60. Suzuki, T. & Adachi, K. , "Oblique reflection of a plane shock on a rough andporous wedge", Ann. Rep. Japan Soc. Heat Fluid Eng. , 2, 23 - 26, 1987.

61. Takayama, K. & Ben - Dor, G. , "Reflection and diffraction of shock waves over acircular concave wall", Rep. Inst. High Speed Mech. , Tohoku Univ. , Sendai, Japan, 51, 44 - 87, 1986.

62. Takayama, K. , Miyoshi, H. & Abe, A. , "Shock wave reflection over gas/liquidinterface", Rep. Inst. High Speed Mech. , Tohoku Univ. , Sendai, Japan, 57, 1 - 25, 1989.

63. Takayama, K. , Onodera, O. &Gotoh, J. , "Shock wave reflections over a roughsurface wedge and a curved rough surface", Rep. Inst. High Speed Mech. , Tohoku Univ. , Sendai, Japan, 48, 1 - 21, 1982.

64. Takayama, K. & Sasaki, M. , "Effects of radius of curvature and initial angleon the shock transition over concave and convex walls", Rep. Inst. HighSpeed Mech. , Tohoku Univ. , Sendai, Japan, 46, 1 - 30, 1983.

65. Takayama, K. & Sekiguchi H. , "An experiment on shock diffraction by cones", Rep. Inst. High Speed Mech. , Tohoku Univ. , Sendai, Japan, 36, 53 - 74, 1977.

66. Takayama, K. & Sekiguchi, H. , "Formation and diffraction of spherical shockwaves in a shock tube", Rep. Inst. High Speed Mech. , Tohoku Univ. , Sendai, Japan, 43, 89 - 119, 1981.

67. Tepe, F. R. Jr. &Tabakoff, W. , "The interaction of unequal oblique shock-waves in a hypersonic flow", Aero. Res. Lab. , ARL Rep. , 63 – 146, U. S. A.

68. Urbanowicz, J. T. , "Pseudo stationary oblique shock wave reflections in low-gamma gases – isobutane and sulphur hexafluoride", UTIAS TN 267, Institute for Aerospace Studies, Univ. Toronto, Toronto, Ont. , Canada, 1988.

69. Weynants, R. R. , "An Experimental investigation of shock – wave diffrac-tionover compression and expansion corners", UTIAS TN 126, Institute for Aerospace Studies, Univ. Toronto, Toronto, Ont. , Canada, 1968.

70. Wheeler, J. , "An interferometric investigation of the regular to Mach reflec-tiontransition boundary in pseudo – stationary flow in air", UTIAS TN 256, Institute for Aerospace Studies, Univ. Toronto, Toronto, Ont. , Canada, 1986.

71. White, D. R. , "An experimental survey of the Mach reflection of shock waves", Princeton Univ. , Dept. Phys. , Tech. Rep. II – 10, Princeton, N. J. , USA, 1951.

72. White, D. R. , "An experimental survey of the Mach reflection of shock waves", Ph. D. Thesis, Princeton University, N. J. , USA. See also Proc. 2nd Midwest Conf. Fluid Mech. , Ohio State Univ. , 3, 253 – 262, 1952.

73. Yagla, J. J. , "Machine calculation of unsteady Mach reflections and Prandtl – Meyer supersonic flows", NWL Tech. Rep. TN – 2897, 1973.

74. Zhang, D. L. & Glass, I. I. , "An interferometric investigation of the diffrac-tionof planar shock waves over a half diamond cylinder in air", UTIAS Rep. 322, In-stitute for Aerospace Studies, Univ. Toronto, Toronto, Ont. , Canada, 1988.

附录 A　第一与第二三波点的轨迹角

正如 3.2.6 节和 3.2.7 节所述,与"旧"知识的分析模型相比,"新"知识的分析模型能够更好地预测过渡马赫反射结构的拐点 K(图 3.19)、第一三波点 T 和第二三波点 T'(图 3.24)的位置。

尽管如此,从工程的角度来看,"旧"模型对第一三波点轨迹角 χ 和第二三波点轨迹角 χ' 的预测效果也是相当好的。因此,本附录列出了本书第 1 版(Ben-Dor,1991)2.2 节的主要图表(图 A.1 ~ 图 A.11),供读者参考。

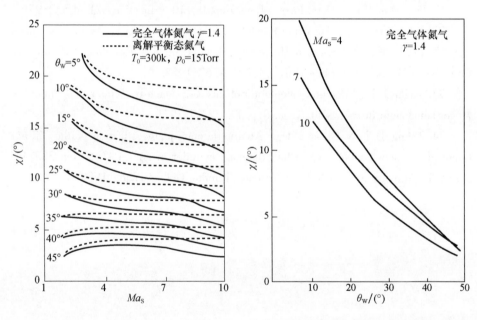

图 A.1　给定 θ_w 条件下 χ 随 Ma_s 的变化　　图 A.2　给定 Ma_s 条件下 χ 随 θ_w 的变化

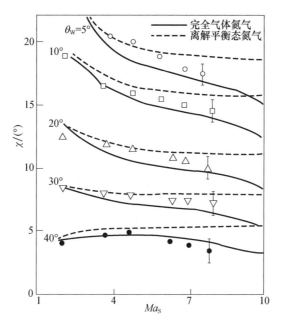

图 A.3　给定 θ_w 条件下 χ 随 Ma_s 的变化与 Ben – Dor 实验(1978) 的比较

实线—完全气体氮气, $\gamma = 1.4$；虚线—离解平衡态氮气, $p_0 = 15\text{Torr}, T_0 = 300\text{K}$。

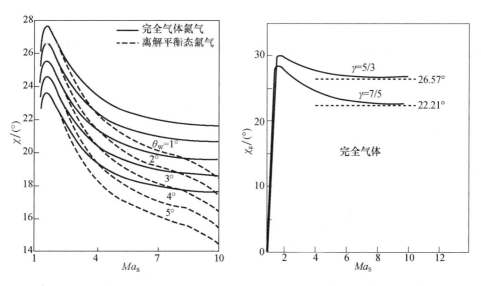

图 A.4　给定 θ_w 条件下 χ 随 Ma_s 的变化

实线—完全气体氮气, $\gamma = 1.4$；

线—离解平衡态氮气, $p_0 = 15\text{Torr}, T_0 = 300\text{K}$。

图 A.5　激波扫掠时三波点轨迹角的变化

279

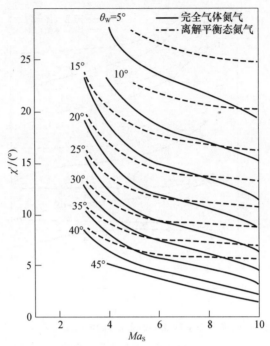

图 A.6　给定 θ_{w} 条件下 χ' 随 Ma_{S} 的变化

实线—完全气体氮气,$\gamma = 1.4$;

虚线—离解平衡态氮气,$p_0 = 15\mathrm{Torr}$,$T_0 = 300\mathrm{K}$。

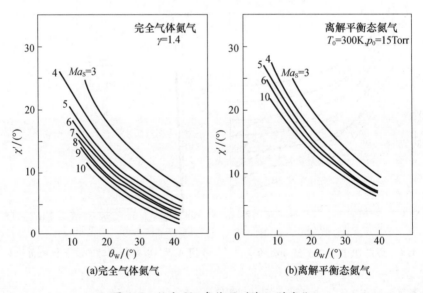

(a)完全气体氮气　　　　　　　(b)离解平衡态氮气

图 A.7　给定 Ma_{S} 条件下 χ' 随 θ_{w} 的变化

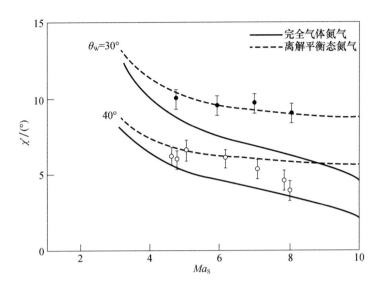

图 A.8　给定 θ_W 条件下 χ' 随 Ma_s 的变化与 Ben - Dor 实验结果（1978）的比较

实线—完全气体氮气，$\gamma = 1.4$；

虚线—离解平衡态氮气，$p_0 = 15\text{Torr}, T_0 = 300\text{K}$。

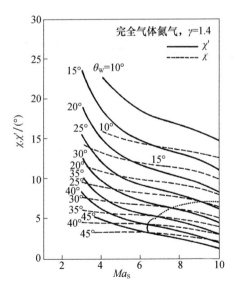

图 A.9　完全气体氮气的 χ 与 χ' 的比较

（虚线—DMR^+ 与 DMR^- 的分界线）

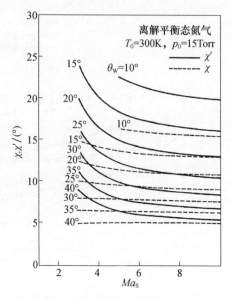

图 A.10 离解平衡态氮气的 χ 与 χ' 比较

$(p_0 = 15\text{Torr}, T_0 = 300\text{K})$

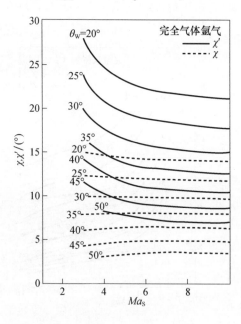

图 A.11 完全气体氩气的 χ 与 χ' 比较($\gamma = 5/3$)

附录 B 3.3 节涉及的第 1 版图 2.41~图 2.45

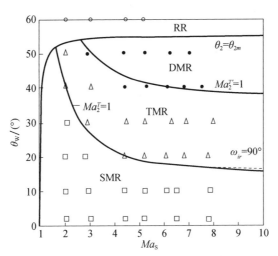

图 2.41(a) 冻结态氩气($\gamma = 5/3$)的各类激波反射条件域与转换边界的(Ma_S, θ_W)图
（实验数据来自于 UTIAS, 经 I. I. Glass 教授许可）

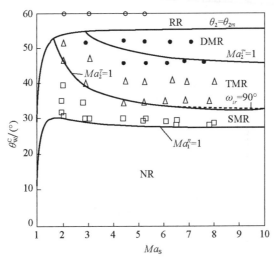

图 2.41(b) 冻结态氩气($\gamma = 5/3$)的各类激波反射条件域与转换边界的(Ma_S, $\theta_\mathrm{W}^\mathrm{C}$)图
（实验数据来自于 UTIAS, 经 I. I. Glass 教授许可）

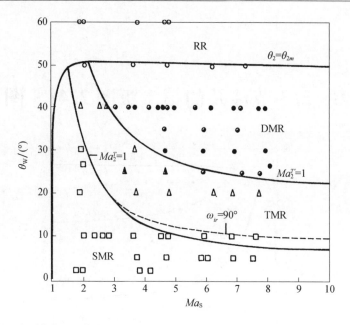

图 2.42(a)　冻结态氧气与氮气($\gamma = 1.4$)的各类激波反射条件域与转换边界的(Ma_S, θ_W)图
（实验数据来自于 UTIAS, 经 I. I. Glass 教授许可）

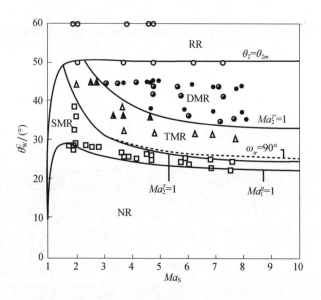

图 2.42(b)　冻结态氧气与氮气($\gamma = 1.4$)的各类激波反射条件域与转换边界的(Ma_S, θ_W^C)图
（实验数据来自于 UTIAS, 经 I. I. Glass 教授许可）

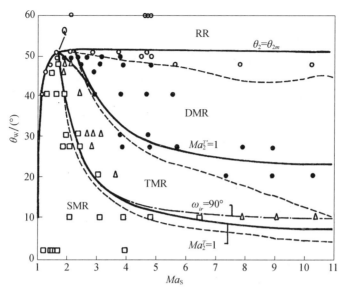

图 2.42(c)　空气的各类激波反射条件域与转换边界的 (Ma_S,θ_W) 图

（实验数据来自于 UTIAS,经 I. I. Glass 教授许可）

实线—完全气体空气 $(\gamma = 1.4)$ ；虚线—非完全气体空气 $(p_0 = 15\mathrm{Torr},T_0 = 300\mathrm{K})$ 。

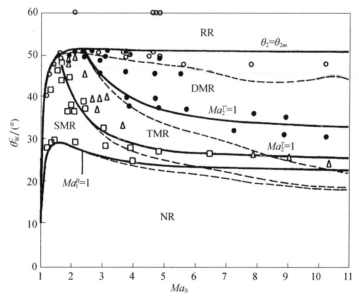

图 2.42(d)　空气的各类激波反射条件域与转换边界的 (Ma_S,θ_W^C) 图

（实验数据来自于 UTIAS,经 I. I. Glass 教授许可）

实线—完全气体空气 $(\gamma = 1.4)$ ；虚线—非完全气体空气 $(p_0 = 15\mathrm{Torr},T_0 = 300\mathrm{K})$ 。

285

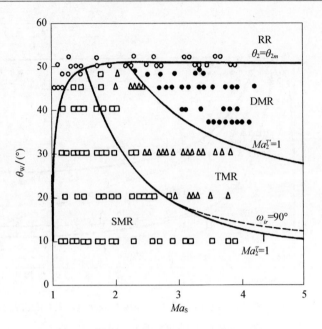

图 2.42(e)　空气(γ =1.4)的各类激波反射条件域与转换边界的(Ma_S,θ_W)图
以及 Ikui 等的实验数据(1981)

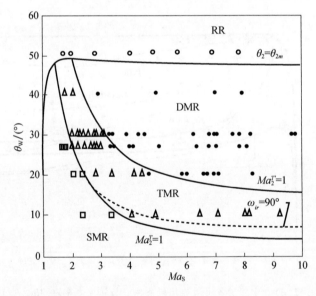

图 2.43(a)　完全气体 CO_2(γ =1.29)的各类激波反射条件域与转换边界的(Ma_S,θ_W)图
(实验数据来自于 UTIAS,经 I. I. Glass 教授许可)

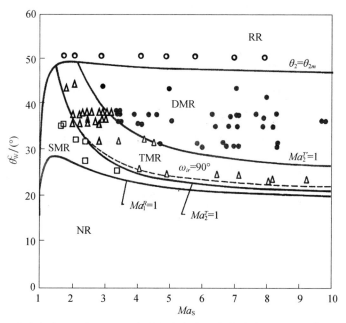

图 2.43(b)　完全气体 $CO_2(\gamma = 1.29)$ 的各类激波反射条件域与转换边界的(Ma_S, θ_w^C)图
（实验数据来自于 UTIAS, 经 I. I. Glass 教授许可）

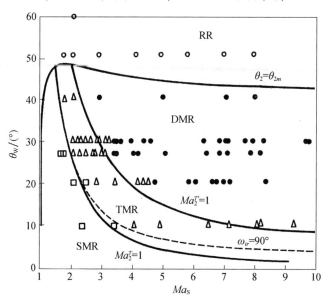

图 2.43(c)　振动平衡态 CO_2 的各类激波反射条件域与转换边界的(Ma_S, θ_w)图
（实验数据来自于 UTIAS, 经 I. I. Glass 教授许可）

287

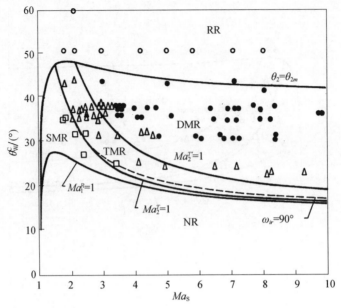

图 2.43(d)　振动平衡态 CO_2 的各类激波反射条件域与转换边界的 (Ma_S, θ_w^C) 图
(实验数据来自于 UTIAS, 经 I. I. Glass 教授许可)

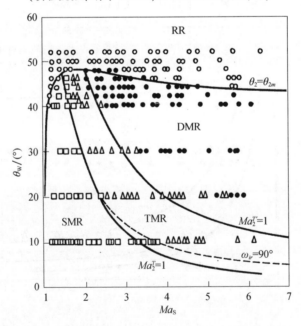

图 2.43(e)　振动平衡态 CO_2 各类激波反射条件域与转换边界的 (Ma_S, θ_w) 图
(实验数据来自 Ikui 等(1981))

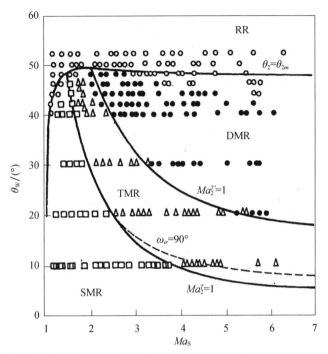

图 2.43(f)   完全气体 $CO_2(\gamma = 1.31)$ 的各类激波反射条件域与转换边界的 (Ma_S,θ_W) 图
（实验数据来自于 Ikui 等(1981)）

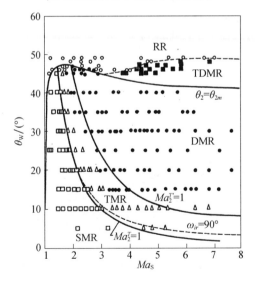

图 2.44(a)   完全气体 Freon - 12$(\gamma = 1.141)$ 各类激波反射条件域与转换边界的 (Ma_S,θ_W) 图
（实验数据来自于 Ikui 等(1981)）

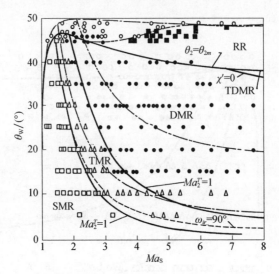

图 2. 44(b)　Freon - 12 的各类激波反射条件域与转换边界的(Ma_S, θ_W)图

（实验数据来自于 Ikui 等(1981)）

虚线—完全气体 Freon - 12$(\gamma = 1.333)$；实线—平衡态 Freon - 12。

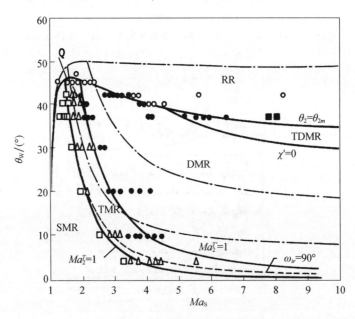

图 2. 45(a)　SF_6各类激波反射条件域与转换边界的(Ma_S, θ_W)图

（实验数据来自于 UTIAS，经 I. I. Glass 教授许可）

实线—振动平衡态 SF_6；点划线—完全气体 $SF_6$$(\gamma = 1.333)$。

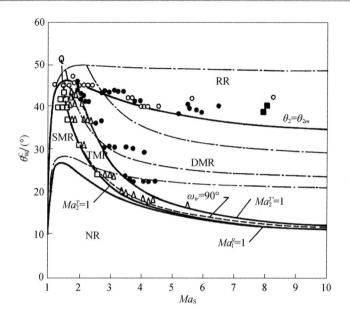

图 2.45(b)　SF_6 各类激波反射条件域与转换边界的 (Ma_S, θ_W^C) 图
（实验数据来自于 UTIAS，经 I. I. Glass 教授许可）
实线—振动平衡态 SF_6；点划线—完全气体 $SF_6(\gamma = 1.333)$。

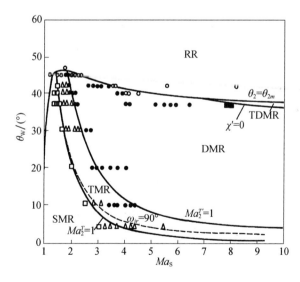

图 2.45(c)　完全气体 $SF_6(\gamma = 1.093)$ 各类激波反射条件域与转换边界的 (Ma_S, θ_W) 图
（实验数据来自于 UTIAS，经 I. I. Glass 教授许可）

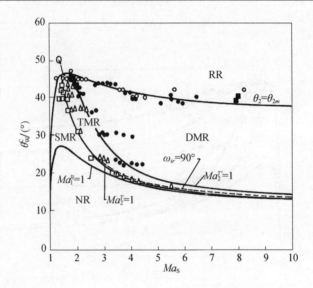

图 2.45(d)　完全气体 $SF_6(\gamma = 1.093)$ 各类激波反射条件域与转换边界的 (Ma_S, θ_W^C) 图
（实验数据来自于 UTIAS，经 I. I. Glass 教授许可）